中国海洋大学
海州湾渔业生态系统教育部野外科学观测研究站 专业著作

海州湾
渔业资源与栖息环境

任一平◎主编

中国农业出版社
北京

《海州湾渔业资源与栖息环境》

编写人员名单

主　　编　任一平

副 主 编　薛　莹

参编人员　徐宾铎　张崇良　纪毓鹏　孙　铭　李韵洲
朱玉贵　隋昊志　王　娇　张云雷　尹　洁
王　琨　刘逸文　栾　静　陈　皖　徐从军
张国晟　孙　霄　高元新

前言

FOREWORD

海洋环境是海洋生物赖以生存的基础，海洋生物是维持海洋生态系统健康的重要因素之一，也是支撑海洋渔业的物质条件。在人类活动和气候变化等多重因素的影响下，海洋生态环境与生物群落之间的密切关系日趋显著，生物群落稳定性和生物多样性面临的威胁也愈加严重，渔业资源普遍呈现衰退趋势。目前生物多样性保护和海洋生物资源可持续利用已受到国际社会的普遍关注，海洋生物多样性保护的理论研究和实践已成为当今的热点之一。随着国家海洋生态文明建设的持续推进，如何科学地保护和利用海洋生物资源，维持海洋生态系统健康，已成为迫切需要解决的问题，而渔业生态系统的科学监测和评估是生物多样性保护与渔业资源可持续利用的重要前提。

海州湾位于黄海中部，岸线长 86.81 km，面积约 876.39 km^2，其地形地貌属陆架浅海渔场环境，是典型的开放型海湾。湾内水质肥沃，生物资源丰富，是多种渔业生物优良的产卵场、育幼场和索饵场，是我国近海重要的渔场之一。近年来，由于受到过度捕捞、气候变化等诸多因素的影响，海州湾的生物资源和生态环境面临严重的危机，生物多样性下降，生态功能退化，渔业资源小型化、低龄化，呈现出显著的生态替代现象。该区域已成为黄海海域受到人类活动和气候变化双重影响的典型海湾生态系统，湾内陆-海相互作用剧烈，人为干扰作用突出，对环境变化反应敏感，生态系统相对脆弱，是研究人类活动和气候变化对渔业生态系统影响的代表性海域。

中国海洋大学水产学院自 2011 年起，在海州湾及邻近海域持续开展渔业资源、渔业生产和生态环境等方面的动态监测和研究。于 2019 年 8 月获教育部认定，建设“海州湾渔业生态系统教育部野外科学观测研究站”（教技函〔2019〕65 号）。本书由海州湾渔业生态系统教育部野外科学观测研究站科研团队编写完成，是对海州湾渔业资源与栖息环境的调查和系统研究的总结。主要内容包括：海州湾渔业资源栖息环境、渔业资源群落结构特征、主要渔业种类生物学特征、渔业资源动态与资源评估、渔业资源养护与可持续利用策略等。本书将为海州湾渔业资源养护、生物多样性保护和渔业管理提供基础资料和科学数据，对于实现海洋渔业可持续发展和海洋生态系统修复具有重要的理论价值和示范意义。

科研团队在海州湾渔业资源与栖息环境调查过程中，得到了日照市海洋发展局、连云港市农业农村局、日照市生态环境局、连云港市生态环境局等单位的大力支持和帮助；本书在编写过程中，得到中国农业出版社杨晓改编辑的热情帮助和指导。在此一并表示衷心感谢！本书得到中央高校基本科研业务费专项（201022001、201562030）、国家重点研发计划“蓝色粮仓科技创新”专项（2018YFD0900904、2018YFD0900906）、国家自然科学基金（31802301、31772852）等项目的资助和支持，在此表示感谢！

由于编者水平有限，书中难免存在疏漏之处，敬请广大读者不吝赐教，提出宝贵意见和建议。

编　者

2022年1月

目录

CONTENTS

海州湾概况

第一节　地理区位与自然环境

海州湾位于黄海中部，主要分布在江苏省连云港市沿岸，山东省日照市南部海岸也邻接海州湾（图 1-1）。湾口北起日照市岚山办事处之佛手咀，南至连云港市连云港区的高公岛。海湾面积 876.39 km^2，海湾宽度 42 km，海湾长 18 km，海湾岸线长 87 km，属典型的宽矩形、开敞型海湾（陈则实等，2007；崔丹丹等，2016）。

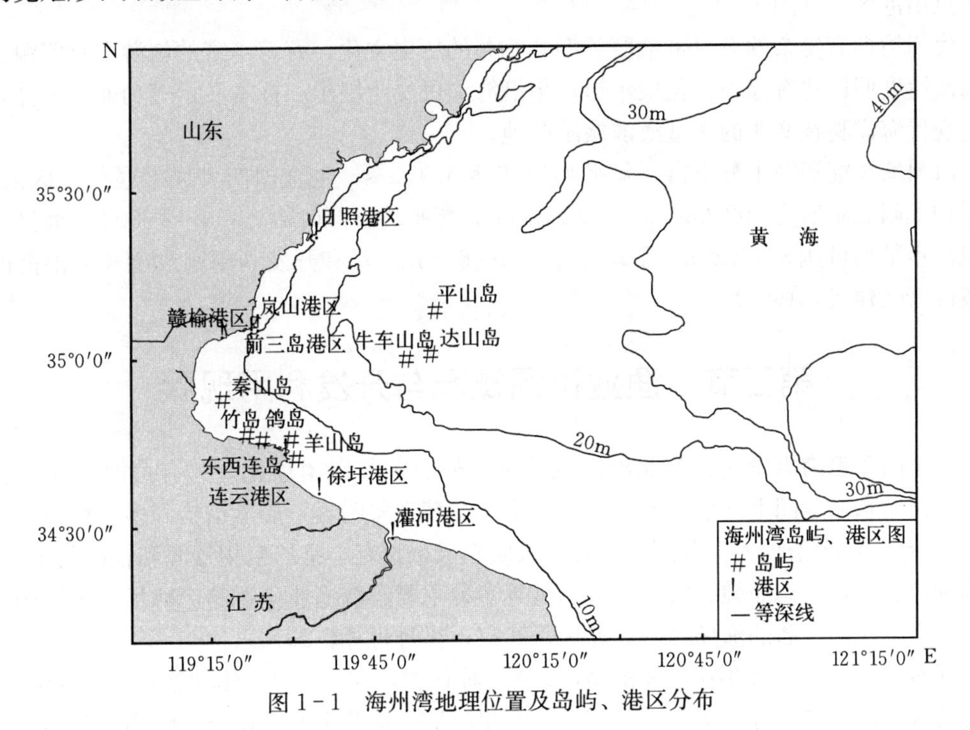

图 1-1　海州湾地理位置及岛屿、港区分布

海州湾北侧有老爷顶、南侧有云台山扼守，西侧主要为冲海积平原，其次为剥蚀平原，沿岸入湾河流有绣针河、龙王河、青口河、新沭河、蔷薇河，后两者汇合后称临洪河。海州湾地形地貌属陆架浅海渔场环境，典型海湾堆积平原，海底平坦开阔。底质主要组成物质为沙质，夹有泥质物质。其中，北侧物质主要来源于日照南部的沙质海岸及当地入海河流输沙（王宝灿等，1980），南侧潮滩泥沙来源于苏北废黄河三角洲，该处泥沙在

潮流动力影响下，从东西连岛北侧向西北方向进入海州湾（虞志英，1983）。

海州湾位于暖温带向北亚热带的过渡区域，具有明显的季风气候特点，年平均温度14.3℃，海域盐度全年在24～30变化。

海州湾的潮汐类型为正规半日潮，连云港的高潮时一般出现于太阴中天后20 min；大、小潮潮期多出现于朔望日后1～2 d；连云港多年逐月平均海面有明显起伏：1月最低，自2月逐渐升高，8月达到最高，从8月以后开始下降，该变化规律以年为周期。连云港站的波浪多年平均周期为3.2 s，观测到的最大周期为8.3 s，出现在7月。海州湾实测海流的基本流向为SW-NE向，涨潮期间流向为SW向，落潮期间的流向为NE向；南部的东西连岛附近水域，涨潮期间的流向为偏W向，落潮期间的流向为偏E向。流速分布由北向南逐渐减弱、涨潮期间的海流流速大于落潮期间。

海州湾海域有大小岛屿15个，均为基岩型岛屿（图1-1）。沿海岛屿有东西连岛、秦山岛、竹岛、鸽岛、羊山岛等，形成港湾的天然屏障。湾口外有牛车山岛、达山岛、平山岛，合称前三岛，具有独特的生态环境，是鸟类迁徙的重要停歇地及栖息繁殖地。

海州湾海域宽阔、风浪较小、水深条件佳，具备建设大型海港的优质港口资源。目前海州湾主要港区包括连云港区、赣榆港区、徐圩港区、前三岛港区、灌河港区、日照港区、岚山港区等（图1-1）。

海州湾拥有复杂的海岸带地貌类型和悠久的历史文化，有着丰富的旅游文化资源。海州湾旅游度假区建有渔民文化展示馆，集沿海渔民文化展示、标本展示等功能于一体，是面向现代海洋科技文明的大型海滨旅游胜地。

海州湾风能资源十分丰富，年平均风速达5.9 m/s，是全国四大风带最佳海区之一；年平均太阳总辐射为502.08～527.18 kJ/cm^2，年平均日照时数2 400～2 600 h；海区波浪的浪高年平均可达3～5.2 m，平均潮差3.4～6.2 m，具有开发利用潮汐能和波浪能的优越条件（张建民，1989）。

第二节　渔业资源概况与开发利用现状

由于内受鲁南沿岸流、苏北沿岸流控制，外受黄海水团顶托，并有黄海暖流支脉调谐，海州湾水域空间上环境差异大，物种季节交替现象明显，群落结构和多样性季节差异明显。沿岸有17条较大入海河流，海区水质肥沃，具有丰富的生物资源和较高的生产力，是小黄鱼、带鱼、马面鲀、对虾、金乌贼等多种主要经济渔业生物的产卵场、索饵场及育幼场，也是我国著名的渔场之一（苏巍，2014；崔丹丹等，2016）。

据鉴定，海州湾有370多种植物，200多种鱼类，100多种软体动物，30种虾类，38种蟹类（《连云港统计年鉴——2007》）。海州湾渔业资源主要由鱼类、虾类、蟹类和头足类组成。海区的经济鱼类品种繁多，其中常见的中上层鱼类主要包括银鲳、鲐、黄鲫、鳀、赤鼻棱鳀、玉筋鱼等；底层鱼类主要有小黄鱼、大泷六线鱼、小眼绿鳍鱼、白姑鱼、花鲈、短吻红舌鳎、方氏云鳚等；虾类主要经济种有口虾蛄、鹰爪虾、毛虾、脊腹褐虾、中国对虾等；蟹类主要经济种有三疣梭子蟹、日本蟳等；头足类主要经济种有长蛸、短蛸、枪乌贼等。

20 世纪 80 年代以来，随着捕捞强度增大，渔获物中低龄鱼比例增加，导致近海主要渔业对象资源衰退，小黄鱼、真鲷、带鱼等传统经济渔业生物已不能形成渔汛，渔船单产下降（庄平等，2018）。随着海洋环境污染、围填海等海洋工程及气候变化等诸多因素的影响日益加重，海州湾渔业资源栖息环境开始遭受破坏，同时捕捞强度持续增加，很多渔业生物开始存在生长型过度捕捞（王子超，2017）。根据 2008 年连云港海州湾海域渔场调查，一些经济种类，如小黄鱼、银鲳、带鱼、中国对虾、葛氏长臂虾、口虾蛄、日本蟳等可以在该海域形成小规模渔汛，这可能与实施休渔保护措施有关。根据 2014—2015 年连云港海州湾拖网渔业资源调查结果，张虎等（2017）推断目前海州湾渔业资源量稳定，但是过度捕捞和人为因素的影响仍在持续，并建议继续执行休渔制度和开发新兴鱼种渔业。然而，近年来海州湾渔业资源的种类组成和数量分布发生了很大变化，主要表现在海州湾鱼类年产量开始逐年下降，而甲壳类等年产量呈现小幅度上升趋势；同时渔业资源小型化、低龄化现象日益明显；并且伴随海洋环境变迁，渔业种群结构也发生了变化，呈现出显著的生态替代现象；海州湾鱼类群落结构状况（如渔获物平均营养级）也均存在年际波动，反映出海州湾渔业生态系统健康状况不容乐观（吴筱桐等，2019）。因此，有必要对海州湾渔业资源进行长期的观测研究，了解其渔业资源群落结构与功能，掌握渔业资源种群变动趋势，从而进行海州湾渔业资源合理管理和可持续利用（王小林，2013）。

调查研究方法

第一节　调查设计

海州湾渔业资源与环境调查海域范围为 34°20′—35°40′N、119°20′—121°10′E 的水域。调查站位采用分层随机抽样（stratified random sampling）方法设计，按经纬度 10′×10′将海州湾海域共划分为 76 个调查小区，根据水深、底质、纬度等因素差异，将 76 个小区分为 A、B、C、D 和 E 共 5 个区域（图 2-1）。其中，A 区位于 35°N 以北，20 m 等深线以内近岸水域；B 区位于 35°N 以南，20 m 等深线以内近岸水域；C 区位于 34°40′N 以南，120°20′E 以东，20 m 等深线以内水域；D 区位于 34°40′—35°40′N、119°40′—121°E，20 m 和 30 m 等深线之间水域；E 区位于 30 m 等深线以外水域。每个航次在各个区域内随机选取一定数量的站位进行调查，2011 年调查中，A 区 3 个，B 区 5 个，C 区 3 个，D 区 9 个，E 区 4 个，每航次共计 24 个调查站位。经调查采样站位数优化后，在 2013 年以后调查采样中，A 区 2 个，B 区 4 个，C 区 2 个，D 区 7 个，E 区 3 个，每航次共计 18 个调查站位。

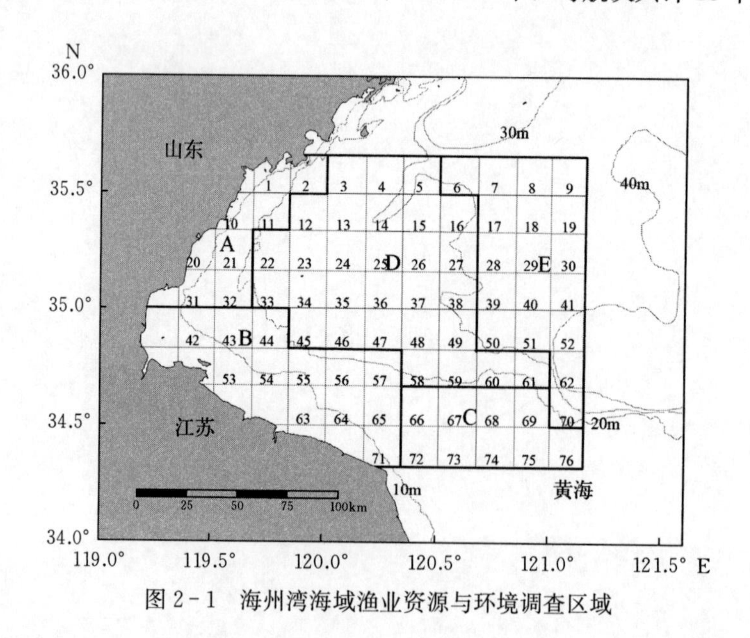

图 2-1　海州湾海域渔业资源与环境调查区域

渔业资源栖息环境数据来源于 2011 年 5 月、7 月、9 月、12 月在海州湾及其邻近海域进行的生态环境调查。渔业资源数据来源于2013—2017年春、秋季在海州湾及其邻近海域进行的渔业资源底拖网调查。

第二节 调查项目和方法

一、环境调查

海州湾环境调查包括：海洋水文、海水化学、初级生产力、浮游植物、浮游动物、鱼类浮游生物和底栖生物。具体调查项目包括水温、盐度、深度、pH、溶解氧、化学需氧量、硝酸盐、亚硝酸盐、铵盐、活性磷酸盐、活性硅酸盐、叶绿素a浓度、初级生产力、浮游植物、浮游动物、鱼类浮游生物和大型底栖生物。

1. 海洋水文要素调查

海洋水文观测项目包括水深、水温和盐度，测定水层分为表层和底层。调查利用温盐深仪CTD测定调查水层的水温、盐度和调查站位深度，返回实验室后导出数据，进行整理和分析。海洋水文观测的技术要求、观测方法和观测记录的整理按照《海洋调查规范 第2部分：海洋水文观测》（GB/T 12763.2—2007）执行。

2. 海水化学要素调查

调查使用颠倒采水器采集水样，记录水样对应的站位和水层信息，按顺序进行各项目水样的装取、预处理和贮存，带回实验室进行分析。溶解氧采用YSI-55便携式溶解氧测量仪现场测定并记录；pH采用pH计法测定；化学需氧量采用碱性高锰酸钾法测定；活性硅酸盐采用硅钼蓝法测定；活性磷酸盐采用抗坏血酸还原磷钼蓝法测定；亚硝酸盐采用萘乙二胺分光光度法测定；硝酸盐采用锌-镉还原法测定；铵盐采用次溴酸钠氧化法测定。海水化学要素调查的技术要求、观测方法和观测记录的整理按照《海洋调查规范 第4部分：海水化学要素调查》（GB/T 12763.4—2007）执行。

3. 叶绿素a和初级生产力调查

叶绿素a采用萃取荧光法测定；初级生产力根据叶绿素a的含量估算。调查样品的采集、测定等按照《海洋调查规范 第6部分：海洋生物调查》（GB/T 12763.6—2007）进行。

4. 浮游生物调查

调查对象为浮游植物、浮游动物和鱼类浮游生物，调查要素包括浮游植物、浮游动物以及鱼卵和仔、稚鱼的种类组成和数量分布。浮游植物采用浅水Ⅲ型浮游生物网采集，使用碘液固定；浮游动物采用浅水Ⅱ型浮游生物网采集，使用5%甲醛溶液固定，浮游植物和浮游动物均采用垂直拖网。鱼类浮游生物的采集使用浅水Ⅰ型浮游生物网进行水平拖网采集，使用5%甲醛溶液固定。每个调查站位逐次采样，记录放网前后的流量计读数和站位信息。对采集的水样及时记录信息并贴标签，带回实验室进行分类鉴定。调查技术要求，样品的采集、分析和资料整理按照《海洋调查规范 第6部分：海洋生物调查》（GB/T 12763.6—2007）进行。

5. 大型底栖生物调查

底栖生物调查要素包括生物量、栖息密度、种类组成、数量分布等。调查船航行至预设站位后，使用采样面积为0.1 m^2的抓斗式采泥器取样3次，特殊情况下不少于2次。

采样样本使用旋涡分选装置进行淘洗，利用套筛分离标本，分别装瓶带回实验室。调查采集的泥样使用5%的甲醛溶液固定。在实验室内进行底栖生物种类的鉴定，估计其栖息密度和生物量。调查技术要求，样品的采集、保存、分析和资料整理按照《海洋调查规范　第6部分：海洋生物调查》(GB/T 12763.6—2007）进行。

二、渔业资源调查

1. 调查和取样方法

渔业资源调查采取拖网调查方法，底拖网调查船为220 kW的单拖渔船，拖速为2～3 kn。每站拖网时间为1 h，调查网具的扩张网口宽度约为25 m，扩张网口高度约6 m，囊网网目17 mm。

渔获物总质量大于40 kg时，从中挑出大型的和稀有的样本后，随机取出部分样品（20 kg左右）带回实验室分析；在30～40 kg时全取，低温保存，带回实验室进行分类鉴定、测重、计数和测量。每个站位各种类生物学测定样品至少随机取样20尾，不足20尾的全测；优势种测定50尾，不足50尾时全测。样品取样、保存、分析鉴定和渔业生物学测定等按照《海洋调查规范　第6部分：海洋生物调查》(GB/T 12763.6—2007）进行。

2. 资源量估算

拖网调查中，扫海面积法是最常用的生物资源量估算方法。它适合底层鱼类的资源调查，通过计算拖网扫过的单位面积内渔获物的数量，估算整个调查海域的资源量。

扫海面积法估算资源量（B）的计算公式：

$$\rho=C/(aq)$$

$$B=\rho\times A$$

式中：ρ为资源密度（kg/km^2或尾$/km^2$）；C为平均每小时拖网渔获量［kg/(网·h)或尾/(网·h)］；a为网具每小时扫海面积［km^2/(网·h)］；q为网具的捕获率；B为总资源量（kg）；A为调查海区的总面积（km^2）。本次底拖网调查区域为海州湾，拖网每小时的扫海面积（a）等于网口宽度与拖距的乘积。

底拖网调查中，相同网具对不同种类的捕获率不同。根据各种类的生活习性，捕获率分为3类：

（1）底栖鱼类

主要包括近底和贴底生活的鱼类，如鳐形目、鲽形目、鮟鱇目、杜父鱼亚目、虾虎鱼亚目的鱼类和虾、蟹类等，这类生物主要生活在海底，遇到网具的可能性更大，游泳能力不强，遇到网具后逃逸能力较差，具有较大的捕获率，参考值为0.6～1.0。

（2）中上层鱼类

主要是鲱形目及鲈形目的鲹科、鲭亚目和鲳亚目的鱼类。这类鱼类主要生活在中上层，游泳能力很强，遇到网具时逃逸能力强，只有小部分被捕获。捕获率较低，参考值为0.1～0.4。

（3）底层鱼类

是介于底栖鱼类和中上层鱼类之间的种类，包括鲈形目的鲷科、石首鱼科、带鱼科、天竺鲷科、锦鳚科和鳕形目、鲻形目、鲀形目等鱼类以及头足类。这些种类分布于中下层，有一定的活动能力，捕获率参考值为0.5左右。

渔业资源栖息环境

第一节　海洋水文与化学环境

海州湾地处温带区域，为西北太平洋的陆架边缘浅海湾，海底地形较为平坦。海州湾的水文状况既受气候变化的影响，也受到环海环流系统的制约，如黄海暖流、苏北沿岸流、黄海冷水团等。水温和盐度是海水的两大重要物理要素，也是海洋生物生存的重要环境因子，对鱼类等的生长、分布、繁殖和洄游均有重要影响。因此，调查分析和掌握该海域的水温、盐度、溶解氧和化学要素等的时空分布规律，对于该海域渔业资源的保护以及开发利用具有极其重要的意义。

一、水温

1. 平面分布

（1）表层水温

海州湾海域全年表层水温范围为 8.7～24.7 ℃，平均值为 17.1 ℃。海州湾海域表层水温平面分布具有以下特点：春季和秋季西南部海域水温普遍高于东北部海域；冬季则明显相反，东北部海域水温高于西南部海域。春季，海州湾海域平均水温为 14.7 ℃，表层水温从西南部向东北部阶梯状递减，最高值为 17.7 ℃。夏季，海州湾平均水温为 22.6 ℃，水温变化较为复杂，存在数个闭合的低温区。秋季，海州湾水温整体较高，水平梯度变化较小，中部存在 1 个闭合的低温区，中心最低值为 21.7 ℃。冬季，受陆地低温径流影响，海州湾近岸海域水温较低，远岸海域水温较高（图 3－1）。

（2）底层水温

海州湾海域全年底层水温范围为 8.8～24.2 ℃，平均值为 15.7 ℃。海州湾海域底层水温平面分布具有以下特点：底层平均水温低于表层平均水温，但平面分布与表层水温基本相同。春季和秋季，海州湾西南部海域底层水温明显高于东北部海域。夏季，受黄海冷水团影响，北部海域底层水温显著低于海域平均水温，温差大于 10 ℃；在 35.2°N、120.5°E 处存在闭合的水温较高区。秋季，受陆地影响，海州湾近岸海域水温较高。冬季，海州湾水温分布与秋季相反，近海海域水温较低，中部海域水温较高（图 3－2）。

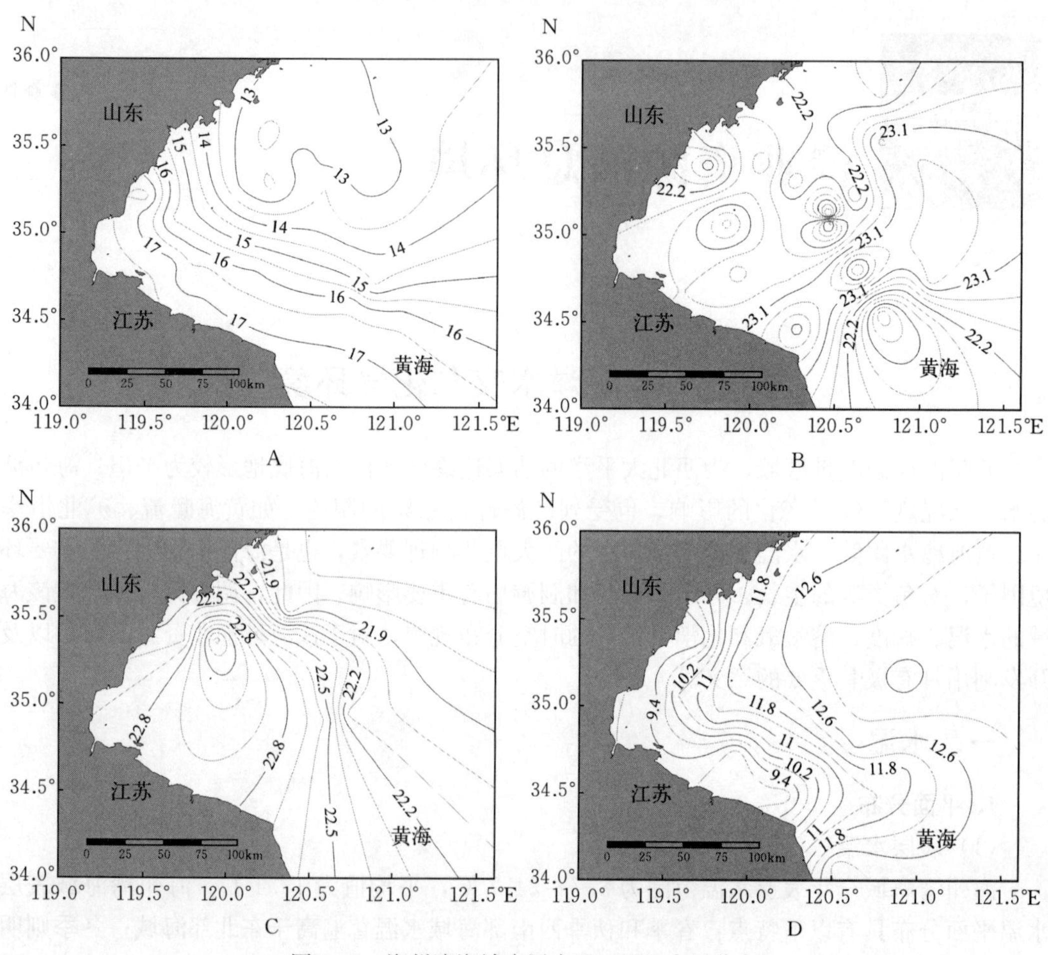

图 3-1 海州湾海域表层水温（℃）水平分布

A. 春季 B. 夏季 C. 秋季 D. 冬季

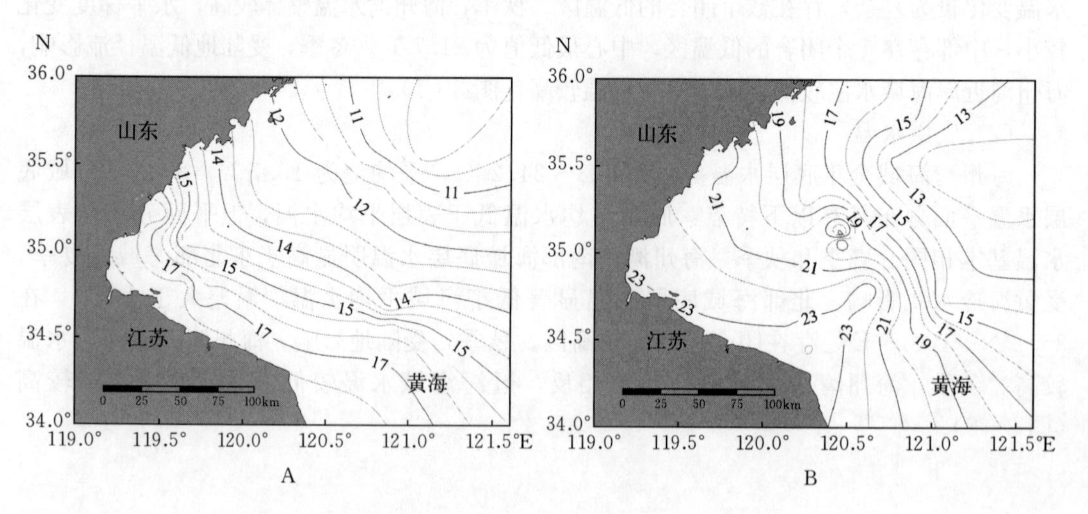

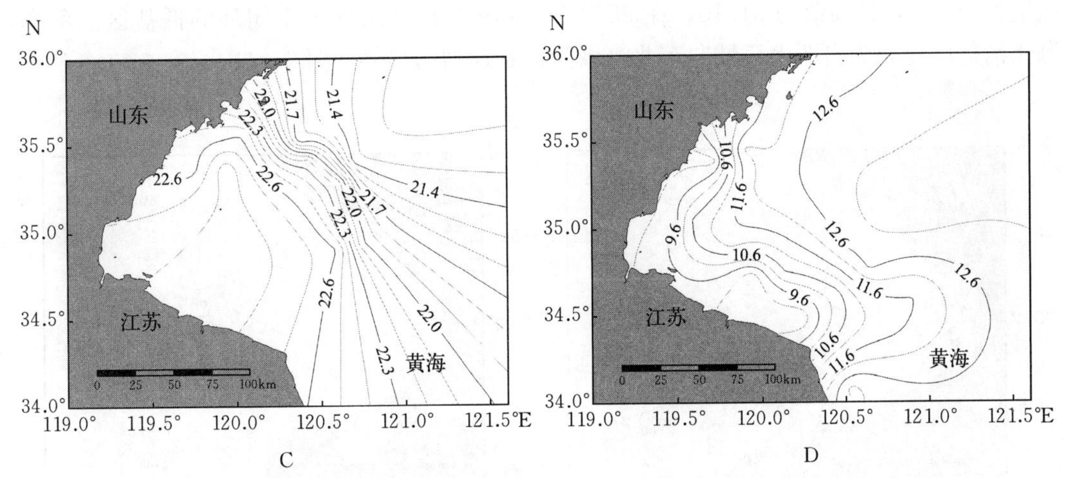

图 3-2　海州湾海域底层水温（℃）水平分布

A. 春季　B. 夏季　C. 秋季　D. 冬季

2. 季节变化

海州湾海域春季表层水温范围为 12.3～17.7 ℃，平均值为 14.7 ℃；夏季表层水温范围为 20.4～24.7 ℃，平均值为 22.6 ℃；秋季表层水温范围为 21.7～23.4 ℃，平均值为 22.4 ℃；冬季表层水温范围为 8.7～13.5 ℃，平均值为 11.5 ℃。

海州湾海域春季底层水温范围为 9.2～17.5 ℃，平均值为 13.9 ℃；夏季底层水温范围为 11.2～24.2 ℃，平均值为 18.8 ℃；秋季底层水温范围为 21.3～22.9 ℃，平均值为 22.2 ℃；冬季底层水温范围为 8.8～13.5 ℃，平均值为 11.5 ℃。

海州湾海域水温季节变化具有以下特点：秋季水温最高，冬季水温最低；夏季表层水温的变化范围最大；春季和夏季表层水温高于底层水温，秋季和冬季表层水温和底层水温较为接近（图 3-3）。

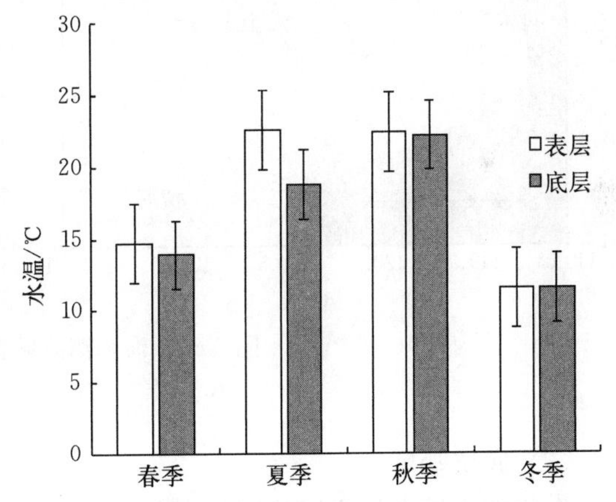

图 3-3　海州湾海域表层和底层水温的季节变化

二、盐度

1. 平面分布

（1）表层盐度

海州湾海域全年表层盐度分布范围为 27.86～31.92，平均值为 30.95。海州湾海域表层盐度平面分布具有以下特点：春季，海州湾海域盐度相对稳定，盐度数值变化不大，从分布图来看，略呈近岸海域较低、远岸海域较高的趋势。夏季，海州湾盐度变化较复杂，盐度最高值为 31.72，出现在 35.2°N、120.6°E 处。秋季，海州湾盐度变化范围较小，最低值为 30.65，最高值为 31.15，在 35.3°N、119.9°E 处出现 1 个闭环的低盐区。冬季，海州湾盐度分布为自西南海域向东北海域阶梯状递增的趋势（图 3-4）。

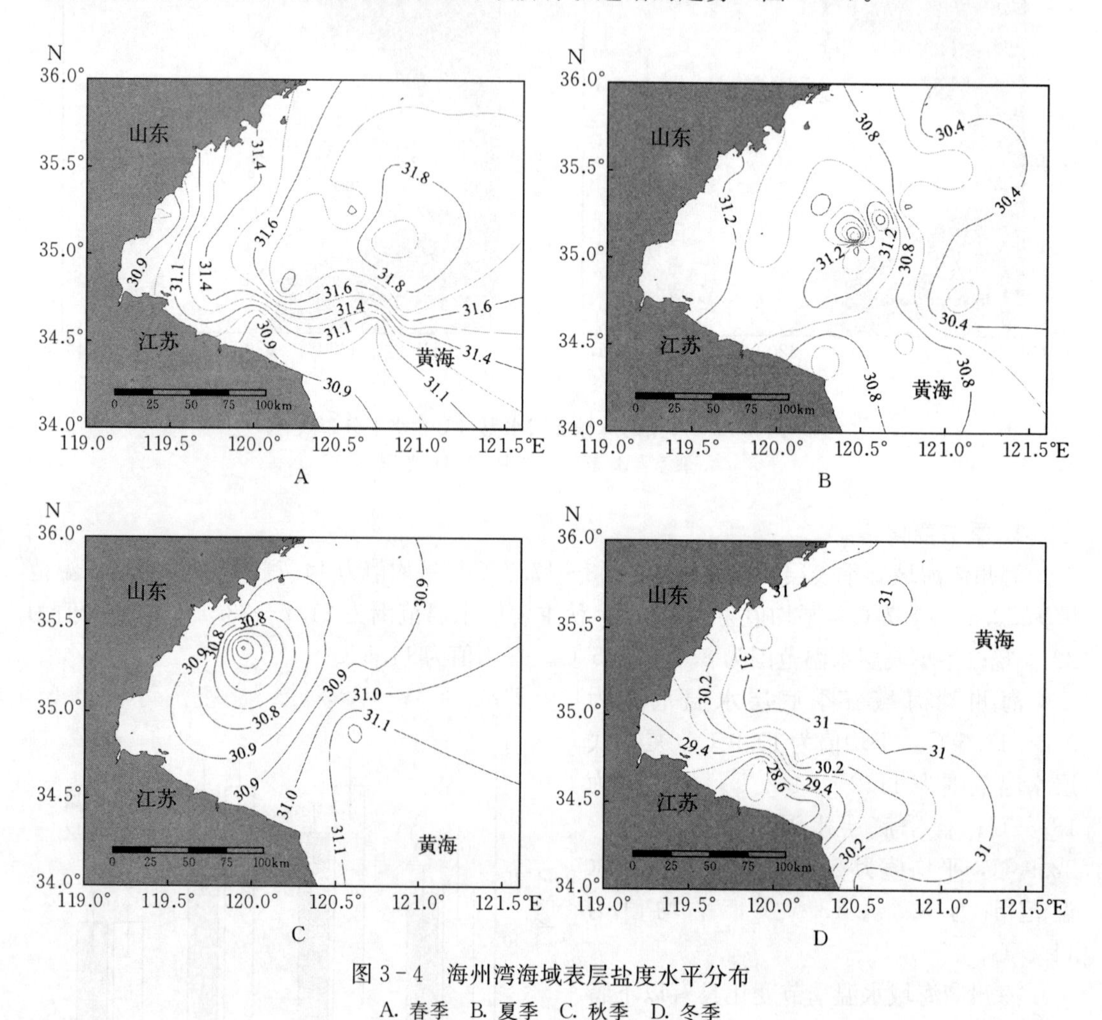

图 3-4　海州湾海域表层盐度水平分布

A. 春季　B. 夏季　C. 秋季　D. 冬季

（2）底层盐度

海州湾海域全年底层盐度分布范围为 28.23～31.98，平均值为 31.48。海州湾海域底层盐度平面分布具有以下特点：春季，海州湾盐度变化范围较小，南部海域盐度较低，北部海域盐度较高。夏季，受入海河流径流影响，海州湾西南部海域盐度较低，中部海域存在闭合的高盐区，最高值为 31.72。秋季，海州湾西北部海域盐度较低，东南部盐度较高，等盐线稀疏，盐度分布较平均。冬季，海州湾盐度从西南向东北递增，低盐区周围等盐线密集，盐度水平梯度较大，34.7°N 以北海域，盐度趋于稳定，为 31.20 左右（图 3-5）。

2. 季节变化

海州湾海域春季表层盐度分布范围为 30.85～31.92，平均值为 31.44；夏季表层盐度分布范围为 29.74～31.84，平均值为 30.87；秋季表层盐度分布范围为 30.43～31.14，

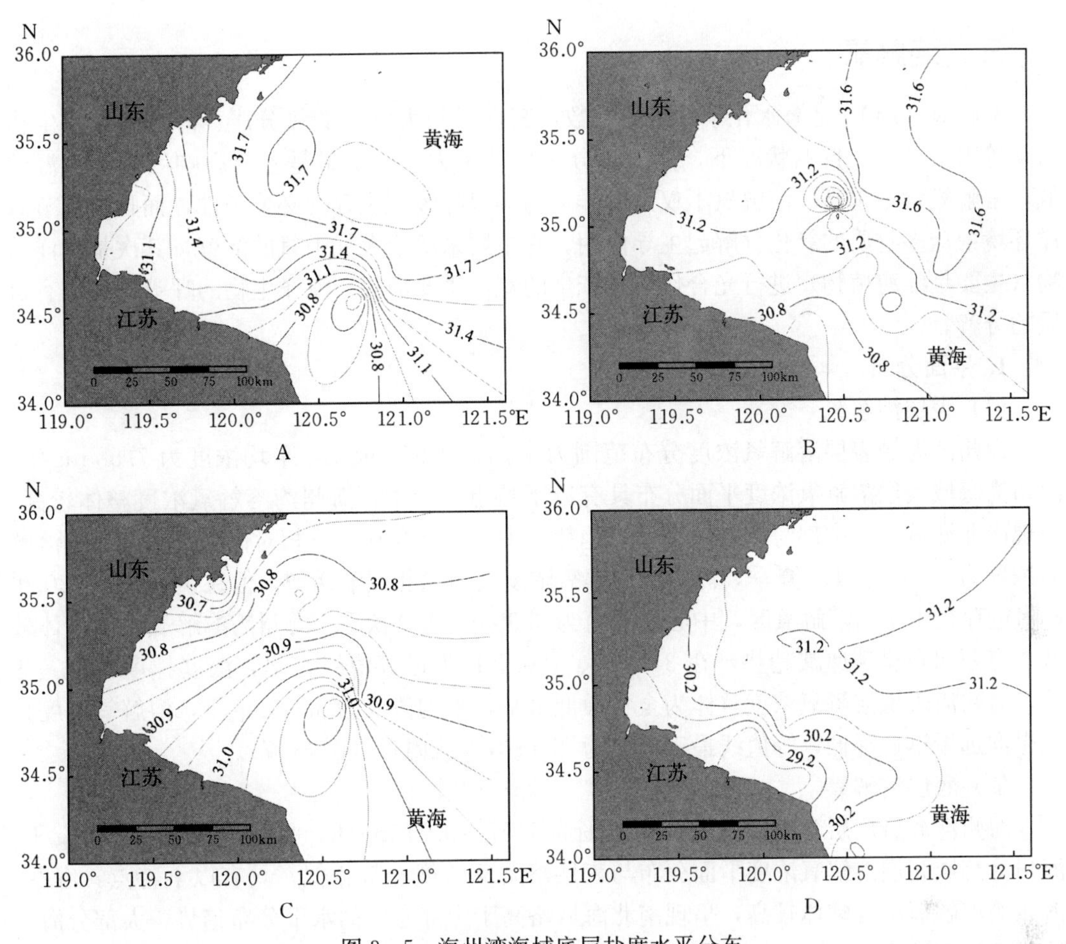

图 3-5　海州湾海域底层盐度水平分布

A. 春季　B. 夏季　C. 秋季　D. 冬季

平均值为 30.88；冬季表层盐度分布范围为 27.86～31.75，平均值为 30.57。

海州湾海域春季底层盐度分布范围为 30.19～31.98，平均值为 31.48；夏季底层盐度分布范围为 29.74～31.72，平均值为 31.26；秋季底层盐度分布范围为 30.65～31.15，平均值为 30.86；冬季底层盐度分布范围为 28.23～31.37，平均值为 30.57。

海州湾海域盐度季节变化具有以下特点：春季盐度最高，冬季盐度最低；秋季和冬季的表层盐度和底层盐度差异较小；夏季底层盐度高于表层盐度，且差异较大；秋季相反，表层盐度高于底层盐度（图 3-6）。

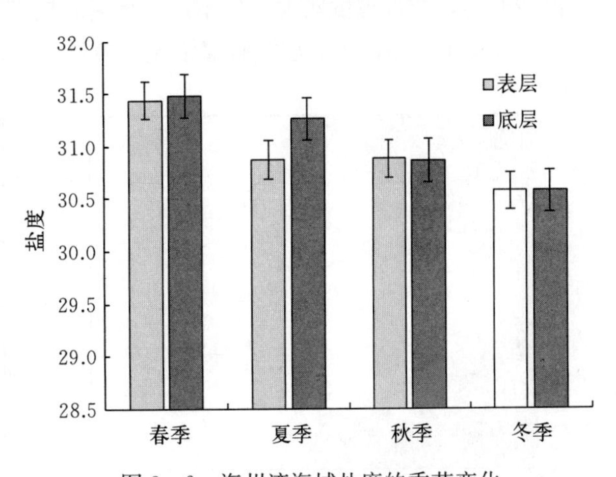

图 3-6　海州湾海域盐度的季节变化

三、溶解氧

溶解氧（DO）是海水化学的重要参数，其含量与大气中的氧分压、海水温度、生物活动等因素有关。自然状况下，大气氧分压变动不大，故水温是主要影响因素，水温越低，溶解氧含量越高。溶解氧不仅是海洋动物赖以呼吸、生存的必要条件，而且对调节海洋环境中众多物质的氧化分解起主导作用。它主要来源于大气中氧的溶解，其次是海洋植物（主要是浮游植物）进行光合作用时产生的氧，主要消耗于海洋生物的呼吸作用和有机质的分解。

1. 平面分布

（1）表层溶解氧

海州湾海域表层溶解氧浓度分布范围为1.57～9.95 mg/L，平均浓度为7.58 mg/L。海州湾海域表层溶解氧浓度平面分布具有以下特点：春季，海州湾溶解氧浓度整体较高，呈现南北海域高于中部海域的水平分布趋势；中部海域存在2个相对低值区，其最低溶解氧浓度为7.54 mg/L。夏季，海州湾溶解氧浓度自南向北逐渐递增，但在34.7°N、120.0°E附近存在1个高溶解氧区，中心最高值为9.95 mg/L。秋季，海州湾溶解氧浓度整体较低，自西向东呈现递减趋势，在34.9°N、120.7°E附近等值线密集，浓度梯度较大。冬季，海州湾表层溶解氧浓度整体为全年最低水平，平均值仅为3.68 mg/L，溶解氧浓度自近岸向远岸迅速降低，等值线最密集处为20 m等深线附近（图3-7）。

（2）底层溶解氧

海州湾海域底层溶解氧浓度分布范围为1.57～9.71 mg/L，平均浓度为7.55 mg/L。海州湾海域底层溶解氧浓度平面分布与表层溶解氧浓度趋势相似，具有以下特点：春季，海州湾溶解氧浓度整体较高，呈现南北海域略高于中部海域的水平分布趋势，大部分海域溶解氧浓度约为9.20 mg/L，海域中部相对低氧，最低值为7.30 mg/L；北部海域存在一个高氧水舌，其最高溶解氧浓度为9.69 mg/L。夏季，海州湾溶解氧浓度自西南向东、向北逐渐递增。秋季，海州湾溶解氧浓度自西向东呈现递减趋势，在35.0°N、120.8°E附近等值线密集，浓度梯度较大。冬季，海州湾底层溶解氧浓度整体为全年最低水平，平均值仅为3.84 mg/L，略高于表层溶解氧浓度，自近岸向远岸迅速降低，等值线密集（图3-8）。

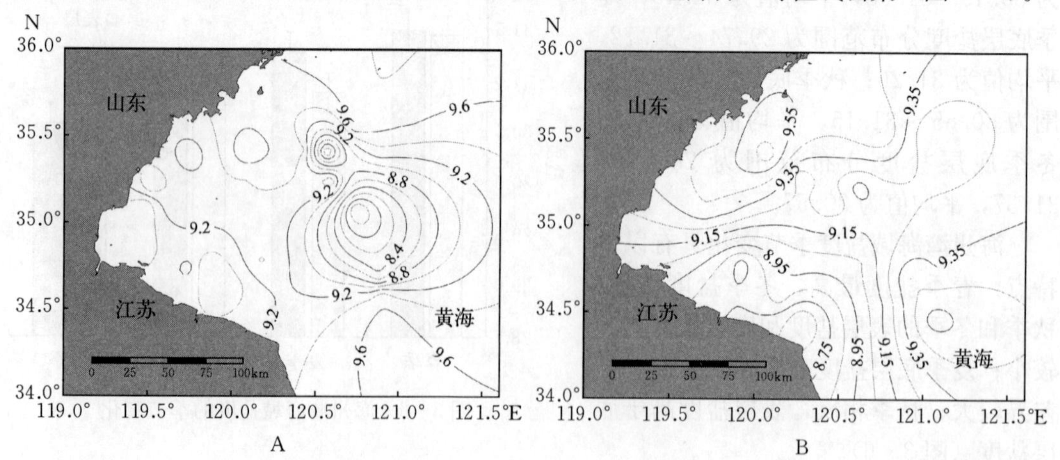

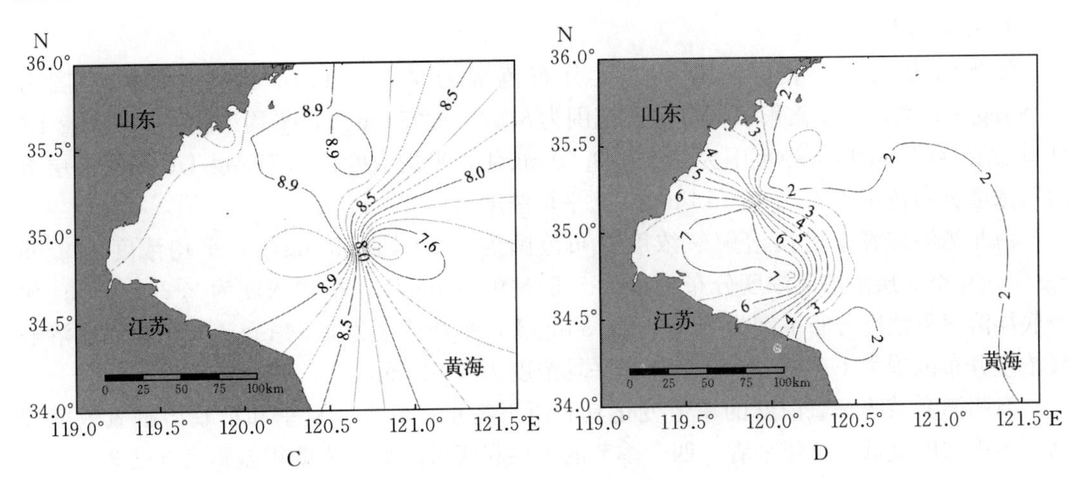

图 3-7　海州湾海域表层溶解氧（mg/L）水平分布

A. 春季　B. 夏季　C. 秋季　D. 冬季

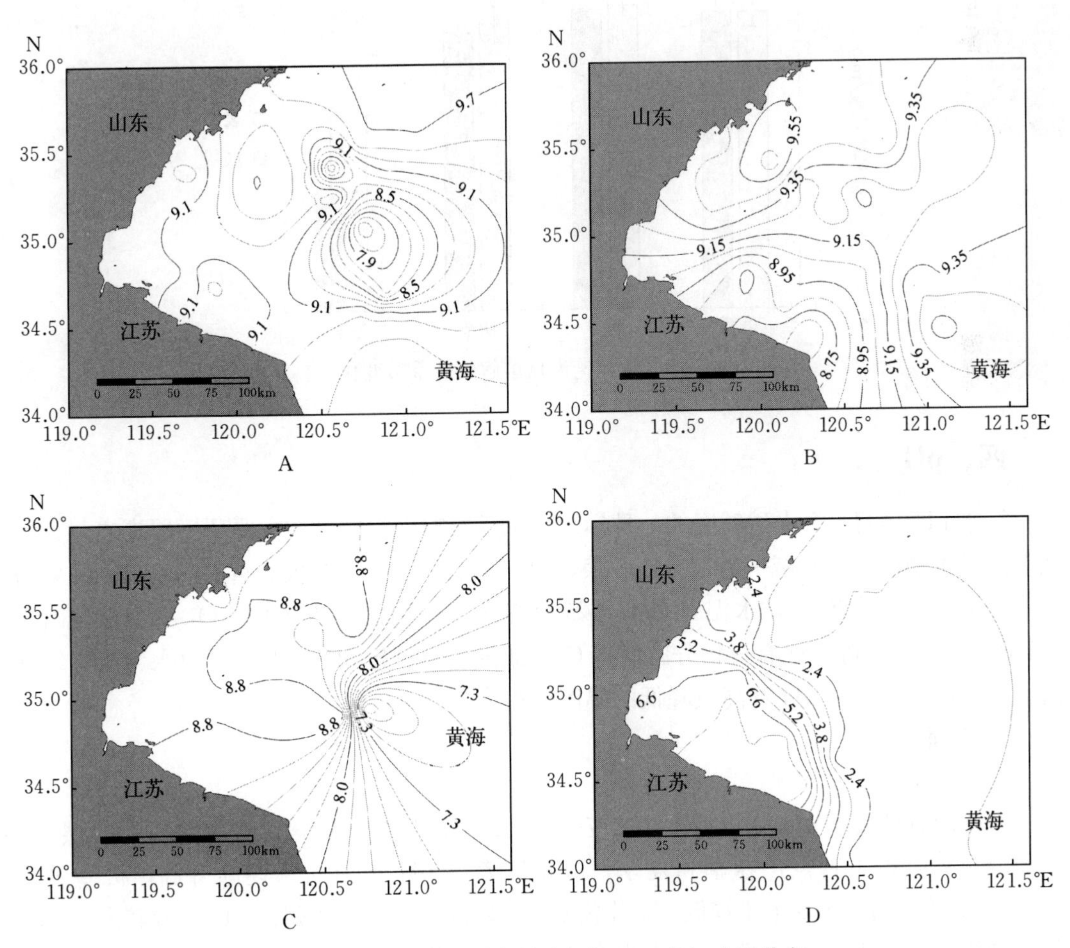

图 3-8　海州湾海域底层溶解氧（mg/L）水平分布

A. 春季　B. 夏季　C. 秋季　D. 冬季

2. 季节变化

海州湾海域春季表层溶解氧浓度分布范围为 7.54～9.76 mg/L，平均浓度为 9.18 mg/L；夏季表层溶解氧浓度分布范围为 8.50～9.95 mg/L，平均浓度为 9.33 mg/L；秋季表层溶解氧浓度分布范围为 7.13～9.29 mg/L，平均浓度为 8.77 mg/L；冬季表层溶解氧浓度分布范围为 1.57～7.74 mg/L，平均浓度为 3.68 mg/L。

海州湾海域春季底层溶解氧浓度分布范围为 7.30～9.69 mg/L，平均浓度为 9.09 mg/L；夏季底层溶解氧浓度分布范围为 8.54～9.71 mg/L，平均浓度为 9.26 mg/L；秋季底层溶解氧浓度分布范围为 6.47～9.13 mg/L，平均浓度为 8.54 mg/L；冬季底层溶解氧浓度分布范围为 1.57～7.69 mg/L，平均浓度为 3.84 mg/L。

海州湾海域溶解氧浓度的季节变化具有以下特点：春季、夏季和秋季溶解氧浓度较高，冬季浓度最低；全年来看，四个季节的表层和底层溶解氧浓度相差不大（图 3－9）。

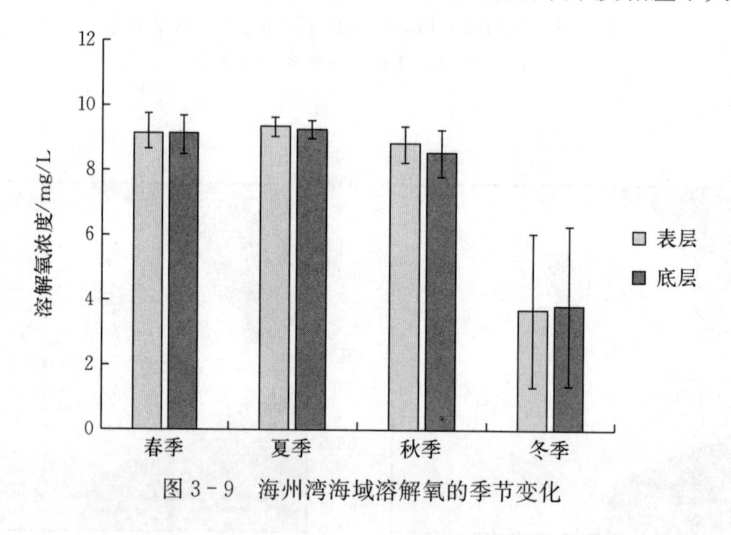

图 3－9　海州湾海域溶解氧的季节变化

四、pH

海水 pH 是衡量海水酸碱度的一种标志，也是影响生物栖息的主要环境因素之一，对调节海洋生物体内的酸碱平衡、气体交换、血氧运输和渗透压等极为重要。其高低主要与海水中的 CO_2 含量有关，水温升高或浮游植物光合作用使得水体中 CO_2 减少，会引起 pH 升高；生物的呼吸或有机物分解使得 CO_2 减少，会引起 pH 降低。受海水为天然缓冲溶液的性质影响，其 pH 升高或降低的幅度较小。

1. 平面分布

（1）表层 pH

海州湾海域表层 pH 分布范围为 7.76～8.52，平均值为 8.14。海州湾海域表层 pH 平面分布具有以下特点：春季和夏季，海州湾表层 pH 自西向东逐渐升高，极差约为 0.2，也表现为近岸海域 pH 较低，远岸海域 pH 较高。秋季，海州湾 pH 差异较大，存在数个低值闭环，最低值为 7.82，出现在 35.3°N、120.7°E 附近。冬季，海州湾 pH 在 35.1°N、120.9°E 附近海域存在 1 个较为明显的低值区，中心最低值为 7.76（图 3－10）。

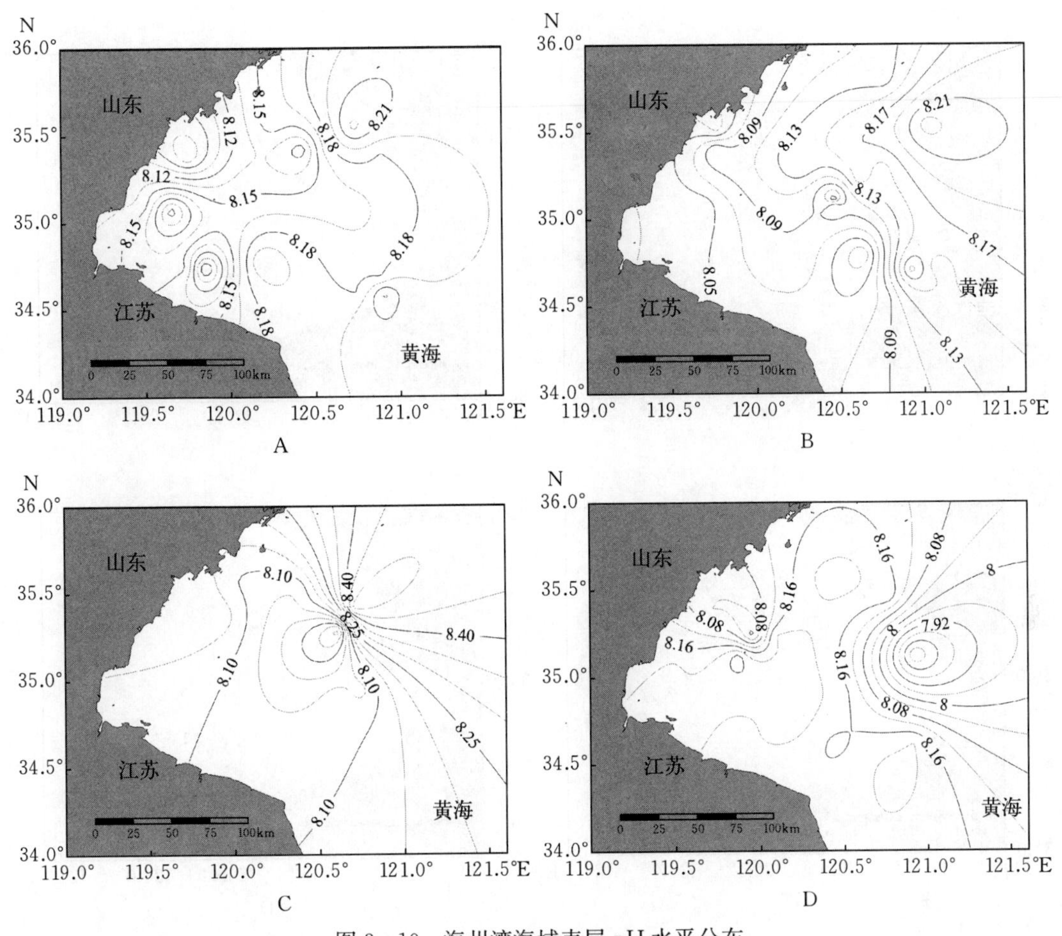

图 3-10　海州湾海域表层 pH 水平分布

A. 春季　B. 夏季　C. 秋季　D. 冬季

(2) 底层 pH

海州湾海域底层 pH 分布范围为 7.94～8.28，平均值为 8.16。海州湾海域底层 pH 平面分布与表层 pH 较为一致，具有以下特点：春季和夏季，海州湾近岸海域 pH 较低，远岸海域 pH 较高，pH 自西向东逐渐升高，变化范围较小。秋季，海州湾 pH 呈现中部海域较低，西部和东部海域较高的水平分布趋势，在 35.3°N、120.6°E 附近海域等值线密集，pH 值变化较大。冬季与秋季差异较大，在 35.0°N、119.8°E 附近海域存在 1 个高值区，中心高值为 8.28（图 3-11）。

2. 季节变化

海州湾海域春季表层 pH 分布范围为 8.06～8.23，平均值为 8.16；夏季表层 pH 分布范围为 8.01～8.24，平均值为 8.11；秋季表层 pH 分布范围为 7.82～8.52，平均值为 8.13；冬季表层 pH 分布范围为 7.76～8.26，平均值为 8.15。

海州湾海域春季底层 pH 分布范围为 8.11～8.24，平均值为 8.18；夏季底层 pH 分布范围为 8.00～8.24，平均值为 8.12；秋季底层 pH 分布范围为 7.94～8.27，平均值为 8.11；冬季底层 pH 分布范围为 8.02～8.28，平均值为 8.19。

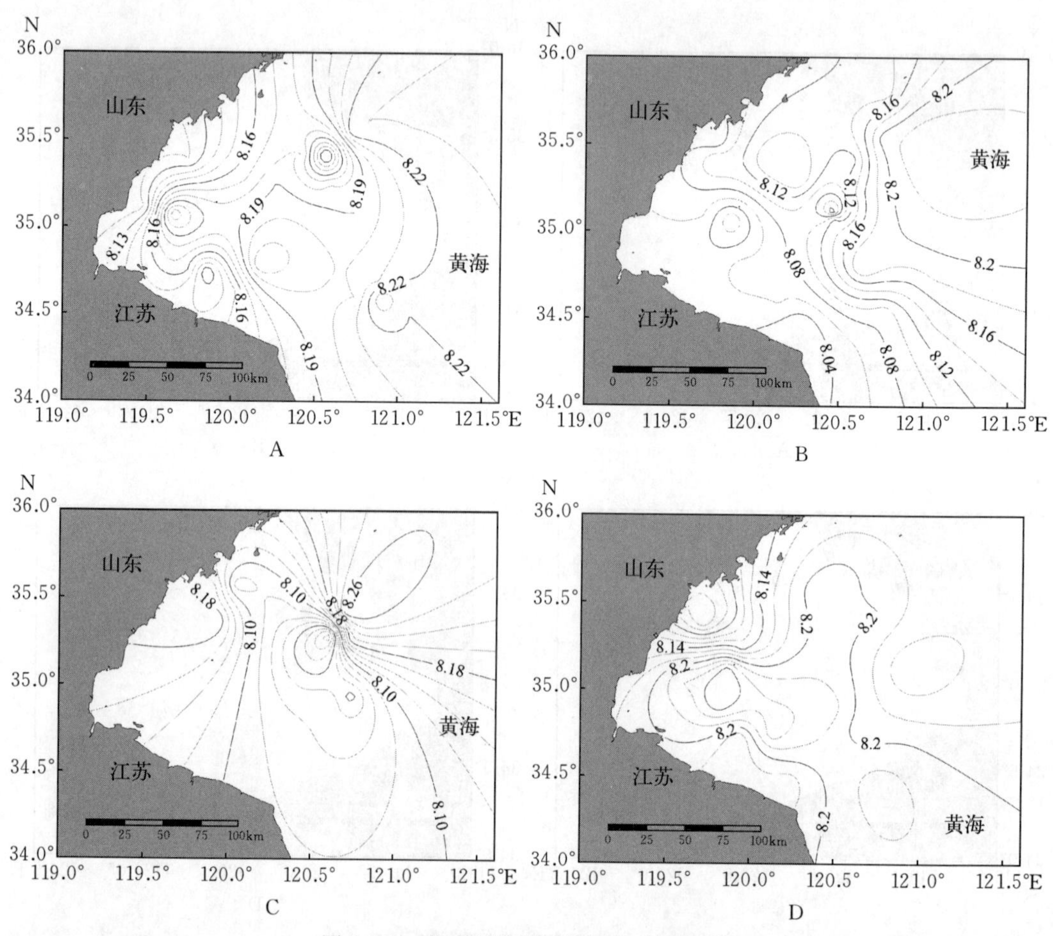

图 3-11 海州湾海域底层 pH 水平分布

A. 春季 B. 夏季 C. 秋季 D. 冬季

海州湾海域 pH 季节变化具有以下特点：pH 在春季和冬季较高，夏季和秋季较低；仅秋季表层 pH 高于底层 pH，其他季节均为底层 pH 较高（图 3-12）。

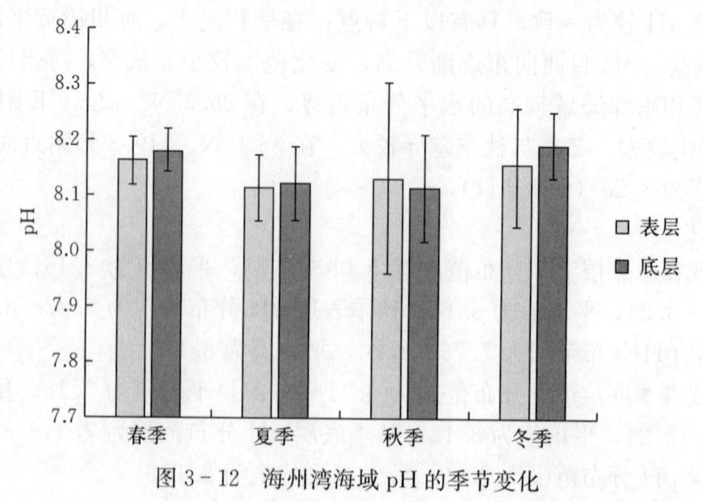

图 3-12 海州湾海域 pH 的季节变化

五、化学需氧量

化学需氧量（COD）是重要的海洋化学参数，通常是反映水体中可还原性物质含量的指标，除一些特殊水样外，有机化合物是水体中主要的还原性物质，因此，化学需氧量也是衡量海洋有机物相对含量的综合指标之一。化学需氧量越大，表明水体中有机物的相对含量越高。

1. 平面分布

（1）表层化学需氧量

海州湾海域表层化学需氧量分布范围为 6.70～9.68 mg/L，平均值为 8.19 mg/L。海州湾海域表层化学需氧量平面分布具有以下特点：春季，海州湾海域化学需氧量整体较高，平均值为 9.31 mg/L，海域中存在 3 个主要的相对低值区，最低值 8.15 mg/L 出现在海州湾中部 35.4°N、120.6°E 附近海域。夏季，海州湾北部化学需氧量较低，最低值为 7.09 mg/L，南部化学需氧量相对较高。秋季，海州湾海域化学需氧量整体较低，北部海域数值波动剧烈，向南逐渐递减（图 3－13）。

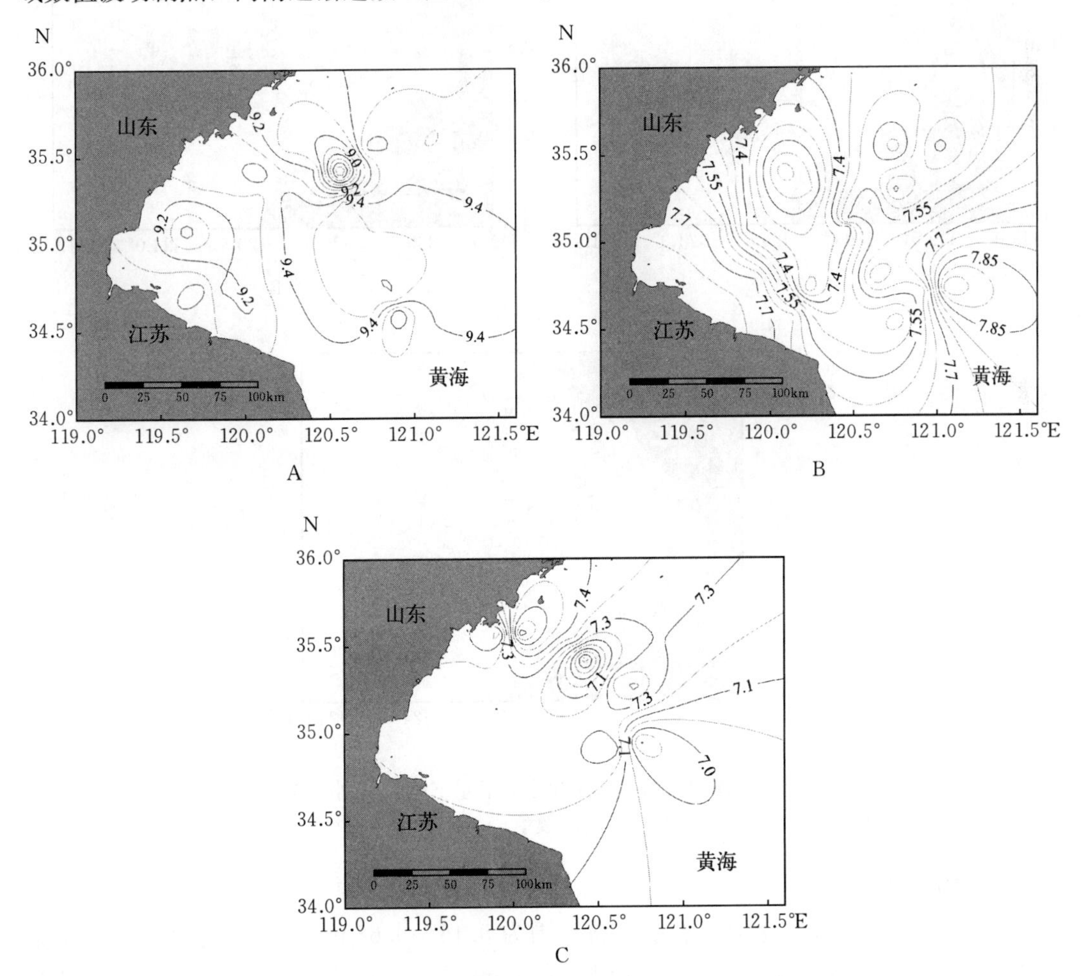

图 3－13　海州湾海域表层化学需氧量（mg/L）水平分布

A. 春季　B. 夏季　C. 秋季

（2）底层化学需氧量

海州湾海域底层化学需氧量分布范围为 6.71～9.87 mg/L，平均值 8.19 mg/L。海州湾海域底层化学需氧量平面分布与表层化学需氧量较为一致，具有几乎相同的分布特点：春季，海州湾海域化学需氧量整体较高，平均值为 9.30 mg/L，海域中存在 3 个主要的相对低值区，最低值 8.17 mg/L 出现在海州湾中部 35.4°N、120.6°E 附近海域。夏季，海州湾北部化学需氧量较低，最低值为 7.09 mg/L，南部化学需氧量相对较高。秋季，海州湾海域化学需氧量整体较低，北部海域数值波动剧烈，向南逐渐递减（图 3-14）。

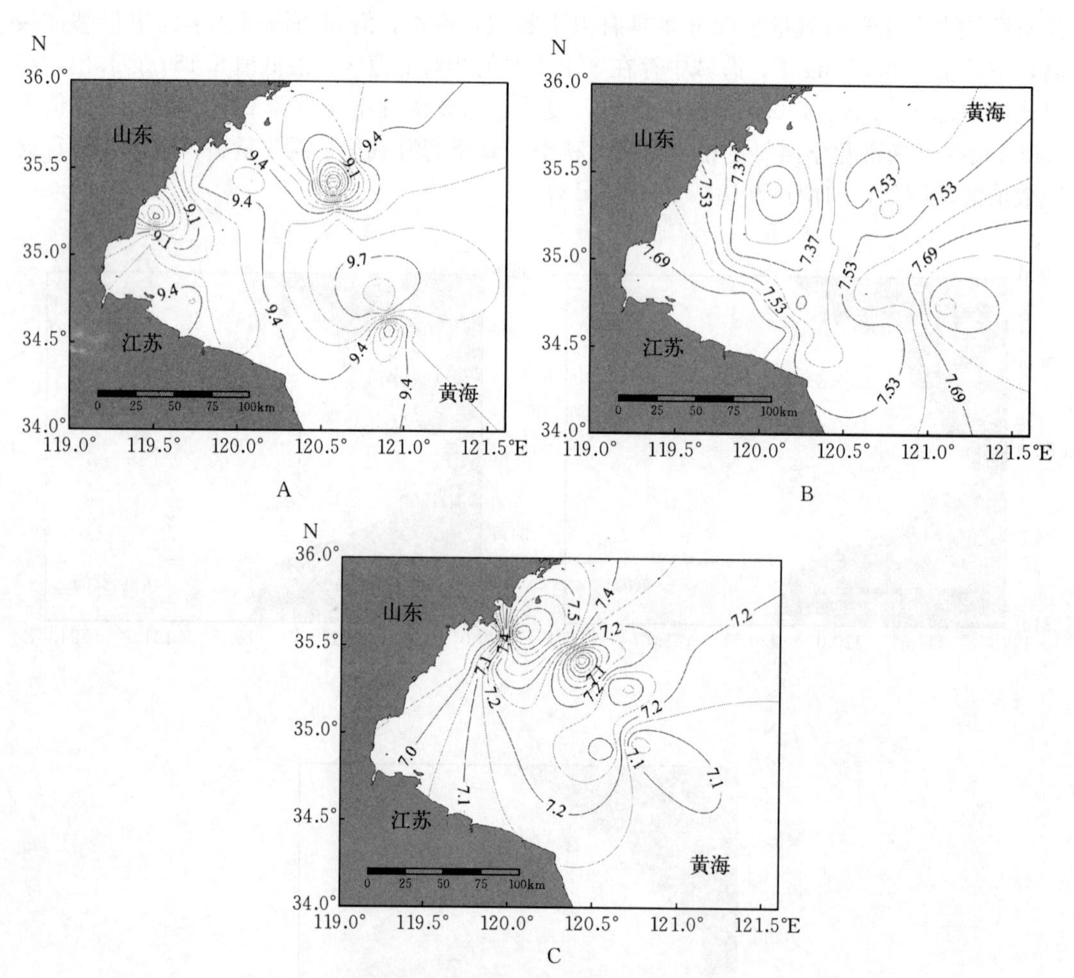

图 3-14 海州湾海域底层化学需氧量（mg/L）水平分布

A. 春季 B. 夏季 C. 秋季

2. 季节变化

海州湾海域春季表层化学需氧量分布范围为 8.16～9.68 mg/L，平均值为 9.31 mg/L；夏季表层化学需氧量分布范围为 7.12～8.01 mg/L，平均值为 7.51 mg/L；秋季表层化学需氧量分布范围为 6.70～7.73 mg/L，平均值为 7.22 mg/L。

海州湾海域春季底层化学需氧量分布范围为 8.17～9.87 mg/L，平均值为 9.30 mg/L；夏季底层化学需氧量分布范围为 7.09～7.98 mg/L，平均值为 7.51 mg/L；秋季底层化学需氧量分布范围为 6.71～7.80 mg/L，平均值为 7.24 mg/L。

海州湾的表层和底层化学需氧量在各个季节间差异较大，春季的化学需氧量高于夏季和秋季，但在表层和底层上无垂直分布的差异，数值几乎相同（图 3-15）。

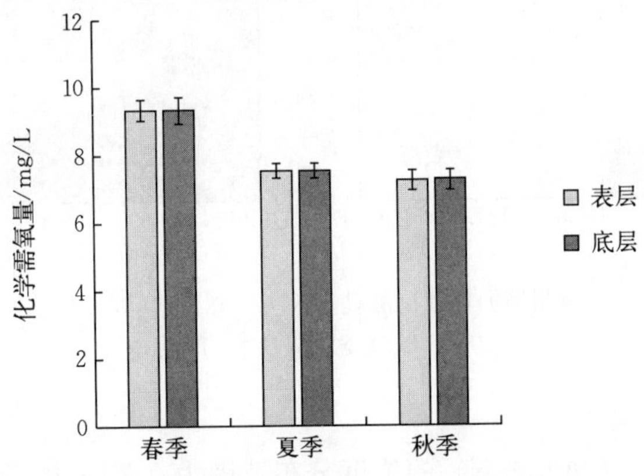

图 3-15　海州湾海域化学需氧量的季节变化

六、营养盐

1. 亚硝酸盐（NO_2^--N）

海州湾海域亚硝酸盐（NO_2^--N）的浓度分布范围为 0.05～3.38 μmol/L，平均值为 0.61 μmol/L。亚硝酸盐浓度平面分布的总体趋势是近岸海域较高，远岸海域较低。春季和夏季在海州湾南部海域较高，在北部海域较低。秋季，海州湾亚硝酸盐的平均浓度为全年最高，其高值区在 35.5°N、120.4°E 附近海域，中心最高值达到 3.38 μmol/L，等值线密集。冬季，海州湾亚硝酸盐浓度从近岸海域向远岸海域逐渐递减，从 1.63 μmol/L 递减至 0.05 μmol/L（图 3-16）。

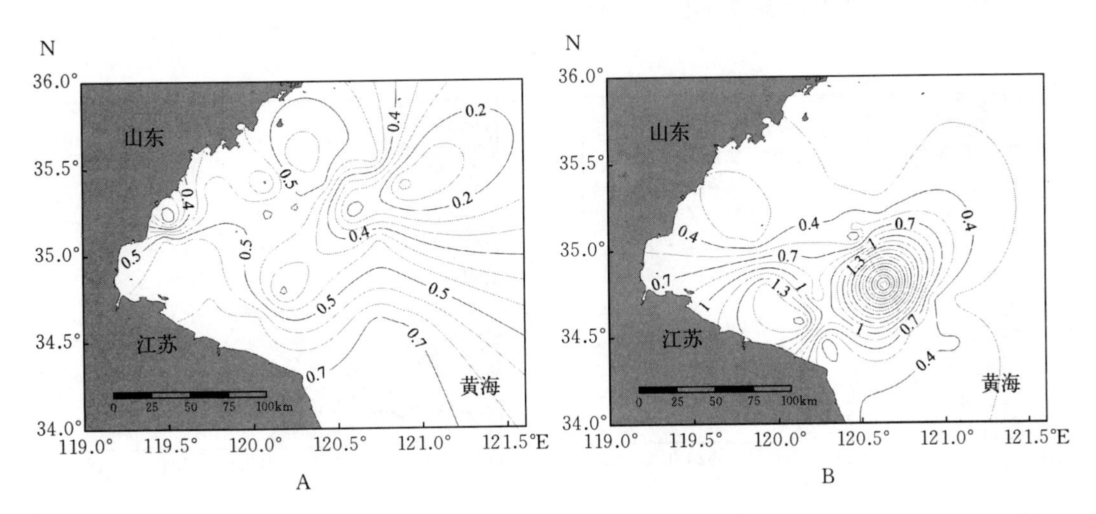

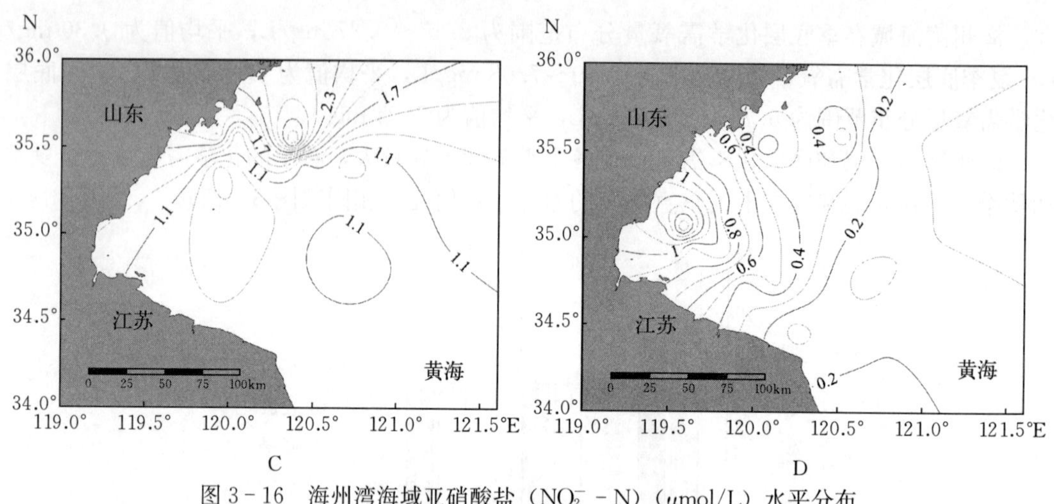

图 3-16 海州湾海域亚硝酸盐（NO_2^--N）（μmol/L）水平分布

A. 春季 B. 夏季 C. 秋季 D. 冬季

2. 硝酸盐（NO_3^--N）

海州湾海域硝酸盐（NO_3^--N）的浓度分布范围为 0.36～49.70 μmol/L，平均值为 14.37 μmol/L。海州湾硝酸盐浓度水平梯度变化较大。春季基本呈现近岸海域浓度较高而远岸海域浓度较低的分布趋势。夏季与春季相反，基本呈现近岸海域浓度较低而远岸海域浓度较高的趋势，浓度分布更为复杂，在 34.7°N、120.2°E 和 35.2°N、120.7°E 附近海域出现 2 个闭合的低值区，中心低值分别为 1.90 μmol/L 和 2.93 μmol/L。秋季，海州湾中部海域的硝酸盐浓度高于近岸海域，最高值为 34.3 μmol/L。冬季，海州湾硝酸盐浓度分布趋势与秋季相似，最高值达到 49.60 μmol/L（图 3-17）。

3. 铵盐（NH_4^+-N）

海州湾海域铵盐（NH_4^+-N）的浓度分布范围为 0.09～20.60 μmol/L，平均值为 5.29 μmol/L。春季、夏季和秋季，海州湾铵盐浓度范围相近，约为 1～7 μmol/L。冬季，海州湾铵盐浓度较高，呈近岸海域较高而远岸海域较低的分布趋势，在海州湾近岸河流入海口处浓度显著高于其他海域（图 3-18）。

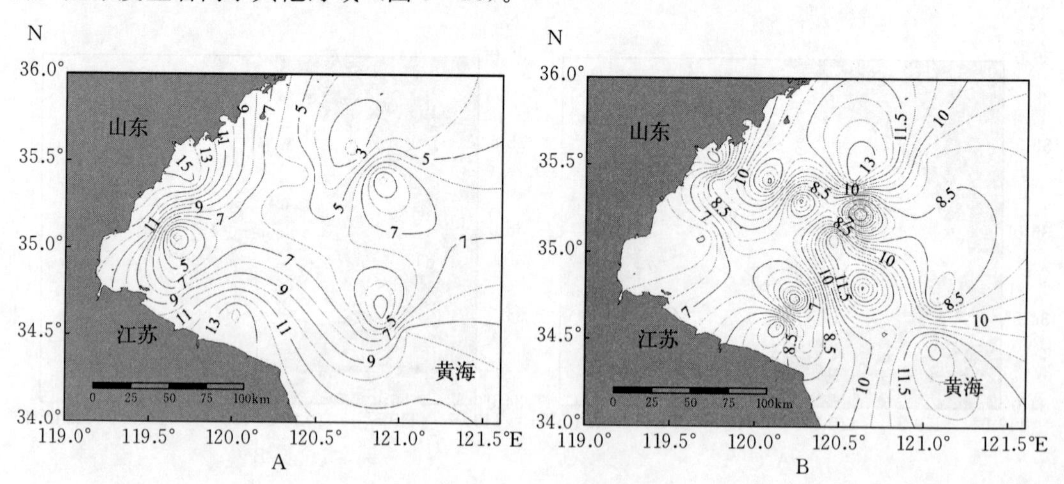

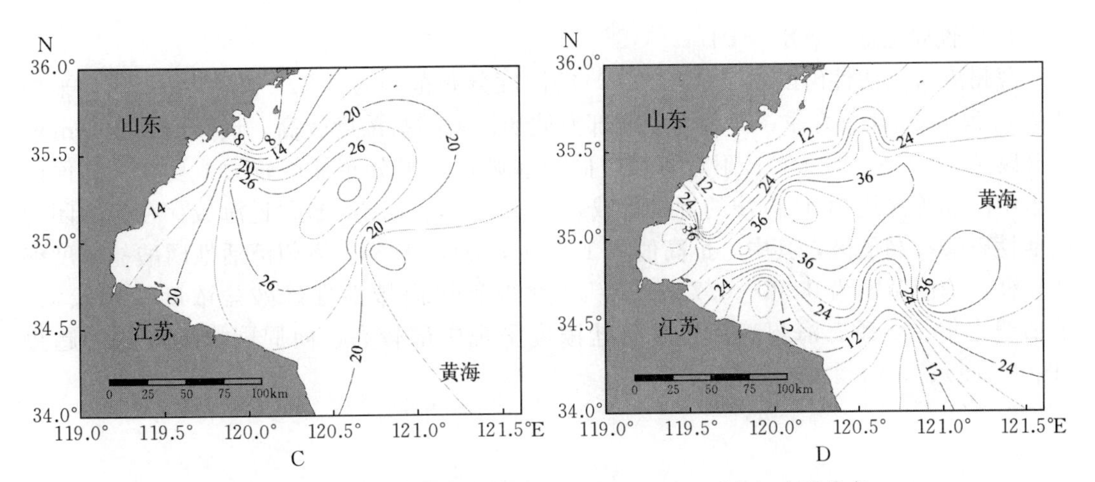

图 3-17　海州湾海域硝酸盐（NO_3^--N）（μmol/L）水平分布

A. 春季　B. 夏季　C. 秋季　D. 冬季

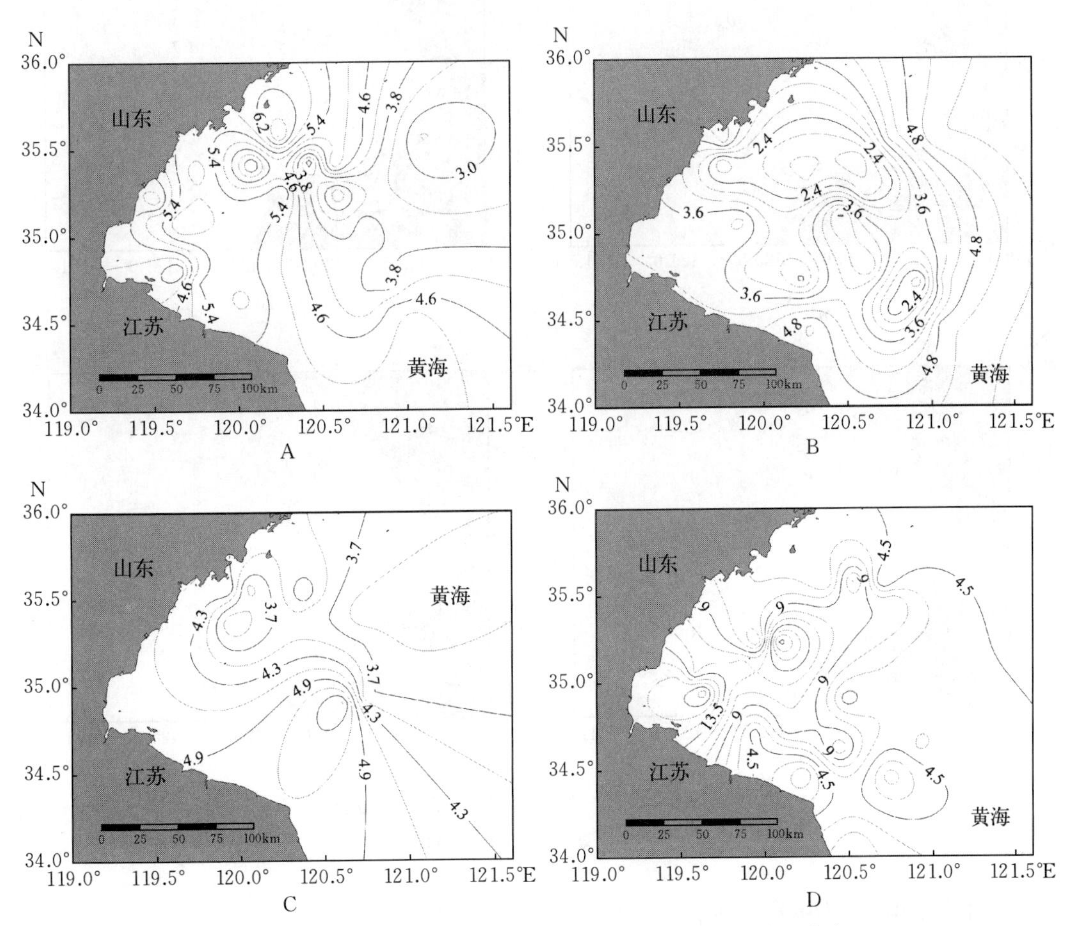

图 3-18　海州湾海域铵盐（NH_4^+-N）（μmol/L）水平分布

A. 春季　B. 夏季　C. 秋季　D. 冬季

4. 活性磷酸盐（$PO_4^{3-}-P$）

海州湾海域活性磷酸盐（$PO_4^{3-}-P$）的浓度分布范围为 0.17～2.00 μmol/L，平均值为 0.74 μmol/L。春季，海州湾中北部海域活性磷酸盐浓度较高，最高值 1.38 μmol/L 出现在 35.4°N、120.4°E 附近海域，向外递减，水平分布梯度较大。夏季，高值区位于中南部等深线 20 m 以浅的近岸海域，在 35.5°N、120.8°E 附近海域存在 1 个闭合的活性磷酸盐高值区，其中心最高值为 1.67 μmol/L。秋季，海州湾活性磷酸盐浓度整体较低，浓度范围为 0.36～0.75 μmol/L，北部近岸海域活性磷酸盐浓度变化较大，等值线密集。冬季，海州湾活性磷酸盐浓度呈现中部较高，向周围梯度降低的趋势（图 3－19）。

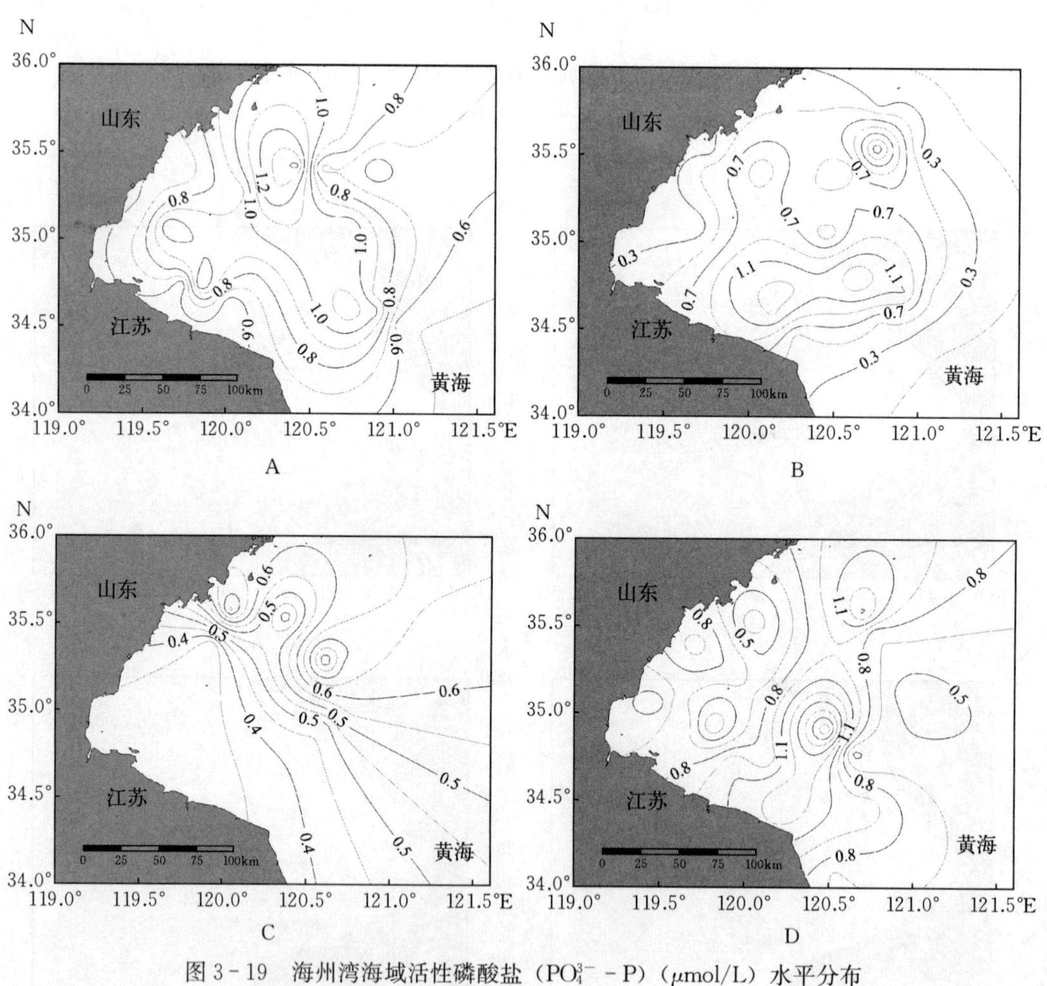

图 3－19　海州湾海域活性磷酸盐（$PO_4^{3-}-P$）（μmol/L）水平分布

A. 春季　B. 夏季　C. 秋季　D. 冬季

5. 活性硅酸盐（$SiO_3^{2-}-Si$）

海州湾海域活性硅酸盐（$SiO_3^{2-}-Si$）的浓度分布范围为 0.11～22.90 μmol/L，平均值为 4.76 μmol/L。从全年来看，春季和夏季海域活性磷酸盐浓度整体较低，秋季和冬季整体较高。从水平分布来看，春季、夏季和冬季，海州湾活性硅酸盐浓度由近岸海域向远岸海域梯度降低。秋季相反，活性硅酸盐浓度由近岸海域向远岸海域梯度升高（图 3-20）。

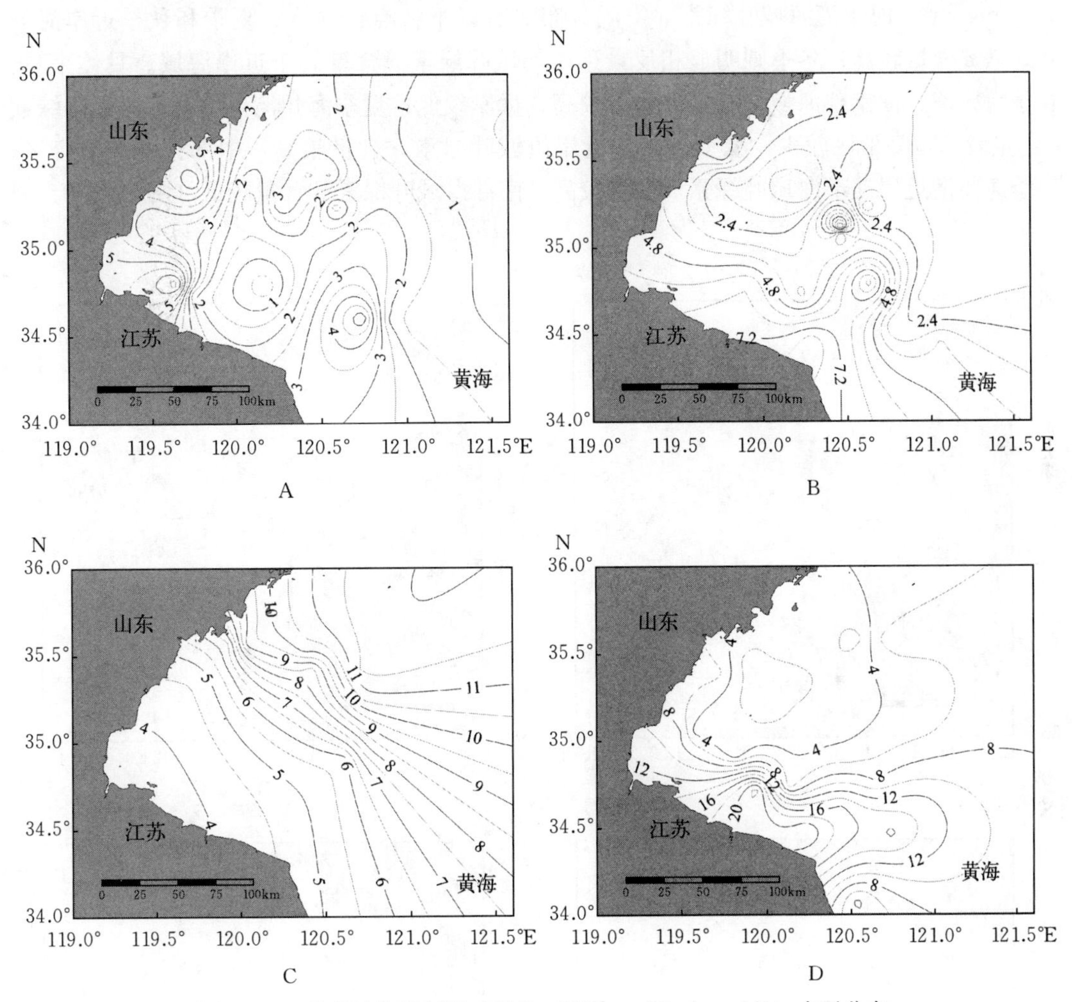

图 3-20 海州湾海域活性硅酸盐（$SiO_3^{2-}-Si$）（μmol/L）水平分布

A. 春季 B. 夏季 C. 秋季 D. 冬季

第二节 生物环境

一、叶绿素 a 和初级生产力

海水中叶绿素 a 的浓度是指示浮游植物现存量的重要指标，其分布情况反映了水体中浮游植物的丰度及其变化规律。初级生产力反映了水域初级生产者通过光合作用生产有机碳的能力，是海洋生物链的第一个环节，是海洋生态系统生态学研究的重要内容，也是开展海洋生物资源评估的重要依据。

1. 叶绿素 a

(1) 空间分布

2011 年海州湾及其邻近水域叶绿素 a 的变化范围是 0.71～12.43 mg/m³，平均值为 3.63 mg/m³。海州湾海域叶绿素 a 空间分布具有以下特点：春季、夏季和秋季近岸海域叶绿素 a 含量较高；冬季则明显相反，远岸海域叶绿素 a 含量高于近岸海域。具体来看：春季海州湾近岸南部海域叶绿素 a 含量较高，远岸较低；夏季海州湾近岸北部海域叶绿素 a 含量较高，高值区较少；秋季海州湾近岸海域叶绿素 a 含量较高，中部有低值闭合区；冬季海州湾近岸北部海域叶绿素 a 含量较高，南部海域叶绿素 a 含量较低（图 3-21）。

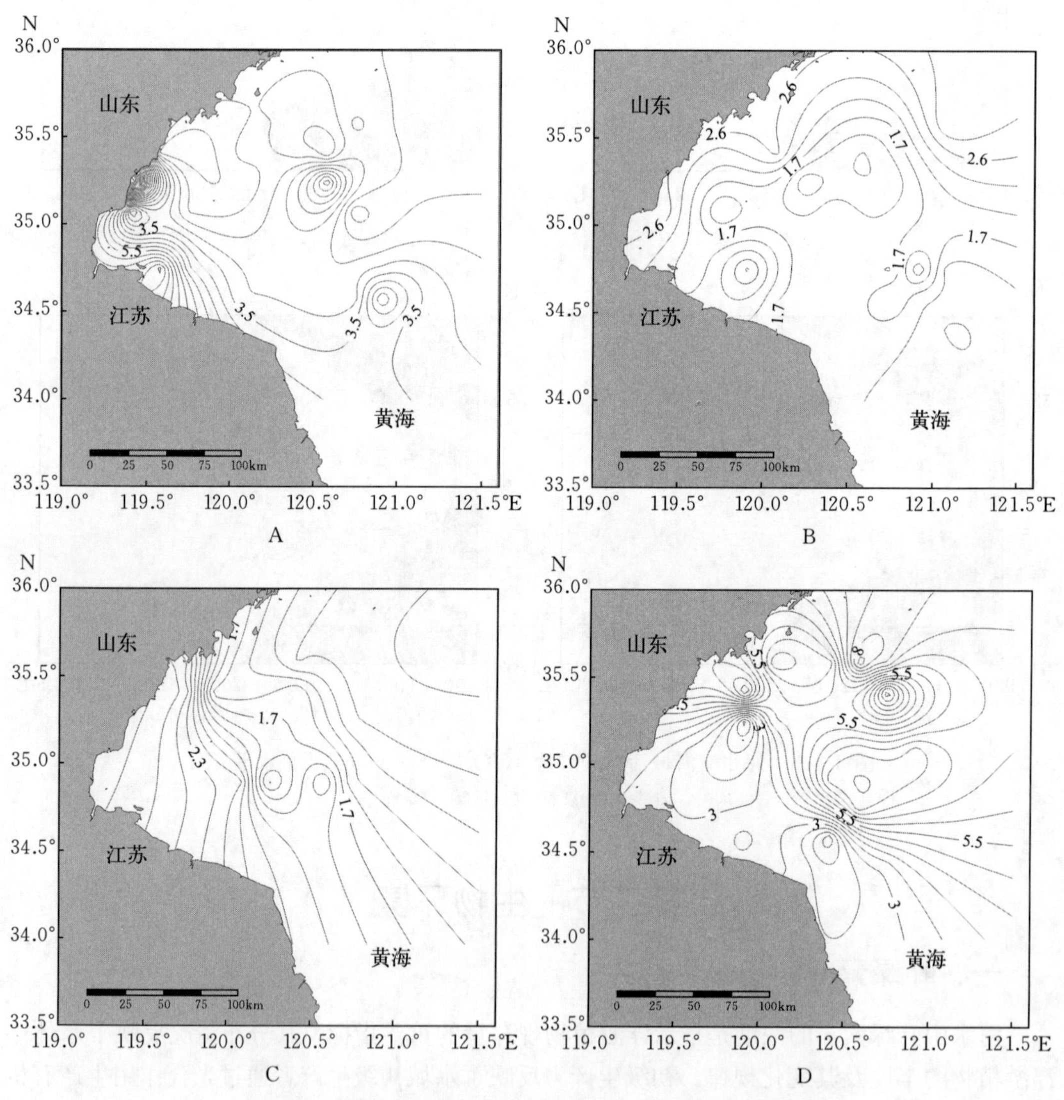

图 3-21 海州湾海域叶绿素 a 浓度（mg/m³）空间分布

A. 春季 B. 夏季 C. 秋季 D. 冬季

（2）季节变化

春季叶绿素 a 空间分布的变化范围为 1.48～12.43 mg/m³，平均值为 3.41 mg/m³；夏季叶绿素 a 空间分布的变化范围为 0.85～3.19 mg/m³，平均值为 1.79 mg/m³；秋季叶绿素 a 的空间分布变化范围为 1.29～2.45 mg/m³，平均值为 1.72 mg/m³；冬季叶绿素 a 的空间分布变化范围为 0.71～8.83 mg/m³，平均值为 6.82 mg/m³。海州湾海域叶绿素 a 含量具有明显的季节变化，叶绿素 a 含量平均值在冬季最高，浓度为 6.82 mg/m³，其次是春季，秋季的叶绿素 a 浓度最低（图 3－22）。

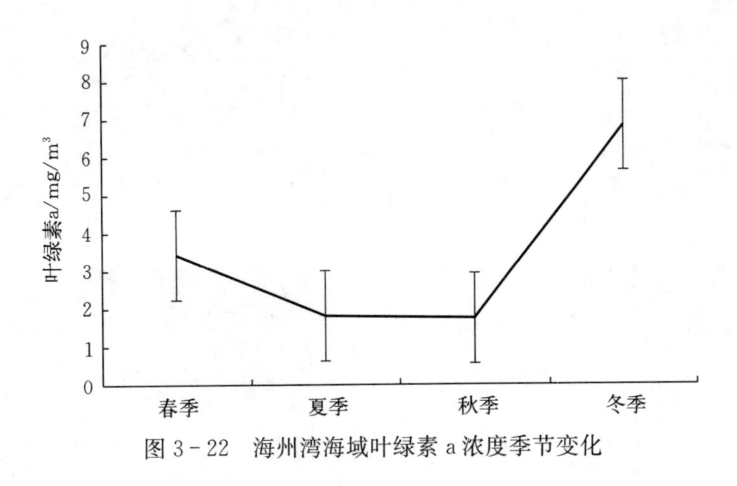

图 3－22　海州湾海域叶绿素 a 浓度季节变化

2. 初级生产力

海区初级生产力根据叶绿素 a 的含量估算，依据 CAEE 提出的简化公式计算：

$$P=(Chla\times Q\times D\times E)/2$$

式中：P 为初级生产力［mg C/(m² · d)］；$Chla$ 为叶绿素 a 含量（mg/m³）；Q 为不同层次同化系数算术平均值，取 3.7；D 为昼长时间（h），取 12 h；E 为真光层深度(m)，取透明度的 3 倍。

（1）空间分布

2011 年海州湾及其邻近水域初级生产力各站位变化范围是 3.74～3 530.39 mg C/(m² · d)，平均值为 722.98 mg C/(m² · d)。海州湾海域初级生产力分布与叶绿素 a 分布存在一定的差异。春季，北部海域初级生产力较高，近岸初级生产力较低；夏季，远岸海域初级生产力较高，近岸存在低值闭合区；秋季，中部海域初级生产力较高，低值闭合区较多；冬季，北部近岸海域初级生产力较低，南部近岸海域较高(图 3－23)。

（2）季节变化

海州湾及其邻近水域初级生产力存在明显季节变化。其中，春季形成明显高峰，平均值达到 978.04 mg C/(m² · d)；其次为冬季，平均值为 765.79 mg C/(m² · d)；夏、秋偏低，初级生产力平均值分别为 562.74 mg C/(m² · d) 和 482.07 mg C/(m² · d)(图 3－24)。

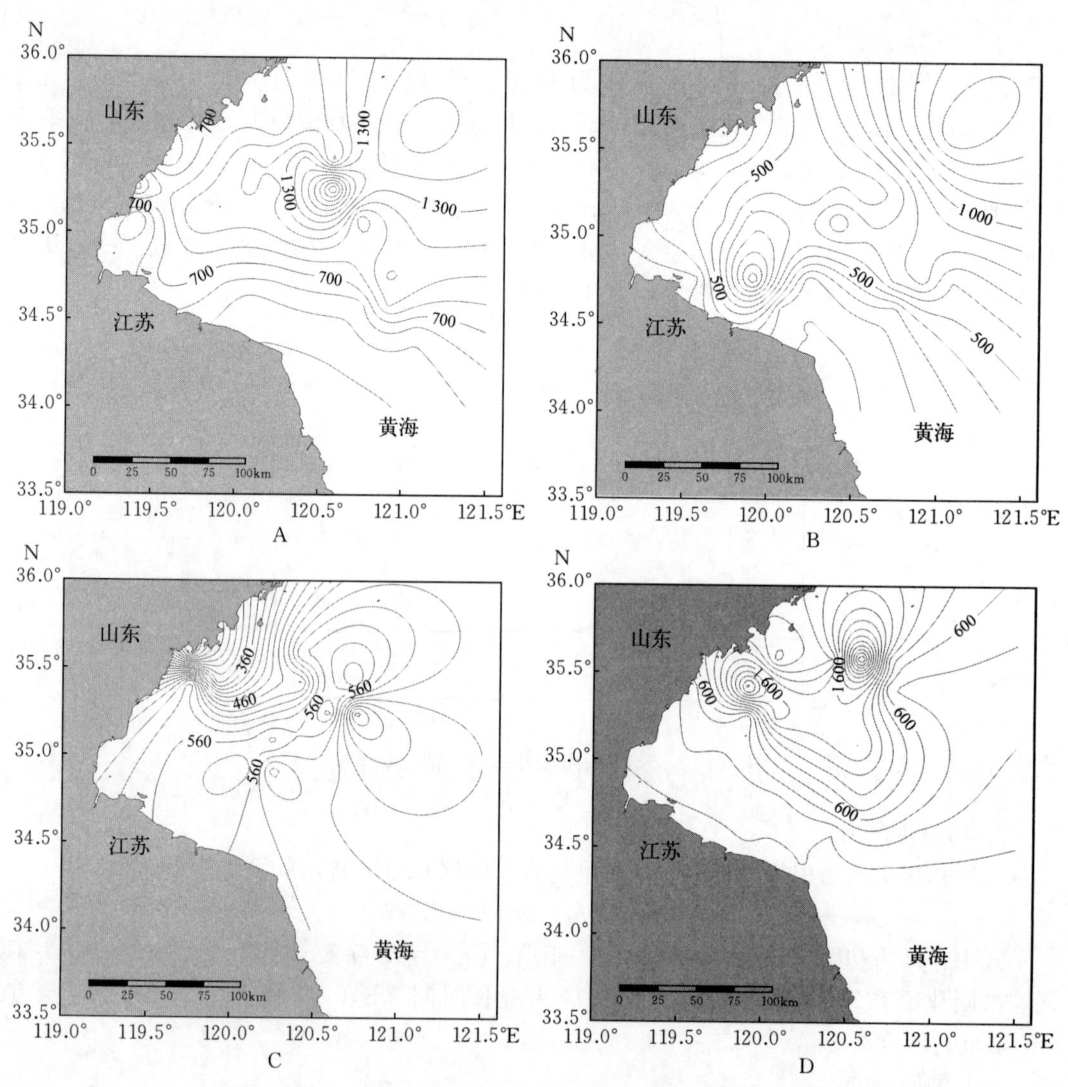

图 3-23 海州湾海域初级生产力［mg C/(m² · d)］空间分布

A. 春季 B. 夏季 C. 秋季 D. 冬季

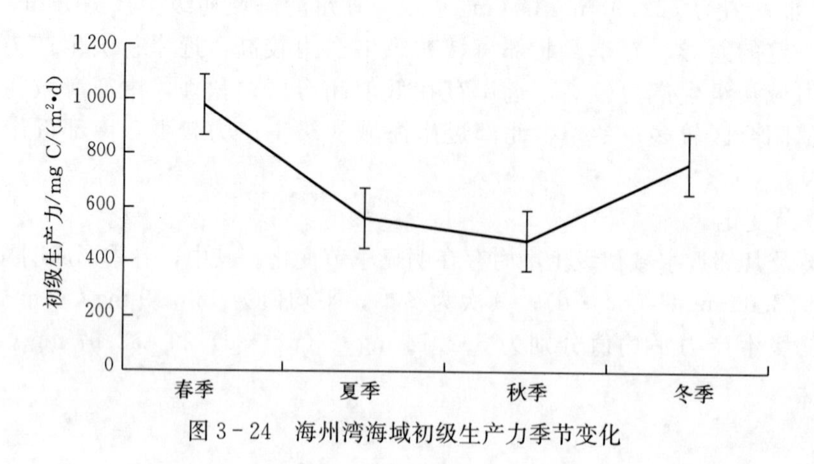

图 3-24 海州湾海域初级生产力季节变化

二、浮游植物

浮游植物是海洋生态系统中最主要的初级生产者，在生态系统中具有重要作用。近年来多项研究表明：在环境改变时，海洋浮游植物群落可以灵敏而迅速地反映出环境的变化，而且不同的浮游植物的群落结构和特征决定了其在生态系统中的功能差异。浮游植物是海洋食物网的基础环节，它可以通过利用光能和营养盐，实现从无机碳到有机碳的转化，同时释放氧气，直接或间接地为海洋以及生态系统中其他生物提供赖以生存的物质基础。海洋渔业资源的丰富程度可通过浮游植物的种类及细胞丰度来估计，不同种类的浮游植物对海洋环境的适应能力有差异，所以浮游植物的种类和细胞丰度是了解海洋环境变化的重要指标之一。

1. 种类组成

2011 年海州湾浮游植物共调查 5 月、7 月、9 月、12 月 4 个航次，共 104 种，隶属于 3 门 42 属（表 3-1）。其中：硅藻门最多，共 35 属 88 种，占总种数的 84.62%；甲藻门次之，共 6 属 15 种，占总种数的 14.42%；金藻门 1 属 1 种。

表 3-1　2011 年海州湾海域浮游植物种类组成

类别	5 月	7 月	9 月	12 月	全年
门	3	3	3	3	3
属	23	33	34	28	42
种	45	73	80	63	104

海州湾及其邻近水域浮游植物在水温较高的夏季、秋季种类最丰富。秋季共出现 34 属 80 种，占总种数的 76.92%，其中，硅藻门种数最多，达 68 种，占本航次种数的 85%；夏季次之，共 33 属 73 种，占总种数的 70.19%，其中硅藻门的种类同样最多，共 59 种，占本航次总种数的 80.82%。在温度较低的春季、冬季种类数较少，但仍然是硅藻门种类占主导，出现种类分别为春季 23 属 45 种、冬季 28 属 63 种（图 3-25）。

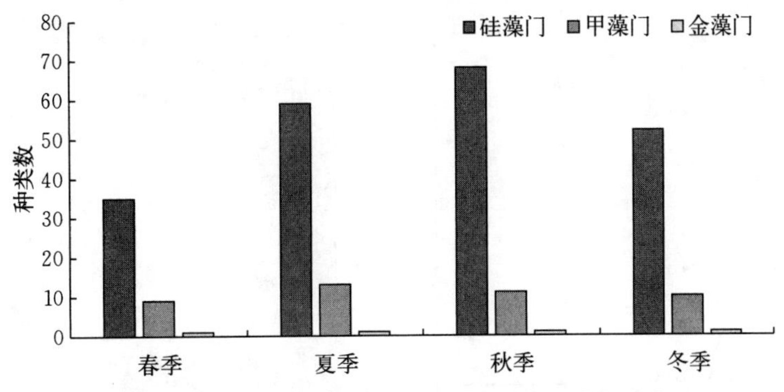

图 3-25　海州湾海域浮游植物种类数的季节变化

采用种类更替率来分析海州湾浮游植物种类组成的季节更替变化：

$$A=\frac{C}{C+S}\times 100\%$$

式中：A 为更替率，指与上一季节比较的更替情况，如春季是与冬季相比较；C 为两季节间种类增加及减少数；S 为两季节间相同的种数。文中季节划分为春季（5 月）、夏季（7 月）、秋季（9 月）和冬季（12 月）。

从表 3-2 可以看出海州湾及其邻近水域浮游植物种类组成的季节更替现象明显。全年种类组成季节更替率均较高，尤其是春夏之交和冬春之交；季节更替率变化范围为 42.27%～54.32%，平均更替率高达 48.38%。4 个季节均出现的浮游植物有圆柱几内亚藻（*Guinardia cylindrus*）、笔尖形根管藻（*Rhizosolenia styliformis*）、冰河拟星杆藻（*Asterionellopsis glacialis*）、布氏双尾藻（*Ditylum brightwellii*）、叉状角藻（*Ceratium furca*）、大角角藻（*Ceratium macroceros*）、蜂窝三角藻（*Triceratium favus*）、佛氏海线藻（*Thalassionema frauenfeldii*）、辐射列圆筛藻（*Coscinodiscus radiatus*）等，共 27 种。

表 3-2　海州湾海域浮游植物群落种类组成的季节更替

项目	春季	夏季	秋季	冬季
种数	45	73	80	63
增加数	11	36	24	11
减少数	29	8	17	28
变化数	40	44	41	39
相同数	34	37	56	52
更替率（%）	54.05	54.32	42.27	42.86

2. 数量分布及季节变化

（1）空间分布

根据 2011 年海州湾海域网采浮游植物调查，海州湾海域浮游植物丰度的空间分布因月份而异。春季，浮游植物丰度在远岸海域较高，近岸海域相对较低；夏季，中部海域浮游植物丰度较低，近岸有高值点分布，最高丰度值仍出现在远岸海域；秋季，中部海域浮游植物丰度较高；冬季，近岸海域浮游植物丰度较高，北部海域有高值分布（图 3-26）。

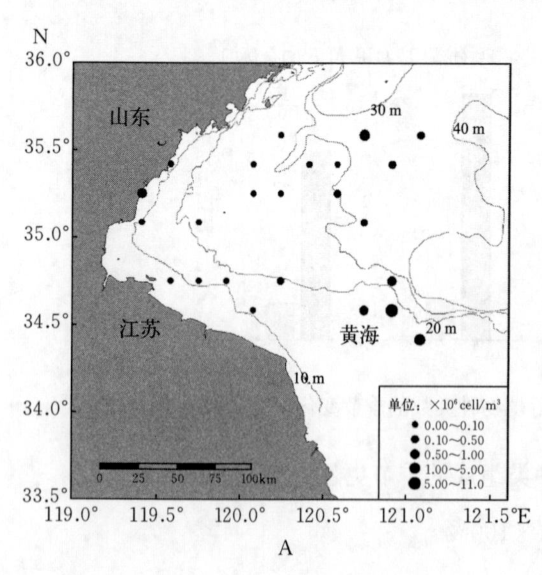

A

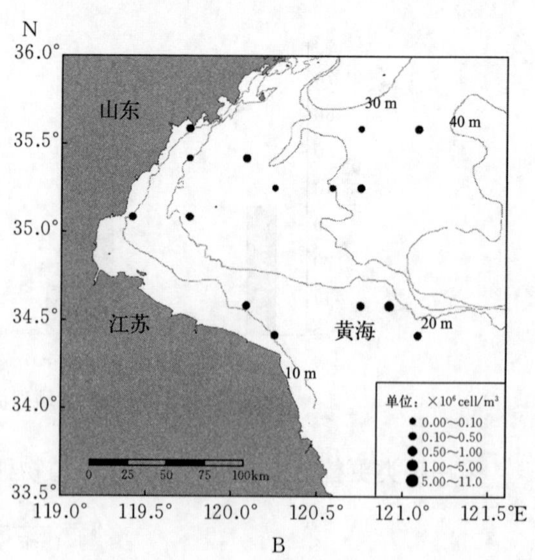

B

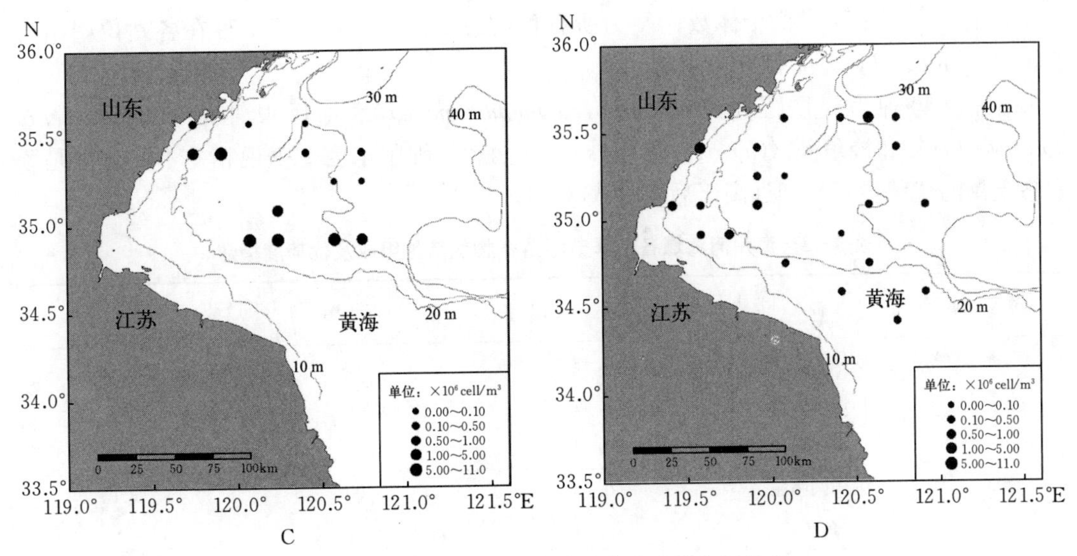

图 3-26　海州湾海域浮游植物丰度的空间分布
A. 春季　B. 夏季　C. 秋季　D. 冬季

（2）季节变化

海州湾海域春季各站位浮游植物丰度范围为（0.007 7～5.76）×10^6 cell/m^3，平均值为 0.62×10^6 cell/m^3；夏季各站位浮游植物丰度范围为（0.019～0.51）×10^6 cell/m^3，平均值为 0.16×10^6 cell/m^3；秋季各站位浮游植物丰度范围为（0.060～10.26）×10^6 cell/m^3，平均值为 2.89×10^6 cell/m^3；冬季各站位浮游植物丰度范围为（0.067～1.52）×10^6 cell/m^3，平均值为 0.41×10^6 cell/m^3。

海州湾海域各站位浮游植物平均丰度在秋季最高，春季和冬季次之，夏季最低（图 3-27）。

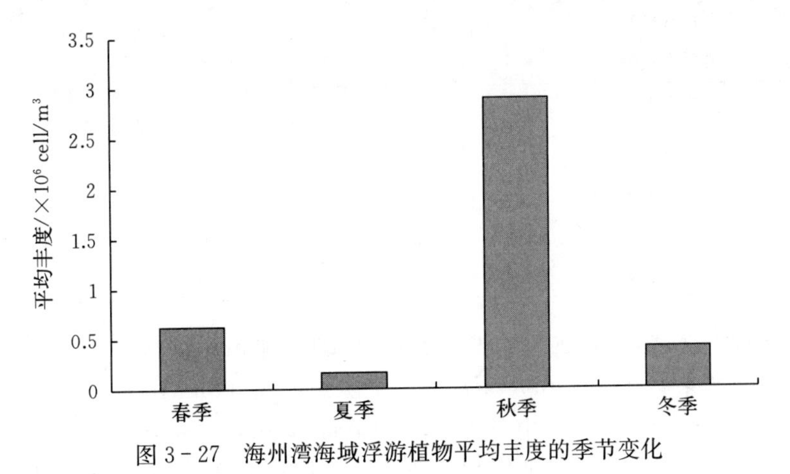

图 3-27　海州湾海域浮游植物平均丰度的季节变化

3. 优势种组成

海州湾及其邻近水域浮游植物优势度（IRI）的计算采用以下公式：

$$IRI=(N_i/N)\ f_i$$

式中：N_i 为第 i 种的个体数；N 为所有种的总个体数；f_i 为第 i 种在各站位中出现的频率。$IRI>200$ 为优势种。

春季优势种为膜质缪氏藻（*Meuniera membranacea*）、斯氏根管藻（*Rhizosolenia stolterfothii*）和梭角藻（*Ceratium fusus*），前两者从细胞丰度上来说相差不大，但是膜质缪氏藻的优势度指数却远高于后者（表 3-3）。

表 3-3　海州湾海域各个季节浮游植物优势种组成及优势度指数

季节	种	占总细胞丰度比例	出现频率	优势度
春季	膜质缪氏藻	0.49	0.79	3 857.76
	斯氏根管藻	0.41	0.46	1 865.23
	梭角藻	0.04	0.96	381.85
夏季	细弱圆筛藻	0.13	1.00	1 336.07
	三角角藻	0.11	0.87	924.93
	窄隙角毛藻	0.13	0.60	760.57
	大角角藻	0.06	0.93	560.27
	弓束圆筛藻	0.04	0.80	337.12
	星脐圆筛藻	0.05	0.53	273.81
	斯氏扁甲藻	0.04	0.67	243.33
	辐射列圆筛藻	0.03	0.73	208.39
秋季	短角弯角藻	0.35	0.43	1 484.97
	窄隙角毛藻	0.14	1.00	1 411.53
	菱形海线藻	0.11	0.93	999.67
	旋链角毛藻	0.14	0.64	906.67
	布氏双尾藻	0.03	0.93	321.44
	佛氏海线藻	0.02	1.00	200.64
冬季	派格棍形藻	0.54	0.95	5 112.70
	细弱圆筛藻	0.11	1.00	1 064.03
	星脐圆筛藻	0.05	1.00	472.96
	圆筛藻	0.04	1.00	411.05
	旋链角毛藻	0.06	0.50	303.29

夏季优势种较多，高达 8 种，分别为细弱圆筛藻（*Coscinodiscus subtilis* var. *subtilis*）、三角角藻（*Ceratium tripos*）、窄隙角毛藻（*Chaetoceros affinis*）、大角角藻（*Ceratium macroceros*）、弓束圆筛藻（*Coscinodiscus curvatulus*）、星脐圆筛藻（*Coscinodiscus asteromphalus*）、斯氏扁甲藻（*Pyrophacus horologicum*）和辐射列圆筛藻（*Coscinodiscus radiatus*），其中细弱圆筛藻优势度最高，并且在本航次所调查的各站位均有分布，其次是三角角藻。窄隙角毛藻与细弱圆筛藻占总细胞丰度比例相同，但其出现频率较低，优势度明显低于细弱圆筛藻（表 3-3）。

秋季优势种为短角弯角藻（*Eucampia zoodiacus*）、窄隙角毛藻、菱形海线藻（*Thalassionema nitzschioides*）、旋链角毛藻（*Chaetoceros curvisetus*）、布氏双尾藻（*Ditylum brightwellii*）和佛氏海线藻（*Thalassionema frauenfeldii*），其中短角弯角藻和窄隙角毛藻优势度较大，二者从细胞丰度上来说相差较大，窄隙角毛藻在本航次所调查的各站位均有分布（表3-3）。

冬季优势种为派格棍形藻（*Bacillaria paxillifera*）、细弱圆筛藻、星脐圆筛藻、圆筛藻（*Coscinodiscus* sp.）和旋链角毛藻，其中派格棍形藻和细弱圆筛藻优势度较大，从细胞丰度上来说，派格棍形藻远高于细弱圆筛藻，但二者在本航次所调查的各站位分布较广，分别为95%和100%（表3-3）。

4. 群落物种多样性

本书中选用Margalef物种丰富度指数 d、香农-威纳多样性指数 H' 和Pielou均匀度指数 J' 来描述海州湾浮游植物群落物种多样性特征：

$$d=(S-1)/\ln N$$

$$H'=-\sum P_i \ln P_i$$

$$J'=H'/\ln S$$

式中：S 为调查海域种数；N 为样方中的个体总数；P_i 为样方中的 i 种所占的比例。

海州湾浮游植物群落多样性指数（H'）和均匀度指数（J'）的各季平均值的变化范围分别是1.21～3.27和0.32～0.76，物种丰富度指数（d）的季节变化范围为2.66～4.89。从全年来看，多样性指数和物种丰富度指数均表现出较为明显的季节变化，多样性指数（H'）各季节平均值在春季达到最低值1.21，随着气温的上升，开始逐渐升高，并在夏季达到最高值3.27，随后开始降低，并在冬季降低至2.02；物种丰富度指数（d）季节变化趋势与多样性指数（H'）相同。均匀度指数（J'）的季节变化最为平稳，仍在夏季达到最高值，但季节间的差异较不明显（图3-28）。

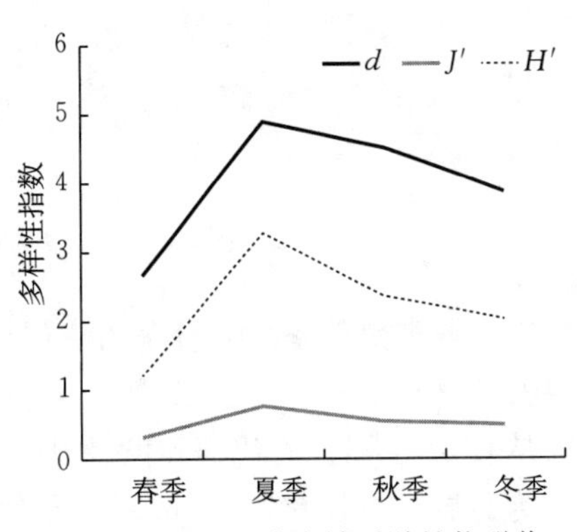

图3-28 海州湾海域浮游植物群落多样性指数的季节变化

三、浮游动物

海洋浮游动物是海洋主要的次级生产者，其种类组成、数量分布以及种类数量变动直接或间接影响着海洋生产力的发展，同时，浮游动物的种类组成和数量变化与海洋水文、海洋化学等环境要素密切相关。因此，对海洋浮游动物的调查研究将为海洋生物资源的开发利用和海洋生态环境的保护提供重要的科学依据和指导。

1. 种类组成

2011年海州湾及其邻近水域浮游动物共调查5月、7月、9月3个航次，共鉴定出浮游动物71种。共覆盖了7门，包括毛颚动物门2种，占2.82%；腔肠动物门19种，占26.76%；脊索动物门（尾索动物亚门）2种，占2.82%；栉水母门2种，占2.82%；节肢动物门26种，占36.62%，其中枝角类2种，十足目1种，桡足类15种，涟虫目1种，糠虾目3种，端足类2种，磷虾类2种；软体动物门和原生动物门各1种，分别占1.41%；浮游幼虫18种，占25.35%。

海州湾及其邻近水域春季节肢动物门种类最多，高达17种，占全年浮游动物总种数的23.94%，其次是腔肠动物门10种，占14.08%；浮游幼虫种类数居第三（8种），占总种数的11.27%；夏季，也是节肢动物门种数最多，高达20种，占总种数的28.17%，浮游幼虫种类数居第二（15种），占总种数的21.13%，腔肠动物门数量在夏季有13种，占总种数的18.31%；秋季，腔肠动物门和浮游幼虫种类数最多，分别有13种，占总种类数的18.31%，其次是节肢动物门（12种），占总种数的16.90%（图3-29）。

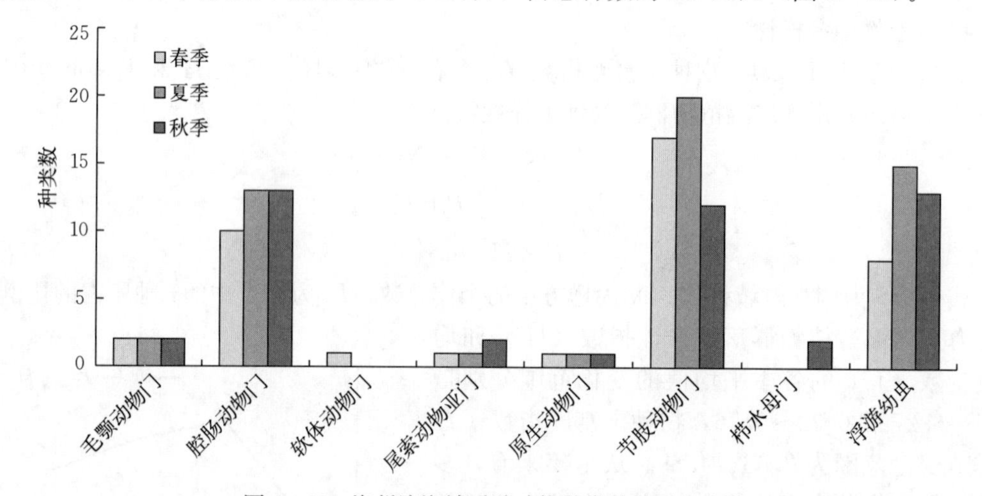

图3-29　海州湾海域浮游动物种类数的季节变化

采用种类更替率来分析海州湾及其邻近水域浮游动物种类组成的季节更替变化（公式同浮游植物）。

从表3-4可以看出海州湾及其邻近水域浮游动物种类组成的季节更替现象在春夏之交较为明显，更替率为51.61%；夏秋之交更替率较低，为43.55%，由于缺少冬季数据，未计算秋冬之交和冬春之交的更替率。3个季节均出现的浮游动物有半球美螅水母（*Clytia hemisphaerica*）、刺胞真囊水母（*Euphysora knides*）、刺尾歪水蚤（*Tortanus spinicaudatus*）、大眼幼虫（Megalopa larva）、杜氏外肋水母（*Ectopleura dumontieri*）、短尾类溞状幼体（Brachyura zoea larva）、多毛类幼体（Polychaeta larva）、腹足类幼体（Gastropoda larva）、海胆长腕幼虫（Echinopluteus larva）、近缘大眼剑水蚤（*Corycaeus affinis*）、拿卡箭虫（*Sagitta nagae*）等，共24种。

表3-4　海州湾海域浮游动物群落种类组成的季节更替

项目	春季	夏季	秋季
种数	40	52	45
增加数	/	22	10
减少数	/	10	17
变化数	/	32	27

（续）

项目	春季	夏季	秋季
相同数	/	30	35
更替率（%）	/	51.61	43.55

2. 数量分布及季节变化

（1）空间分布

海州湾及其邻近水域浮游动物个体密度空间分布如图 3－30 所示（冬季未调查）。春季海州湾及其邻近水域近岸浮游动物个体密度较高，高密度点均分布于近岸；夏季近岸水域浮游动物个体密度仍较高，整体 35°N 以南水域浮游动物个体密度较高；秋季中部水域浮游动物个体密度较高，由于个别调查站位数据缺失，与其他季节相比，空间分布趋势不明显。

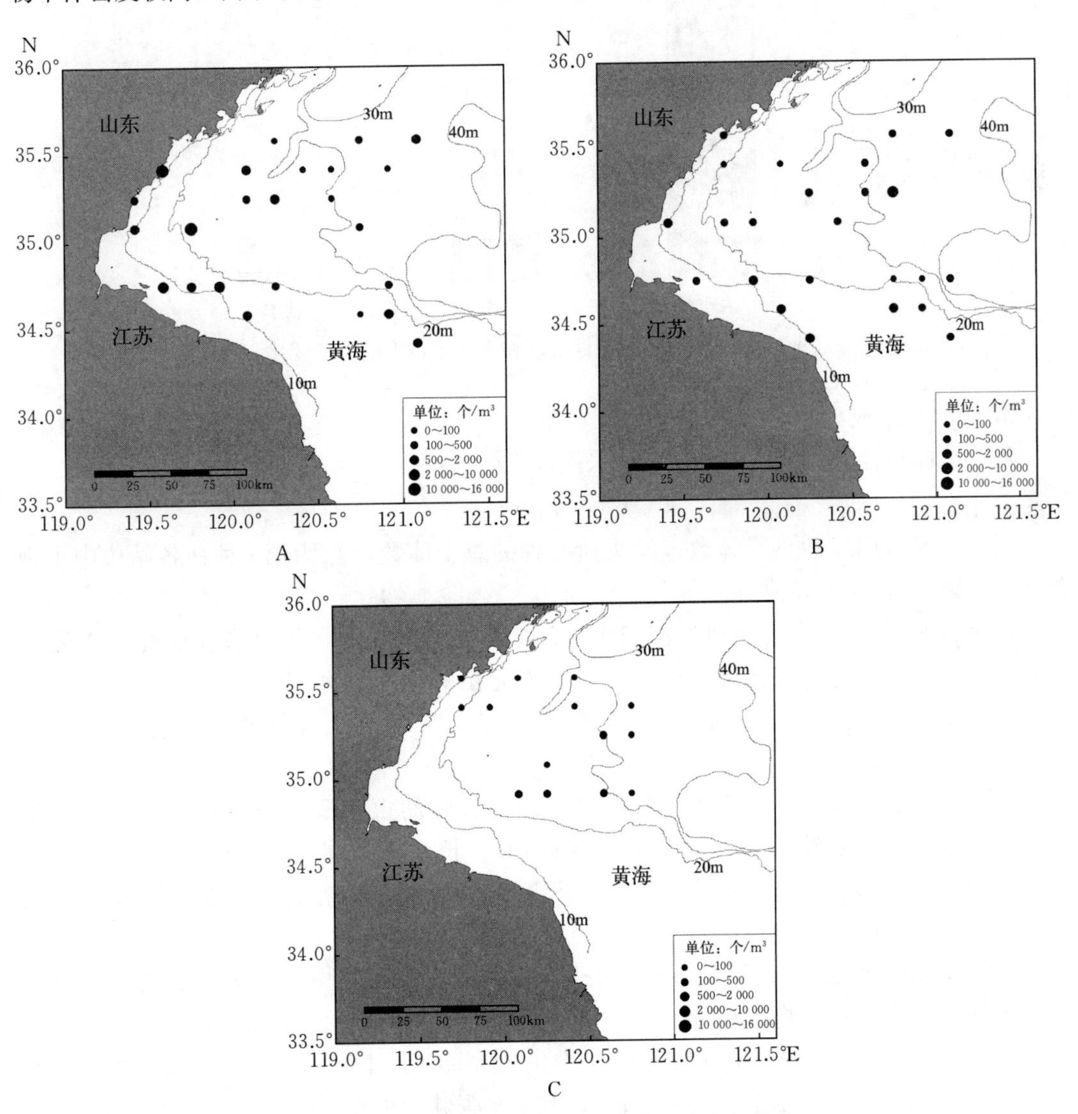

图 3－30　海州湾海域浮游动物个体密度空间分布

A. 春季　B. 夏季　C. 秋季

（2）季节变化

根据2011年调查（冬季未调查），海州湾浮游动物个体密度呈现一定的季节变化。春季各站位浮游动物个体密度范围为0.76～15 732.32个/m^3，平均值为2 028.00个/m^3；夏季各站位浮游动物个体密度范围为26.44～2 066.73个/m^3，平均值为433.42个/m^3；秋季各站位浮游动物个体密度范围为4.79～245.28个/m^3，平均值为74.16个/m^3。

海州湾海域浮游动物春季平均丰富度最高，其次是夏季，秋季各站位平均丰富度最低，且远低于其他季节（图3-31）。

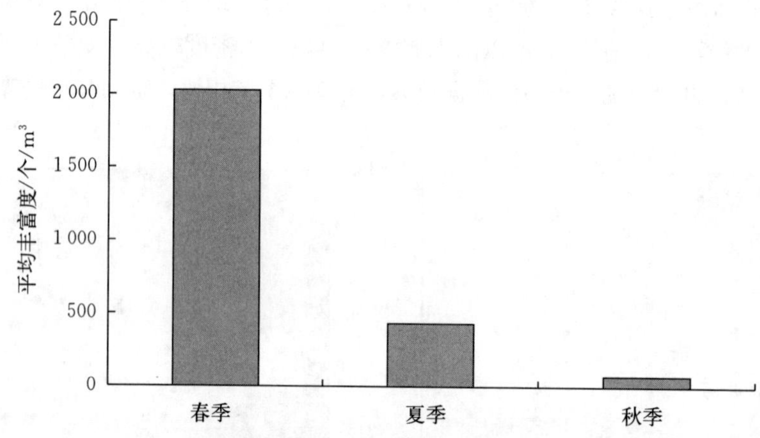

图3-31　海州湾海域浮游动物平均丰富度的季节变化

3. 优势种组成

海州湾海域浮游动物优势种的计算采用以下公式：

$$Y=(N_i/N)\ f_i$$

式中：N_i 为第 i 种的个体数；N 为所有种的总个体数；f_i 为第 i 种在各站位中出现的频率。$Y>200$ 为优势种。

春季优势种有3种，分别为夜光虫（*Noctiluca scintillans*）、中华哲水蚤（*Calanus sinicus*）和强壮箭虫（*Sagitta crassa*），其中夜光虫和中华哲水蚤优势度较大，二者从丰度上来说相差较大，但是后者出现的频率较高，导致二者优势度指数相差不大（表3-5）。

夏季优势种有6种，分别为强壮箭虫、海胆长腕幼虫（Echinopluteus larva）、中华哲水蚤、短尾类溞状幼体（Brachyura zoea larva）、长尾类幼体（Macrura larva）和真刺唇角水蚤（*Labidocera euchaeta*），其中强壮箭虫和海胆长腕幼虫优势度指数较高（表3-5）。

秋季优势种种类最多，高达8种，分别为海胆长腕幼虫、短尾类溞状幼体、强壮箭虫、长尾类幼体、多毛类幼体（Polychaeta larva）、瘦尾胸刺水蚤（*Centropages tenuiremis*）、异体住囊虫（*Oikopleura dioica*）、中华哲水蚤，其中海胆长腕幼虫和短尾类溞状幼体优势度较高，二者的出现频率均较高，其次是强壮箭虫和长尾类幼体，二者占丰度的比例与海胆长腕幼虫和短尾类溞状幼体相比较少，但出现频率均为100%（表3-5）。

表 3-5　海州湾海域各季节浮游动物优势种组成及优势度指数

季节	种类	占总丰度比例	出现频率	优势度
春季	夜光虫	0.64	0.63	3 969.65
	中华哲水蚤	0.24	0.96	2 263.73
	强壮箭虫	0.04	0.96	430.74
夏季	强壮箭虫	0.19	1.00	1 868.49
	海胆长腕幼虫	0.23	0.63	1 468.00
	中华哲水蚤	0.10	0.92	937.95
	短尾类溞状幼体	0.06	0.88	548.36
	长尾类幼体	0.05	0.96	474.20
	真刺唇角水蚤	0.08	0.29	228.67
秋季	海胆长腕幼虫	0.25	0.93	2 313.06
	短尾类溞状幼体	0.22	1.00	2 189.00
	强壮箭虫	0.09	1.00	896.43
	长尾类幼体	0.09	1.00	873.92
	多毛类幼体	0.05	0.79	402.11
	瘦尾胸刺水蚤	0.04	0.79	287.19
	异体住囊虫	0.03	0.79	229.13
	中华哲水蚤	0.03	0.64	222.41

4. 群落物种多样性

选用 Margalef 物种丰富度指数 d、香农-威纳多样性指数 H' 和 Pielou 均匀度指数 J' 来描述海州湾浮游动物群落物种多样性特征。

海州湾浮游动物群落多样性指数（H'）和均匀度指数（J'）的各季平均值的变化范围分别是 0.58～2.23 和 0.21～0.68，物种丰富度指数（d）的季节变化范围为 1.33～3.48。从全年来看，三种多样性指数均表现出较为明显的季节变化，均在秋季达到最高值。尤其是多样性指数（H'）和物种丰富度指数（d）季节间变化趋势较大（图 3-32）。

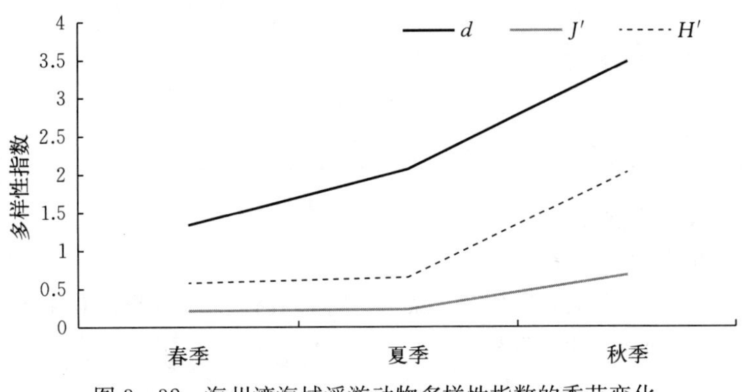

图 3-32　海州湾海域浮游动物多样性指数的季节变化

四、鱼类浮游生物

鱼卵和仔、稚鱼对鱼类资源的补充起着决定性作用，是鱼类资源可持续利用的基础。调查研究鱼卵和仔、稚鱼的现状、变化规律和各阶段的生态特性，对了解和掌握鱼类资源补充机制和变化规律、渔场状况和鱼类种群动态以及进行渔业资源管理和养护有着十分重要的理论和现实意义。

1. 种类组成

2011 年海州湾鱼卵和仔、稚鱼调查共 5 月、7 月、9 月、12 月 4 个航次，共获得 7 720粒鱼卵和 265 尾仔、稚鱼，归为 34 种。其中，鱼卵共有 33 种，属于 17 科，其中 30 种鉴定到属或种的水平，3 种鉴定到科的水平。仔、稚鱼共有 11 种，属于 8 科，其中，11 种鉴定到种或属（表 3－6）。

表 3－6　2011 年海州湾海域鱼卵和仔、稚鱼组成

类别	鱼卵	仔、稚鱼
科	17	8
属或种	30	11
总数	33	11

采用种类更替率来分析海州湾鱼卵和仔、稚鱼种类组成的季节更替变化（公式同浮游植物）。从表 3－7 可以看出海州湾鱼卵和仔、稚鱼种类组成的季节更替现象明显。全年种类组成季节更替率均较高，季节更替率变化范围为 77.42%～95.65%，平均更替率高达 84.30%，冬春之交更替率更是高达 95.65%。

表 3－7　海州湾海域鱼类浮游生物种类组成的季节更替

项目	春季	夏季	秋季	冬季
种数	20	18	7	4
增加数	19	11	4	2
减少数	3	13	15	5
变化数	22	24	19	7
相同数	1	7	3	2
更替率（%）	95.65	77.42	86.36	77.78

2. 数量分布及季节变化

（1）空间分布

2011 年鱼卵和仔、稚鱼调查表明，除冬季外，其他季节调查站位只有个别站位未出现鱼卵。春、夏季鱼卵丰度明显高于其他季节。仔、稚鱼在不同季节调查中整体丰度较小，仅出现在个别站位，除夏季外，其他季节在近岸出现仔、稚鱼较多（图 3－33）。

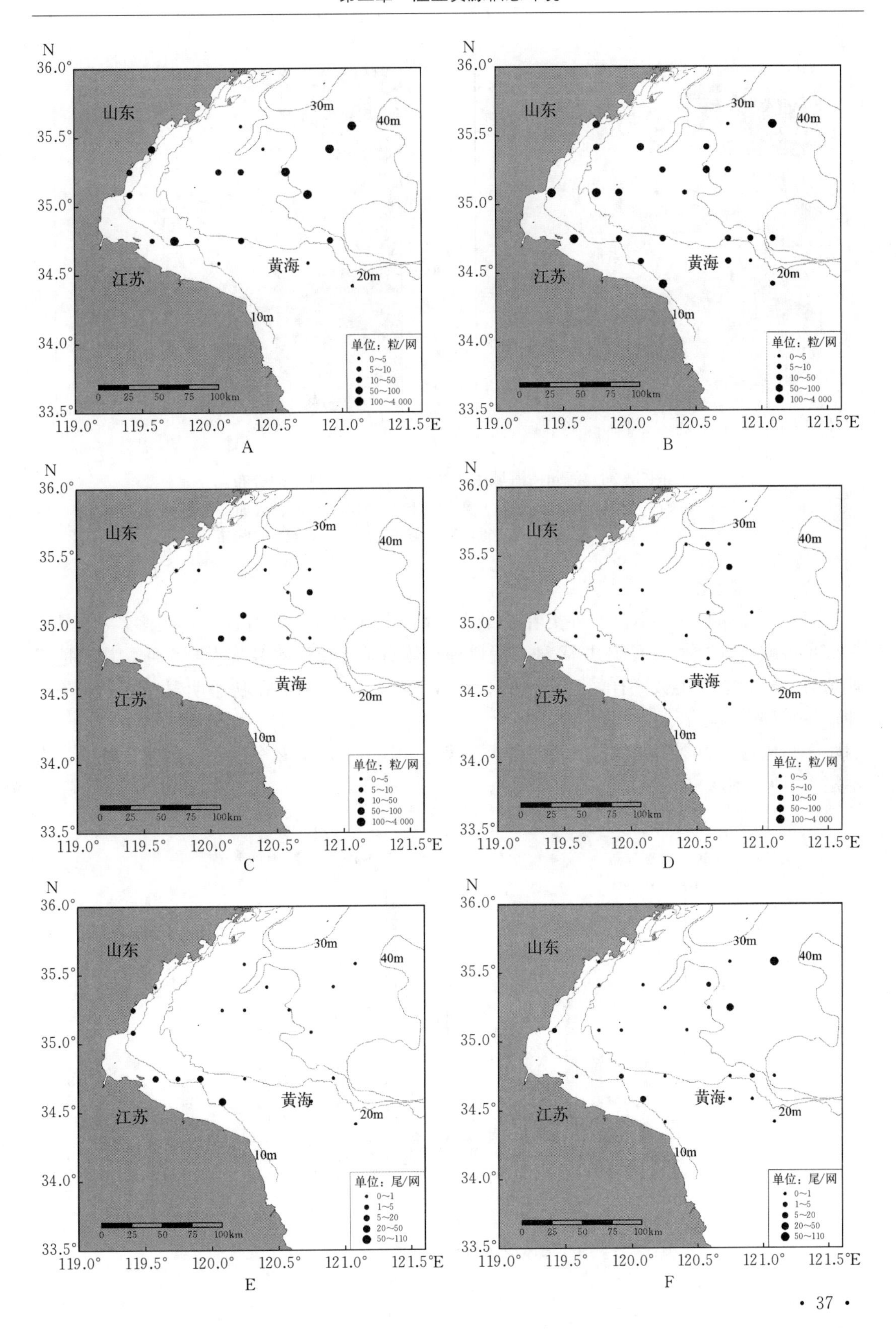
N
36.0°
35.5°
35.0°
34.5°
34.0°
33.5°
119.0°
119.5°
120.0°
120.5°
121.0°
121.5°E
山东
江苏
黄海
10m
20m
30m
40m
单位：粒/网
0~5
5~10
10~50
50~100
100~4 000
单位：尾/网
0~1
1~5
5~20
20~50
50~110
0
25
50
75
100km
A
B
C
D
E
F

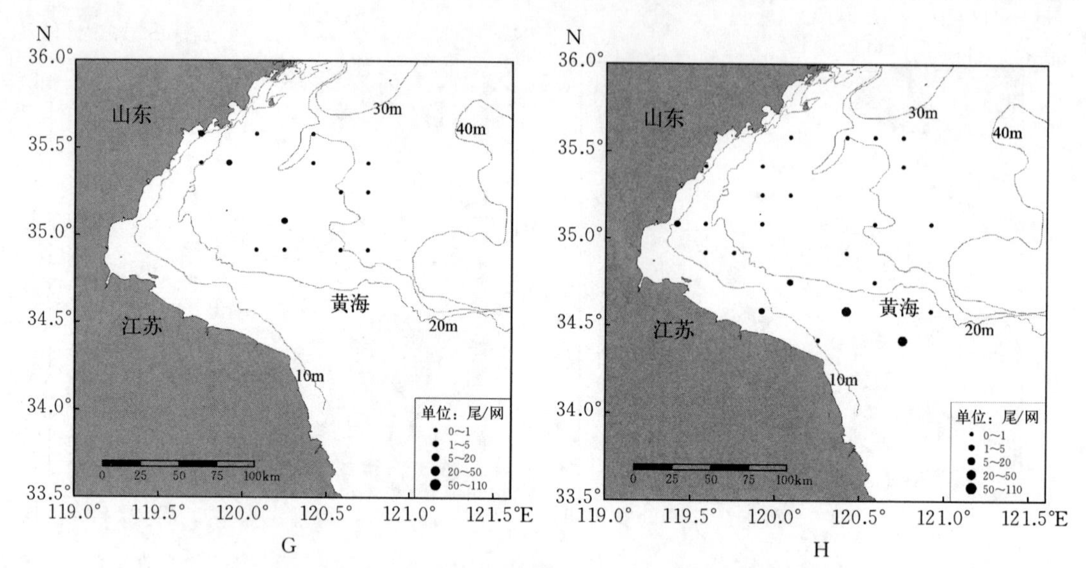

图 3-33 海州湾海域鱼卵和仔、稚鱼丰富度空间分布

A. 春季-鱼卵 B. 夏季-鱼卵 C. 秋季-鱼卵 D. 冬季-鱼卵

E. 春季-仔、稚鱼 F. 夏季-仔、稚鱼 G. 秋季-仔、稚鱼 H. 冬季-仔、稚鱼

(2) 季节变化

海州湾鱼卵和仔、稚鱼的种类春季最多，高达 20 种，其中石首鱼科最多，有 4 种，其次是舌鳎科（3 种）；夏季共 18 种，鳀科种类数明显比春季增多，达到 5 种，其次是石首鱼科，和春季种类数一样，达到 4 种；鱼卵和仔、稚鱼种类在秋季明显减少，仅有 7 种；冬季种类数达到最少，只有 4 种。

海州湾海域春季鱼卵和仔、稚鱼种类最多，相比春夏季，秋冬季种类数明显减少，均不足 10 种（图 3-34）。

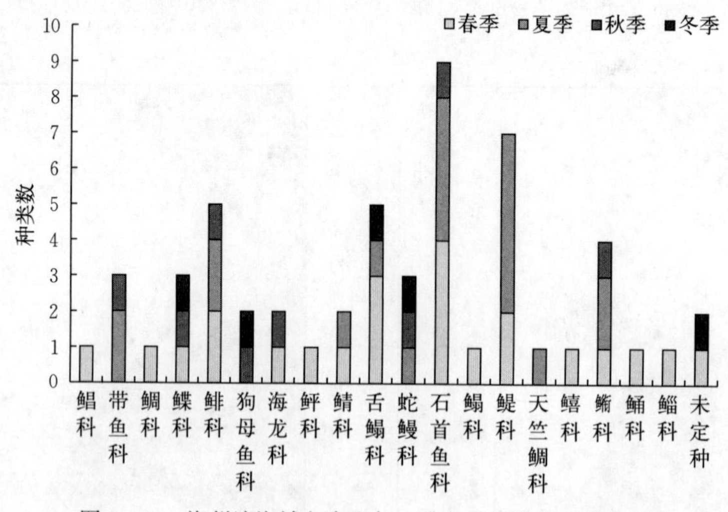

图 3-34 海州湾海域鱼卵和仔、稚鱼种类数的季节变化

3. 优势种组成

海州湾海域鱼卵和仔、稚鱼的优势种计算采用以下公式：

$$Y=(N_i/N)\ f_i$$

式中：N_i 为第 i 种的个体数；N 为所有种的总个体数；f_i 为第 i 种在各站位中出现的频率。$Y>200$ 为优势种。

春季优势种为高眼鲽（*Cleisthenes herzensteini*）、鳀（*Engraulis japonicus*）和鲬（*Platycephalus indicus*），高眼鲽优势度明显高于后两者，在丰度上与后两者相差较大，导致优势度指数相差较大。夏季优势种有 4 种，分别为鳀、皮氏叫姑鱼（*Johnius belangeri*）、江口小公鱼（*Stolephorus commersonnii*）、短吻红舌鳎（*Cynoglossus joyneri*），鳀和皮氏叫姑鱼优势度指数较高，前者的丰度较高，后者出现频率较高，缩小了二者优势度的差距。秋季仅有 1 种优势种，䲗(*Callionymus* spp.)。冬季优势种为长蛇鲻（*Saurida elongata*）、蛇鳗科（Ophichthyidae）和石鲽（*Kareius bicoloratus*），长蛇鲻的丰度较高（表 3-8）。

表 3-8　海州湾海域各季节鱼卵和仔、稚鱼优势种组成及优势度指数

	物种	占总丰度比例	出现频率	优势度
春季	高眼鲽	0.55	0.37	2 020.06
	鳀	0.17	0.42	729.34
	鲬	0.06	0.42	260.88
夏季	鳀	0.61	0.17	1 013.52
	皮氏叫姑鱼	0.15	0.42	634.43
	江口小公鱼	0.10	0.29	295.76
	短吻红舌鳎	0.05	0.46	218.80
秋季	䲗	0.73	0.36	2 593.54
冬季	长蛇鲻	0.69	0.21	1 433.69
	蛇鳗科	0.17	0.29	501.79
	石鲽	0.12	0.25	295.70

4. 物种多样性

选用 Margalef 物种丰富度指数 d、香农-威纳多样性指数 H' 和 Pielou 均匀度指数 J' 来描述海州湾鱼类浮游生物群落物种多样性特征。

海州湾海域鱼类浮游生物群落多样性指数（H'）和均匀度指数（J'）的各季平均值的变化范围分别是 0.54～1.59 和 0.27～0.57，物种丰富度指数（d）的季节变化范围为 0.52～2.83。从全年来看，多样性指数（H'）和物种丰富度指数（d）均表现出较为明显的季节变化，多样性指数（H'）在夏季达到最高值，物种丰富度指数（d）在春季达到最高值。相比之下，均匀度指数（J'）季节间变化趋势较小（图 3-35）。

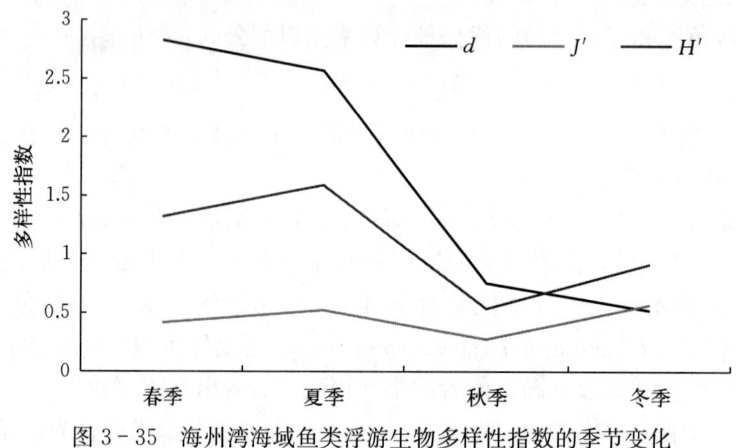

图 3-35　海州湾海域鱼类浮游生物多样性指数的季节变化

第三节　栖息环境综合评价

一、海水水质与营养水平

1. 海洋水文基本特征

海州湾海域表层平均水温夏季和秋季最高，分别为 22.6 ℃和 22.4 ℃，冬季最低，为 11.5 ℃。底层平均水温以秋季最高，为 22.2 ℃，夏季次之，为 18.8 ℃。表层和底层平均水温在夏季差异较大，温差达到 3.8 ℃（表 3-9）。

表 3-9　海州湾海域海洋水文因子的季节变化

季节	表层水温/℃	底层水温/℃	表层盐度	底层盐度
春季	14.7	13.9	31.44	31.48
夏季	22.6	18.8	30.87	31.26
秋季	22.4	22.2	30.88	30.86
冬季	11.5	11.5	30.57	30.57
年平均	17.1	15.7	30.95	31.48

海州湾海域全年平均盐度为 31.01，以春季最高，夏季次之，冬季最低。表层盐度和底层盐度相差不大，均以春季为最高，表层盐度和底层盐度分别为 31.44 和 31.48；以冬季为最低，表层盐度和底层盐度均为 30.57（表 3-9）。

2. 海水化学因子基本特征

（1）海水化学因子的平面分布特征

海州湾海域溶解氧浓度年平均值为 7.56 mg/L，近岸海域较高，向外梯度降低。pH 年平均值为 8.15，近岸海域略低于远岸海域。亚硝酸盐浓度年平均值为 0.61 μmol/L，浓度自近岸海域向远岸海域逐渐降低。硝酸盐浓度年平均值为 14.37 μmol/L，在海州湾中部海域浓度较高。铵盐浓度年平均值为 5.29 μmol/L，近岸海域浓度略高于远岸海域。活性磷酸盐浓度年平均值为 0.74 μmol/L，近岸海域和中部海域浓度较高，向外海逐渐降低。活性硅酸盐浓度年平均值为 4.76 μmol/L，呈由近岸向远岸降低的分布特征。

（2）海水化学因子的垂直变化特征

海州湾海域化学因子的垂直分布较为均匀，差值较小。表层溶解氧浓度为 7.58 mg/L，底层溶解氧浓度为 7.55 mg/L。表层 pH 为 8.14，底层 pH 为 8.16。表层化学需氧量为 8.19 mg/L，底层化学需氧量为 8.19 mg/L。

（3）海水化学因子的季节变化特征

海州湾溶解氧浓度在春季、夏季和秋季都较高，冬季显著降低。pH 全年差异较小，符合一类标准（7.8～8.5）。化学需氧量以春季最高，夏季和秋季次之。亚硝酸盐浓度以秋季最高，春季、夏季和冬季较低且变幅较小。硝酸盐浓度在全年变化较大，春季和夏季较小，秋季和冬季较大。铵盐浓度在冬季达到最大。活性磷酸盐浓度全年变化较小。活性硅酸盐浓度在春季、夏季和秋季依次增大，至冬季有所降低（表 3-10）。

表 3-10 海州湾海域海水化学因子的季节变化

季节	溶解氧/mg/L	pH	化学需氧量/mg/L	NO_2^--N/μmol/L	NO_3^--N/μmol/L	NH_4^+-N/μmol/L	PO_4^{3-}-P/μmol/L	SiO_3^{2-}-Si/μmol/L
春季	9.13	8.17	9.31	0.46	6.81	4.60	0.82	2.60
夏季	9.29	8.12	7.51	0.56	9.34	3.47	0.69	3.35
秋季	8.66	8.12	7.23	1.35	21.16	4.00	0.56	7.71
冬季	3.76	8.17	—	0.48	23.84	8.39	0.82	6.99
年平均	7.56	8.15	8.19	0.61	14.37	5.29	0.74	4.76

（4）海水化学因子的水质评价

表 3-10 汇总了 2011 年海州湾海域化学因子的调查结果，海州湾海域溶解氧含量丰富，春季、夏季、秋季溶解氧浓度分别为 9.13 mg/L、9.29 mg/L、8.66 mg/L，均超过了一类标准（5.0 mg/L），仅冬季溶解氧浓度较低，为 3.76 mg/L，达到四类标准（3.0 mg/L）。

海州湾海域化学需氧量在各季节均超过了四类标准（3.0 mg/L），以春季为最高，平均化学需氧量达到 9.31 mg/L。受到近海海域养殖活动的影响，海域生物数量丰富，活动旺盛，排泄物较多，导致海域整体化学需氧量较高，且基本呈现从近岸海域向远岸海域梯度减小的分布趋势。

活性磷酸盐为浮游植物生长繁殖的主要营养盐类，其一类标准为 0.48 μmol/L。海州湾四个季节的活性磷酸盐浓度平均值均超过了该标准，为 0.56～0.82 μmol/L，其全年平均值为 0.74 μmol/L。

总无机氮含量（含亚硝酸盐、硝酸盐和铵盐）在春季和夏季低于一类标准（14.29 μmol/L），秋季和冬季较高，分别为 26.51 μmol/L 和 32.71 μmol/L。

3. 海水营养结构与营养评价

氮磷比是以氮和磷两种元素的比例评价水体富营养化程度的重要指标。一般认为，海水的正常氮磷比为 16（Pilson，1985），浮游植物从海水中摄取的氮磷之比也约为 16（郑重，1986），偏高或偏低都可能使浮游植物的生长受到相对含量较低元素的限制。海州湾海域的年平均氮磷比大于16，活性磷酸盐浓度可能是海州湾浮游植物生长的限制因子。从全年来看，多数站位的氮磷比大于16，均为磷限制。根据张均顺等提出的评估营养盐限制的标准，对海州湾N/P、Si/P、Si/N分别进行计算，结果分析见表3-11。春季、夏季和冬季的 $Si/P<10$ 且 $Si/N<1$，活性硅酸盐浓度为海州湾浮游植物生长的限制因素；秋季，活性磷酸盐浓度为限制因素。

表3-11 海州湾海域营养盐相对组成及其季节变化

季节	N/P	Si/P	Si/N
春季	14.48	3.17	0.22
夏季	19.38	4.86	0.25
秋季	47.34	13.77	0.29
冬季	39.89	8.52	0.21
年平均	27.39	6.43	0.23

采用营养状态质量指数（*NQI*）法计算海州湾海域的营养水平。其计算公式如下：

$$NQI = C_{COD}/C'_{COD} + C_{T-N}/C'_{T-N} + C_{T-P}/C'_{T-P}$$

式中：C_{COD}为水样中化学需氧量实测浓度，单位为mg/L；C_{T-N}为溶解态无机氮的实测浓度，单位为mg/L；C_{T-P}为溶解态无机磷的实测浓度，单位为mg/L；C'_{COD}为水样中化学需氧量的评价标准，取3.0 mg/L；C'_{T-N}为溶解态无机氮的评价标准，取0.6 mg/L；C'_{T-P}为溶解态无机磷的评价标准，取0.03 mg/L。

根据 *NQI* 值将海域营养水平分为三级：$NQI>3$ 为富营养水平，*NQI* 为2～3为中营养水平，$NQI<2$ 为贫营养水平。根据计算结果，海州湾全年的 *NQI* 值为6.76，为富营养水平。

二、初级生产力水平

海洋初级生产力是最基础的生物生产力，是海域生产有机物或经济生物的基础，亦是估计海域生产力和渔业资源潜力大小的重要标志之一。海州湾及其邻近水域初级生产力水平评价标准参考《中国专属经济区海洋生物资源与栖息环境》（唐启升，2006）中的五级水平评价法（表3-12）。

表3-12 初级生产力水平分级评价标准

项目	评价等级				
	Ⅰ	Ⅱ	Ⅲ	Ⅳ	Ⅴ
初级生产力/mg C/(m² · d)	<200	200～300	300～400	400～500	>500
分级描述	低	较低	较丰富	丰富	很丰富

从初级生产力数值看（表3-13），海州湾初级生产力水平整体很丰富，平均值为697.16 mg C/(m² · d)。春、夏、冬三季初级生产力水平均很丰富，秋季处于丰富水平，

说明该海域浮游植物、底栖植物等通过光合作用制造有机物的能力很强。

表 3－13　海州湾海域初级生产力水平评价

项目	春季	夏季	秋季	冬季
初级生产力/mg C/(m^2·d)	978.04	562.74	482.07	765.79
等级描述	很丰富	很丰富	丰富	很丰富

三、饵料生物水平

浮游植物和浮游动物是很多海洋鱼类、贝类等的开口饵料，海洋渔业资源的丰富度一定程度上由饵料生物水平决定，其健康评价也是一个复杂的过程。海州湾及其邻近水域生物饵料基础评价标准参考《中国专属经济区海洋生物资源与栖息环境》（唐启升，2006）中的五级水平评价法（表 3－14）。

表 3－14　饵料生物水平分级评价标准

项　目	评价等级				
	Ⅰ	Ⅱ	Ⅲ	Ⅳ	Ⅴ
浮游植物栖息密度/$\times 10^4$ cell/m^3	＜20	20～50	50～75	75～100	＞100
饵料浮游动物生物量/mg/m^3	＜10	10～30	30～50	50～100	＞100
分级描述	低	较低	较丰富	丰富	很丰富

从基础饵料生物来看（表 3－15），海州湾及其邻近水域浮游植物在春、秋季水平分别为较丰富和很丰富，夏、冬季水平分别为低和较低；饵料浮游动物在春、夏两季水平皆为很丰富，秋季为丰富。海州湾的浮游植物饵料水平丰富（春季平均值为 62.18$\times 10^4$ cell/m^3，秋季平均值为 289.07$\times 10^4$ cell/m^3），进而促进了捕食者浮游动物在随后季节的旺发，使得饵料浮游动物能够在三个季节保持很丰富的水平（平均值为 845.19 mg/m^3）。

表 3－15　海州湾海域饵料生物基础评价

项目	春季	夏季	秋季	冬季
浮游植物栖息密度/$\times 10^4$ cell/m^3	62.18	16.44	289.07	41.12
等级描述	较丰富	低	很丰富	较低
饵料浮游动物生物量/mg/m^3	2 028.00	433.42	74.16	
等级描述	很丰富	很丰富	丰富	

四、环境质量综合评价

海州湾海域为典型的温带大陆架海湾，水温随季节变化明显，盐度和 pH 适中，变化较小，溶解氧丰富，是海洋生物生长繁衍的良好环境。受近海养殖活动和径流注入的影响，海域中无机氮、活性磷酸盐和活性硅酸盐浓度较高，富营养化水平较高，活性磷酸盐浓度和活性硅酸盐浓度在不同季节成为海州湾浮游植物生长的限制因子。

总体来看，海州湾及其邻近水域整体初级生产力水平丰富，浮游植物春、秋季水平丰富，进而促进了捕食者浮游动物在随后季节的旺发，使得浮游动物保持很高的饵料水平，有助于渔业生物早期的开口饵料选择和转换、生长等过程，为海州湾渔业资源的增殖养护、种群补充提供了良好的饵料基础。

渔业资源群落结构特征

第一节　种类组成

一、种类组成

2013—2017 年海州湾海域底拖网调查共捕获渔业生物种类 154 种（附录 1），主要类群包括鱼类、甲壳类和头足类。其中，鱼类 90 种，隶属于 14 目 46 科 71 属，占渔获种类数的 58.44%；虾类 25 种（为方便计算，将口虾蛄归为虾类），隶属于 2 目 11 科 19 属，占 16.23%；蟹类 32 种，隶属于 1 目 15 科 28 属，占 20.78%；头足类 7 种，隶属于 2 目 4 科 6 属，占 4.55%。

海州湾位于黄海中部海域，地处暖温带，水温的季节性变化较大。从鱼类的适温性来看，该海域的鱼类主要以暖温性和暖水性种类为主，其中暖温性鱼类共 42 种，主要有黄鮟鱇、小黄鱼、长蛇鲻和星康吉鳗等；暖水性鱼类次之，共 32 种，主要有鲬、鲐、银鲳和北鲳等；冷温性鱼类较少，共 16 种，主要有方氏云鳚、大泷六线鱼、细纹狮子鱼、玉筋鱼和孔鳐等（表 4-1）。

表 4-1　海州湾海域鱼类生态类型组成

适温类型	种类数	百分比	栖息水层	种类数	百分比
冷温性鱼类	16	17.78%	底层鱼类	75	83.33%
暖温性鱼类	42	46.67%	中上层鱼类	15	16.67%
暖水性鱼类	32	35.55%			

按照栖息水层划分，该海域鱼类以底层鱼类为主，共 75 种，占 83.33%，主要种类有小眼绿鳍鱼、黄鮟鱇、小黄鱼、细纹狮子鱼、长蛇鲻和大泷六线鱼等；其次是中上层鱼类，共 15 种，占 16.67%，主要种类有银鲳、鲐和尖海龙等（表 4-1）。

海州湾海域的主要头足类包括枪乌贼（包括日本枪乌贼和火枪乌贼等）、金乌贼、短蛸等；主要经济甲壳类有三疣梭子蟹、戴氏赤虾、口虾蛄和鹰爪虾等。

二、季节和年间变化

海州湾海域渔业生物类群存在一定的年间变化。2013 年渔获种类数最多，为 109 种，其中鱼类 64 种、虾类 19 种、蟹类 20 种、头足类 6 种。其次为 2016 年，渔获种类共 108 种，其中鱼类 65 种、虾类 17 种、蟹类 19 种、头足类 7 种。渔获种类数最少的为 2017 年，共 99 种，其中鱼类 64 种、虾类 17 种、蟹类 12 种、头足类 6 种（图 4-1）。

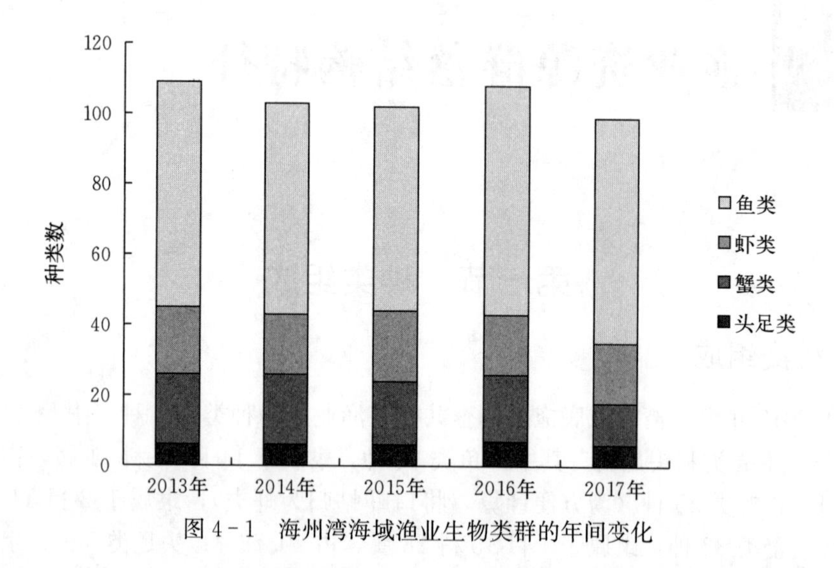

图 4-1　海州湾海域渔业生物类群的年间变化

从 2013—2017 年海州湾海域渔业生物种类的季节变化来看，春季渔业生物种类共 125 种，其中鱼类 72 种、虾类 20 种、蟹类 28 种、头足类 5 种；秋季渔业生物种类数高于春季，共 137 种，其中鱼类 79 种、虾类 24 种、蟹类 27 种、头足类 7 种（图 4-2）。

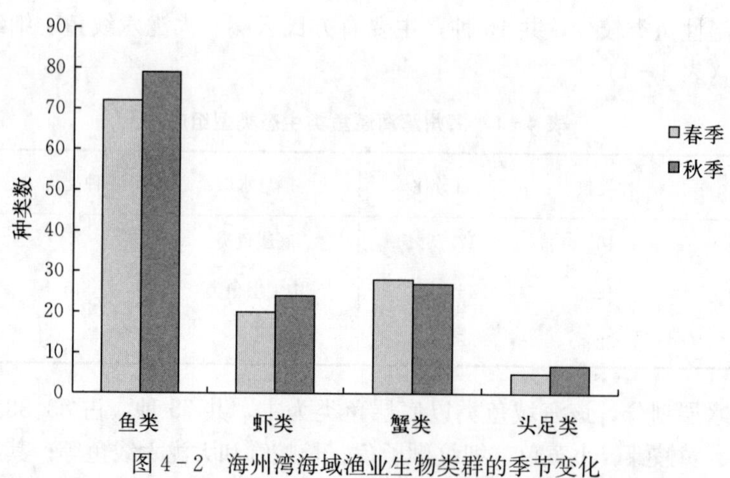

图 4-2　海州湾海域渔业生物类群的季节变化

在适温性和栖息水层方面，海州湾鱼类组成年间变化较小。按适温类型划分，海州湾鱼类主要由暖温种和暖水种组成，不同年份暖温种占鱼类总种数百分比在 43.10%～50.77%波动，其中 2015 年种类数最少，为 25 种，2016 年最多，为 33 种；暖水种占比在 35.94%～44.83%，其中 2013 年最少，为 23 种，2015 年最多，为 26 种；冷温种占比在 11.67%～17.19%（图 4-3A）。按照栖息水层划分，海州湾底层鱼类占主要地位，

2014年底层鱼类占比最低，为80.00%；2016年最高，为83.08%；中上层鱼类占比在16.92%～20.00%（图4-3B）。

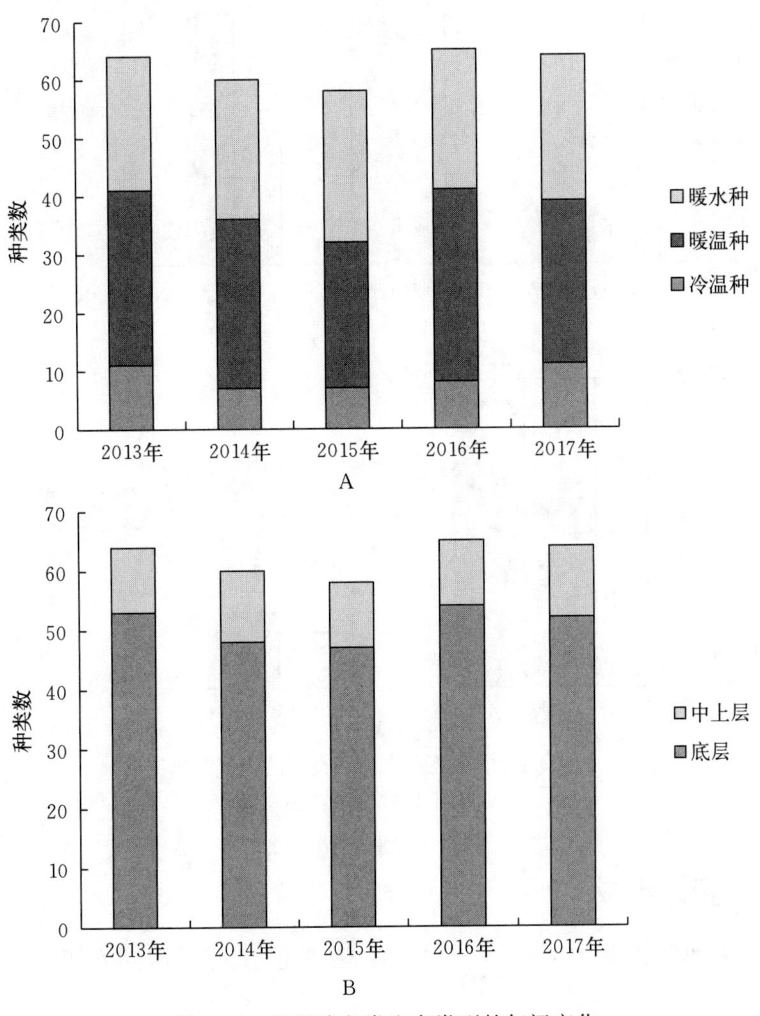

图4-3　海州湾鱼类生态类型的年间变化

A. 适温类型　B. 栖息水层

从季节变化来看，春、秋季海州湾鱼类适温类型呈现一定差异。春季冷温种数远多于秋季，春季为16种，秋季为8种，分别占该季节鱼类总种类数的22.22%和10.13%。春、秋季暖温种差异不大，春季33种，秋季39种，分别占该季节鱼类总种类数的45.83%和49.37%。暖水种的种类数各季节相差较大，春、秋季分别为23种和32种，分别占该季节鱼类总种类数的31.94%和40.51%（图4-4A）。

春、秋季海州湾不同栖息水层鱼类的种类数差异较小。秋季中上层鱼类数略多于春季，春季11种，秋季15种，分别占该季节鱼类总种类数的15.28%和18.99%；底层鱼类种类数目相近，春、秋季分别为61种和64种，分别占该季节鱼类总种类数的84.72%和81.01%（图4-4B）。

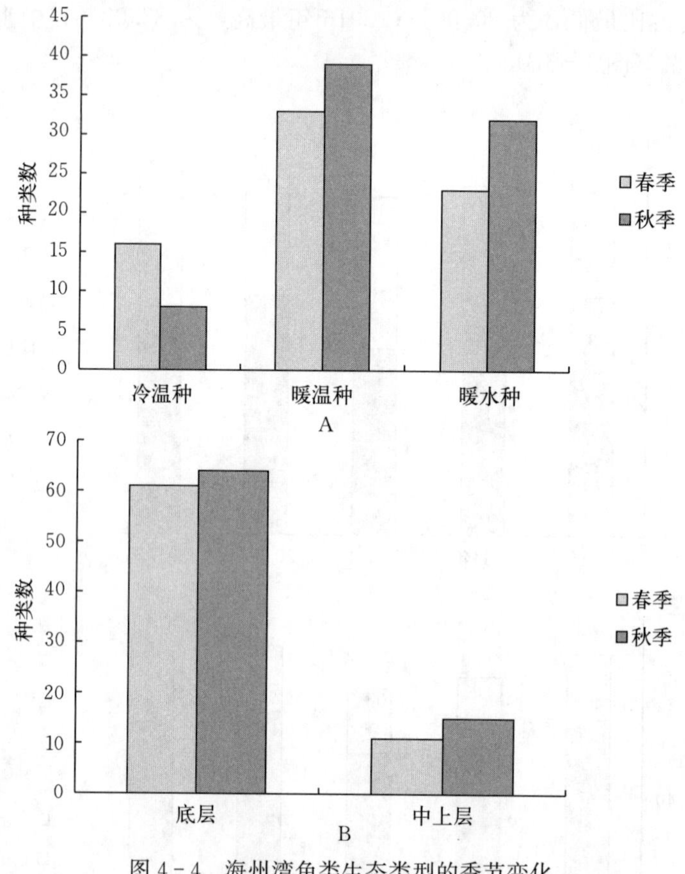

图 4-4　海州湾鱼类生态类型的季节变化

A. 适温类型　B. 栖息水层

三、渔业资源组成

海州湾海域渔业资源主要包括鱼类、甲壳类（主要包括虾类和蟹类）和头足类。渔业资源组成在年间略有波动，其中渔获数量组成变动较大。以渔获重量计，2013—2017 年渔业资源相对资源密度变化范围为 15.22～22.07 kg/h。其中鱼类各年间的相对资源密度为 8.42～16.10 kg/h，年间差异较大；虾类、蟹类、头足类相对资源密度在年间略有波动（图 4-5A）。以渔获数量计，2013—2017 年渔业资源相对数量密度变化范围为 2 842～7 239 ind/h，主要受虾类数量变化的影响。虾类相对数量密度变化范围为 816～4 018 ind/h，鱼类相对数量密度变化范围为 817～2 628 ind/h，而蟹类和头足类的相对数量密度在各年间相差较小（图 4-5B）。

以渔获重量计，春季相对资源密度为 5.99 kg/h，秋季相对资源密度为 13.42 kg/h，主要由于鱼类、蟹类和头足类渔获重量在秋季高于春季。其中鱼类的相对资源密度在春季为 3.70 kg/h，秋季为 6.91 kg/h；蟹类的相对资源密度在春季为 0.35 kg/h，秋季为 2.11 kg/h；头足类的相对资源密度在春季为 0.43 kg/h，秋季为 3.11 kg/h（图 4-6A）。以渔获数量计，春秋两季差异较小。春季相对资源密度为 2 470 ind/h，其中鱼类占 35.93%、虾类占 58.57%、蟹类占 2.32%、头足类占 3.18%；秋季相对资源密度为 2 544 ind/h，其中鱼类占 24.14%、虾类占 42.28%、蟹类占 2.94%、头足类占 30.64%（图 4-6B）。

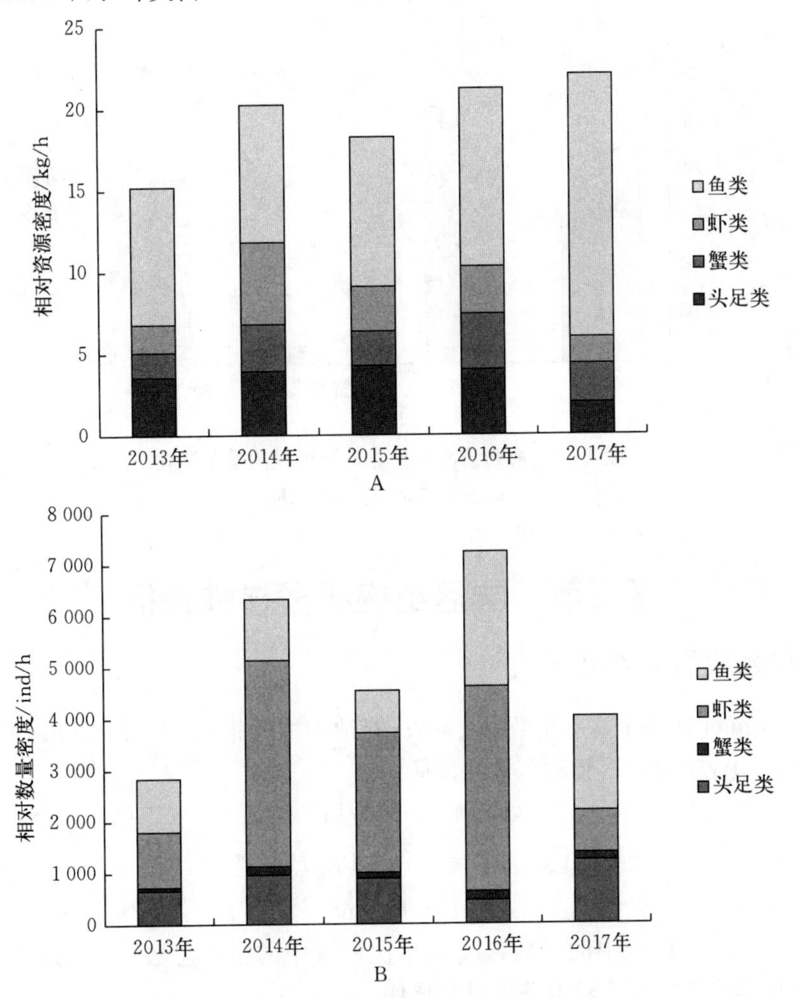

图 4-5　海州湾海域渔业资源组成的年间变化

A. 渔获重量　B. 渔获数量

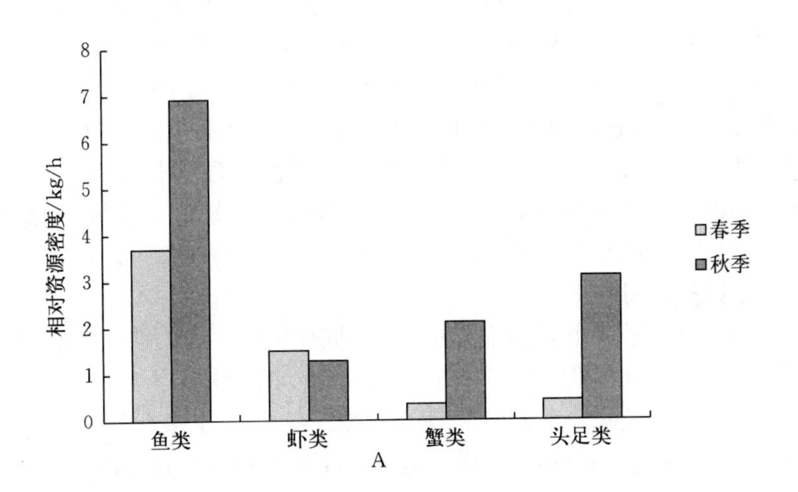

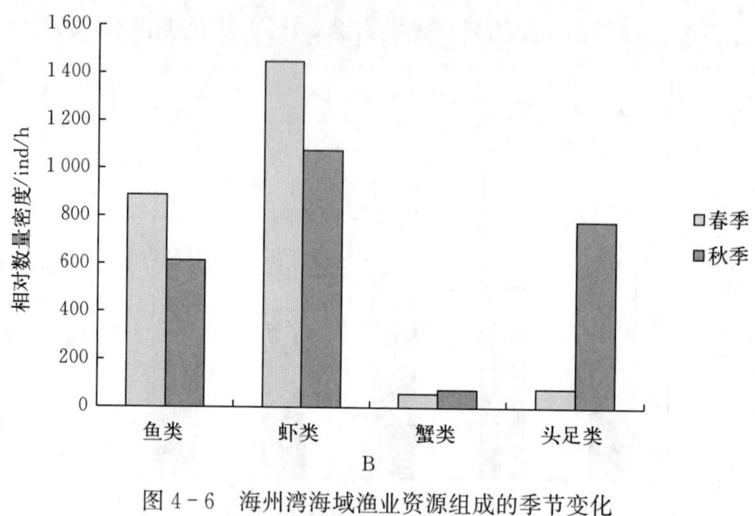

图 4-6 海州湾海域渔业资源组成的季节变化
A. 渔获重量 B. 渔获数量

第二节 群落结构和多样性特征

一、群落物种多样性

采用 Margalef 物种丰富度指数 d、香农-威纳多样性指数 H' 和 Pielou 均匀度指数 J' 来描述海州湾渔业生物群落物种多样性特征。

$$d=(S-1)/\ln N$$

$$H'=-\sum P_i\ln P_i$$

$$J'=H'/\ln S$$

式中：S 为本次调查中的种数；N 为本次调查中的个体总数；P_i 为本次调查中的 i 种渔业生物种类渔获重量占总渔获重量的比例。

1. 多样性指数的季节和年间变化

2013—2017 年春季，海州湾海域渔业生物的物种丰富度指数（d）在 2013 年最高，为 8.40；香农-威纳多样性指数（H'）在 2017 年最高，为 3.23；物种均匀度指数（J'）在 2017 年最高，为 0.74。秋季的物种丰富度指数（d）在 2015 年最高，为 7.79；香农-威纳多样性指数（H'）在 2014 年和 2015 年最高，为 3.04；物种均匀度指数（J'）在 2014 年最高，为 0.70。2013—2017 年春、秋季多样性指数变化不明显。以年份划分，2013—2017 年物种丰富度指数（d）的变化范围为 6.44～8.40，香农-威纳多样性指数（H'）变化范围为 2.65～3.23，Pielou 均匀度指数（J'）变化范围为 0.61～0.74（表 4-2）。

2. 多样性指数的空间变化

海州湾渔业生物群落物种丰富度指数（d）的空间变化如图 4-7 所示。春季物种丰富度指数在海州湾南部较高、北部较低、西部较高、东部较低，变化范围为 0.82～10.03。秋季物种丰富度指数在海州湾北部较高、南部较低、西部较高、东部较低，变化范围为 1.68～10.63。

海州湾渔业生物群落香农-威纳多样性指数（H'）的空间变化如图 4-8 所示。春季，

表 4-2 海州湾渔业生物群落物种多样性指数的季节和年间变化

多样性指数	2013年		2014年		2015年		2016年		2017年	
	春季	秋季	春季	秋季	春季	秋季	春季	秋季	春季	秋季
物种丰富度指数（d）	8.40	7.67	7.20	6.44	6.46	7.79	6.48	7.77	7.32	6.51
香农-威纳多样性指数（H'）	2.94	2.94	3.22	3.04	2.89	3.04	3.02	2.83	3.23	2.65
均匀度指数（J'）	0.65	0.66	0.73	0.70	0.67	0.68	0.69	0.64	0.74	0.61

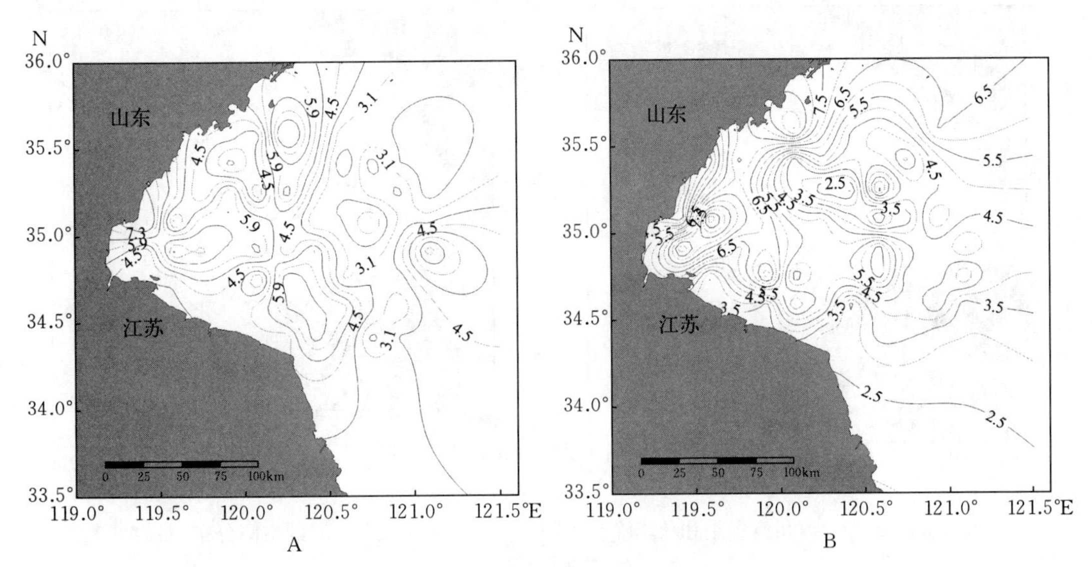

图 4-7 海州湾春季和秋季渔业生物群落物种丰富度指数（d）的空间分布

A. 春季 B. 秋季

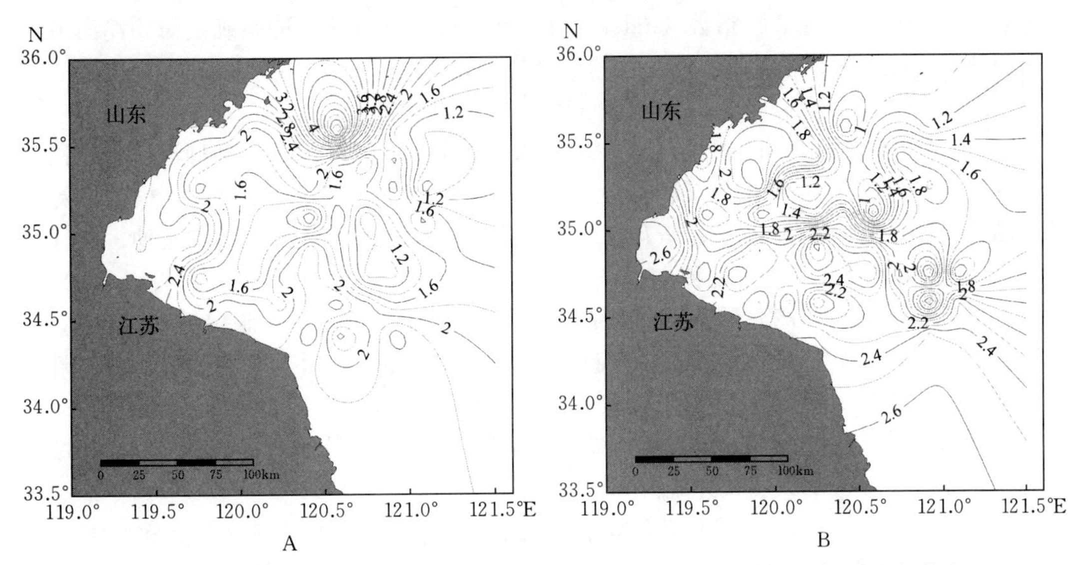

图 4-8 海州湾春季和秋季渔业生物群落香农-威纳多样性指数（H'）的空间分布

A. 春季 B. 秋季

香农-威纳多样性指数在海州湾北部较高、南部较低、西部较高、东部较低，变化范围为0.47～5.78。秋季，香农-威纳多样性指数在海州湾整体分布较平均，差异不明显，变化范围为0.58～2.88。

海州湾渔业生物群落均匀度指数（J'）的空间变化如图4-9所示。春季，均匀度指数在海州湾北部较高、南部较低、西部较高、东部较低，变化范围为0.15～1.93。秋季，均匀度指数在海州湾整体分布较平均，差异不明显，变化范围为0.17～0.96。

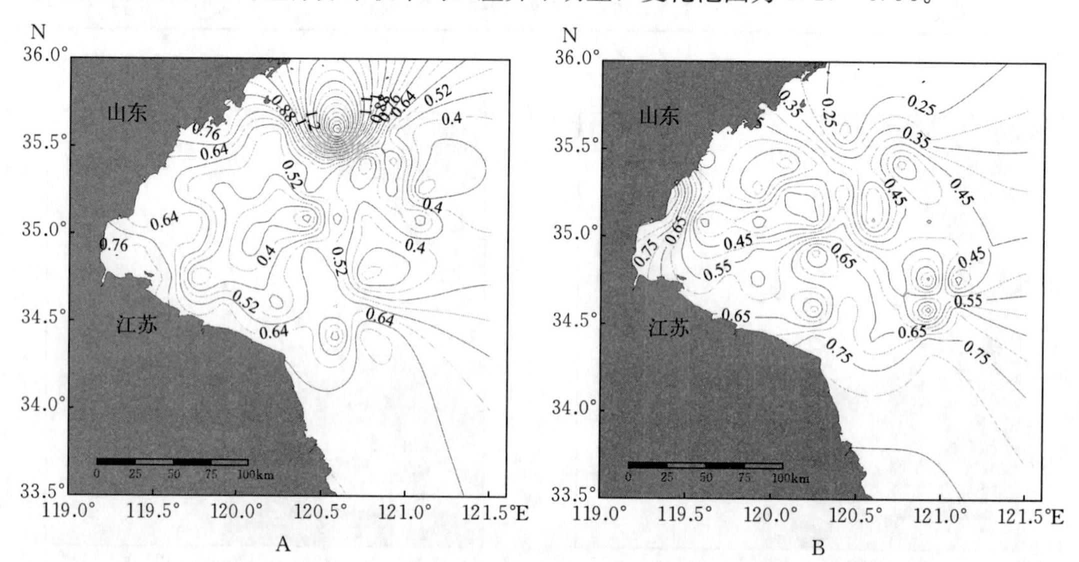

图4-9 海州湾春季和秋季渔业生物群落均匀度指数（J'）的空间分布

A. 春季 B. 秋季

二、优势种组成

根据Pinkas相对重要性指数（index of relative importance，IRI）确定海州湾海域渔业生物种类的优势度。相对重要性指数的计算公式如下：

$$IRI=(N+W)\times F\times 10\,000$$

式中：N为某种渔业生物占渔获个体总数量的百分比（%）；W为某种渔业生物占渔获总重量的百分比（%）；F为某种渔业生物在调查中出现的百分比（%）。根据计算结果，$IRI\geqslant 1\,000$为优势种，$500\leqslant IRI<1\,000$为重要种，$10\leqslant IRI<500$为常见种，$1\leqslant IRI<10$为一般种，$IRI<1$为少见种。

2013—2017年海州湾海域渔获量较高的渔业生物有小黄鱼、小眼绿鳍鱼、枪乌贼、方氏云鳚、三疣梭子蟹、戴氏赤虾、金乌贼、短蛸、口虾蛄、日本蟳、黄鮟鱇、鹰爪虾和长蛇鲻等，合计占总渔获重量的69.76%，其中小黄鱼占9.09%、小眼绿鳍鱼占8.73%、枪乌贼占8.33%、三疣梭子蟹占6.90%、金乌贼占4.46%、短蛸占4.30%、口虾蛄占3.87%、黄鮟鱇占3.14%、长蛇鲻占2.47%。

2013—2017年，海州湾海域渔业生物优势种的年间变化不明显。2013年优势种为枪乌贼和方氏云鳚；2014年优势种为戴氏赤虾、枪乌贼和方氏云鳚；2015年优势种为戴氏赤虾和枪乌贼；2016年优势种为方氏云鳚、戴氏赤虾和枪乌贼；2017年优势种为小黄鱼和枪乌贼。

三、群落结构的年间变化

春季，海州湾海域渔业生物群落结构呈现一定的年间变化。根据春季的调查数据，在种类组成75%的相似性水平上，海州湾渔业生物群落可划分为3个年份组，包括Ⅰ组（2017年春季）、Ⅱ组（2013年春季）和Ⅲ组（其他年份春季）（图4－10）。年份组间的群落结构差异显著。Ⅰ组典型种主要有方氏云鳚、戴氏赤虾、细纹狮子鱼、大泷六线鱼和口虾蛄，Ⅱ组典型种主要有方氏云鳚、小黄鱼、细纹狮子鱼、口虾蛄、枪乌贼和短蛸，Ⅲ组典型种主要有方氏云鳚、枪乌贼、狮子鱼、戴氏赤虾和黄鮟鱇。对年份组间平均相异性贡献较高的分歧种主要有方氏云鳚和口虾蛄。

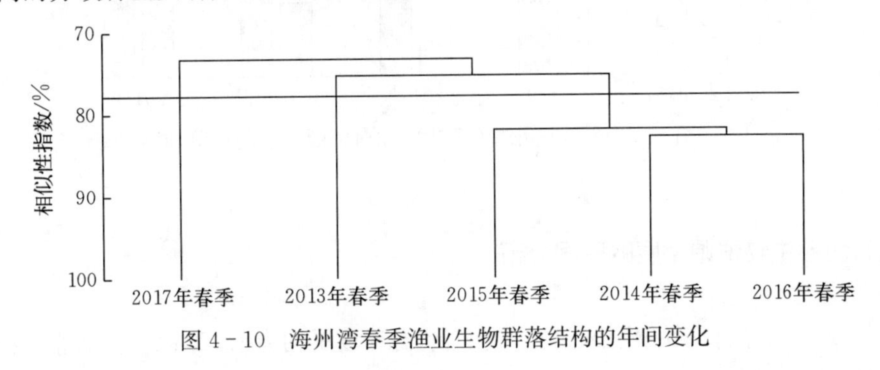

图4－10　海州湾春季渔业生物群落结构的年间变化

秋季，海州湾海域渔业生物群落结构也呈现一定的年间变化。根据秋季的调查数据，在种类组成70%的相似性水平上，海州湾渔业生物群落可划分为2个年份组，包括Ⅰ组（2017年秋季）和Ⅱ组（其他年份秋季）（图4－11）。两年份组间群落结构差异显著。Ⅰ组典型种主要是枪乌贼，Ⅱ组典型种主要有三疣梭子蟹和小眼绿鳍鱼。对年份组间平均相异性贡献较高的分歧种主要是小眼绿鳍鱼。

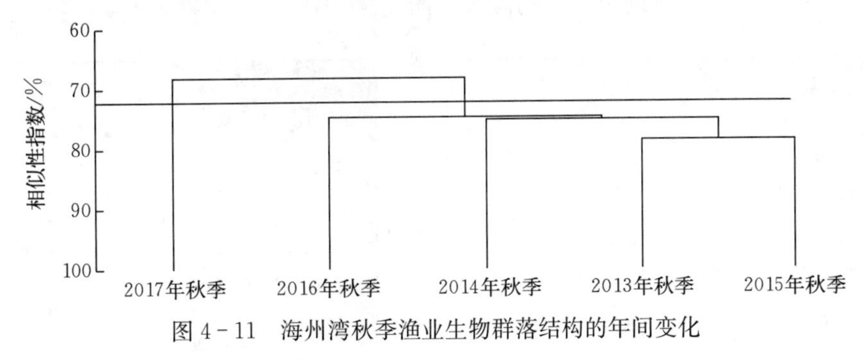

图4－11　海州湾秋季渔业生物群落结构的年间变化

第三节　资源密度分布

一、渔业生物总资源密度分布

（一）渔业生物资源密度的季节和年间变化

本节中渔业生物的相对资源密度以单位小时渔获量表示。2013—2017年，春季海州湾渔业生物相对资源密度的变化范围为 9.19～40.36 kg/h，2017 年最高，2013 年最低，年间变化较大。秋季渔业生物相对资源密度的变化范围为 19.56～36.80 kg/h，2017 年最高，2013 年最低。由于秋季水温等环境因子相对稳定，因此渔业生物相对资源密度的年间变化不明显（图 4-12）。

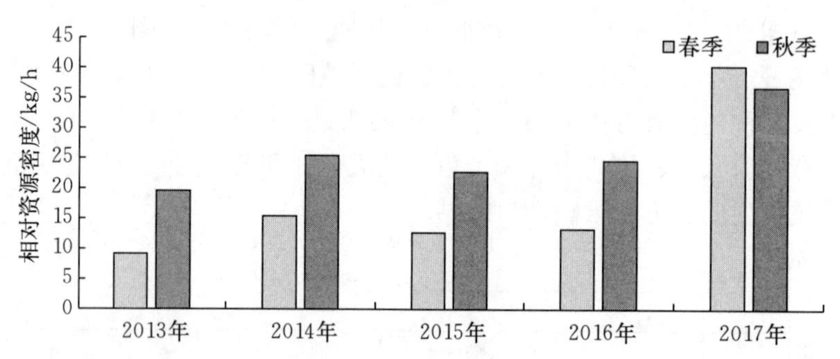

图 4-12 2013—2017 年海州湾渔业生物相对资源密度的季节和年间变化

（二）渔业生物资源密度的空间分布

（1）春季

2013—2017 年春季，海州湾渔业生物相对资源密度平均为 18.20 kg/h。渔业生物相对资源密度在 35°N 以北较高，35°N 以南较低；远岸及沿岸较高，中部较低。从水深来看，渔业生物资源主要分布在海州湾 20 m 以浅的北部近岸和 30 m 以深的区域（图 4-13A）。

（2）秋季

2013—2017 年秋季，海州湾渔业生物相对资源密度平均为 25.81 kg/h。渔业生物相对资源密度在远岸及沿岸较高，中部较低。从水深来看，渔业生物资源主要分布在 20 m 以浅的北部近岸和 30 m 附近及以深的区域（图 4-13B）。

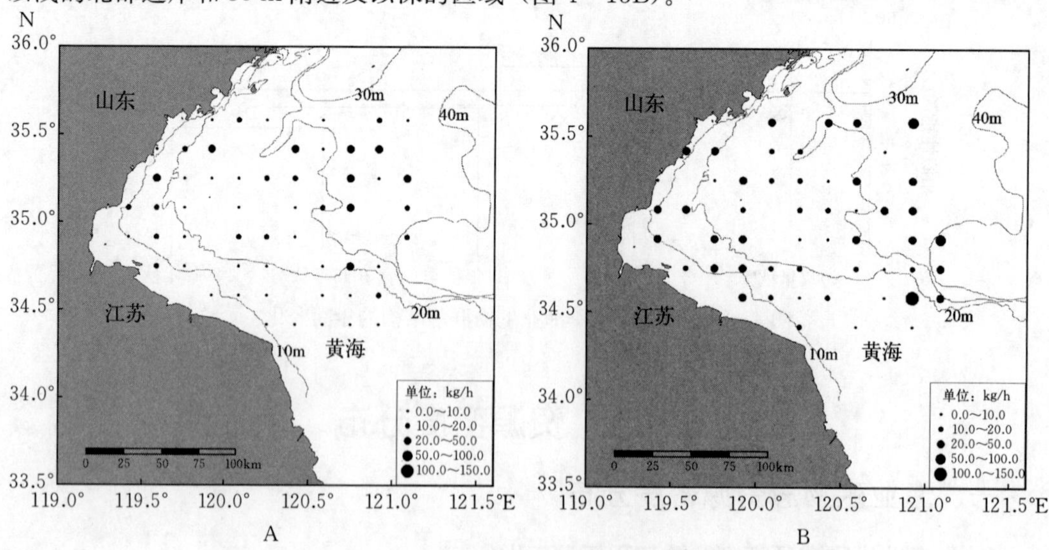

图 4-13 海州湾春季和秋季渔业生物相对资源密度的空间分布

A. 春季 B. 秋季

二、鱼类资源密度分布

(一) 鱼类资源密度的季节和年间变化

2013—2017年春、秋两个季节在海州湾海域进行的调查共发现鱼类90种，由于鱼类的季节性洄游与移动，不同季节鱼类的相对资源密度和种类不完全相同。春季海州湾鱼类相对资源密度的变化范围为3.47～8.76 kg/h，2014年最高，2017年最低；秋季鱼类相对资源密度的变化范围为8.08～26.95 kg/h，2017年最高，2014年最低。秋季鱼类相对资源密度整体较春季稍高（图4-14）。

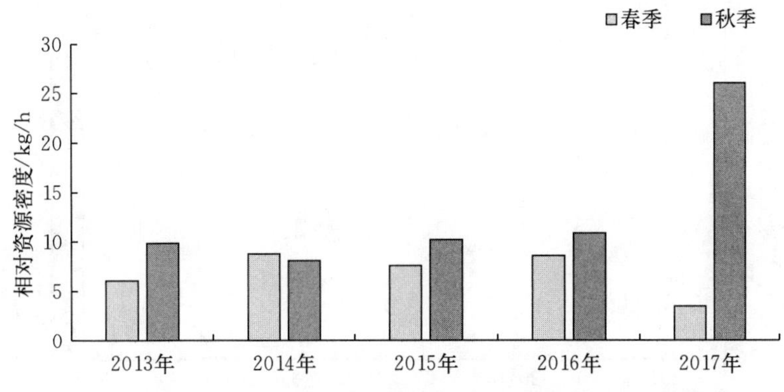

图4-14 2013—2017年海州湾鱼类相对资源密度的季节和年间变化

2013—2017年海州湾春、秋两季相对资源密度最大的鱼类是小黄鱼，为1.6 kg/h，占鱼类总相对资源密度的16.37%；其次是小眼绿鳍鱼、方氏云鳚、黄鮟鱇、细纹狮子鱼，相对资源密度分别为1.61 kg/h、1.42 kg/h、0.57 kg/h和0.51 kg/h，占鱼类总相对资源密度的16.21%、14.25%、5.71%和5.10%；其他种类相对资源密度都不足0.50 kg/h，长蛇鲻、大泷六线鱼的相对资源密度稍高，分别为0.46 kg/h和0.32 kg/h，它们分别占鱼类总相对资源密度的4.61%和3.20%。

小黄鱼春季相对资源密度变化范围为0.14～0.59 kg/h，2016年最高，2015年最低；秋季变化范围为0.08～14.05 kg/h，2017年最高，2013年最低。除2017年秋季小黄鱼的相对资源密度为14.05 kg/h外，其他各年份相对资源密度在0.08～0.60 kg/h范围内（图4-15A）。

春季，小眼绿鳍鱼仅在2016年出现，相对资源密度为0.02 kg/h；秋季相对资源密度变化范围为1.62～5.01 kg/h，2016年最高，2014年最低。小眼绿鳍鱼主要在秋季出现，且相对资源密度远高于春季（图4-15B）。

方氏云鳚春季相对资源密度变化范围为0.60～3.47 kg/h，2016年最高，2017年最低；秋季变化范围为0.08～1.62 kg/h，2014年最高，2015年最低。春季方氏云鳚的相对资源密度整体略高于秋季（图4-15C）。

黄鮟鱇春季相对资源密度变化范围为0.38～1.32 kg/h，2016年最高，2013年最低；秋季仅在2014年、2015年和2017年出现，相对资源密度变化范围为0.13～1.13 kg/h，2017年最高，2015年最低。黄鮟鱇相对资源密度的季节变化较小（图4-15D）。

春季，细纹狮子鱼在 2017 年未出现，其他年份的相对资源密度变化范围为 0.36～1.85 kg/h，2015 年最高，2013 年最低；秋季仅在 2013 年和 2016 年出现，相对资源密度分别为 0.03 kg/h 和 0.04 kg/h。秋季相对资源密度较小（图 4-15E）。

春季，长蛇鲻在 2017 年未出现，其他年份的相对资源密度变化范围为 0.01～0.09 kg/h，2015 年最高，2014 年最低；秋季变化范围为 0.54～1.37 kg/h，2016 年最高，2013 年最低。秋季长蛇鲻的相对资源密度整体高于春季（图 4-15F）。

大泷六线鱼春季相对资源密度变化范围为 0.05～0.85 kg/h，2015 年最高，2013 年最低；秋季变化范围为 0.14～0.28 kg/h，2016 年最高，2017 年最低（图 4-15G）。

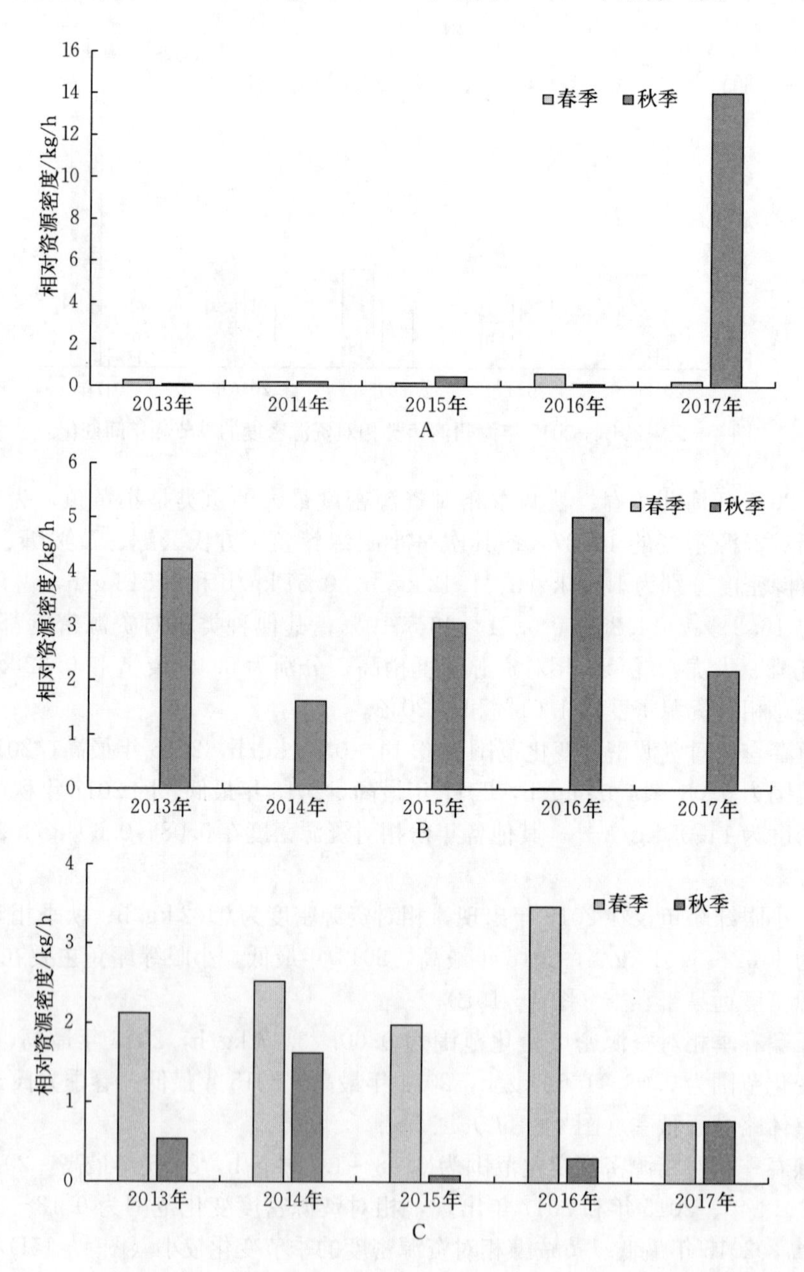

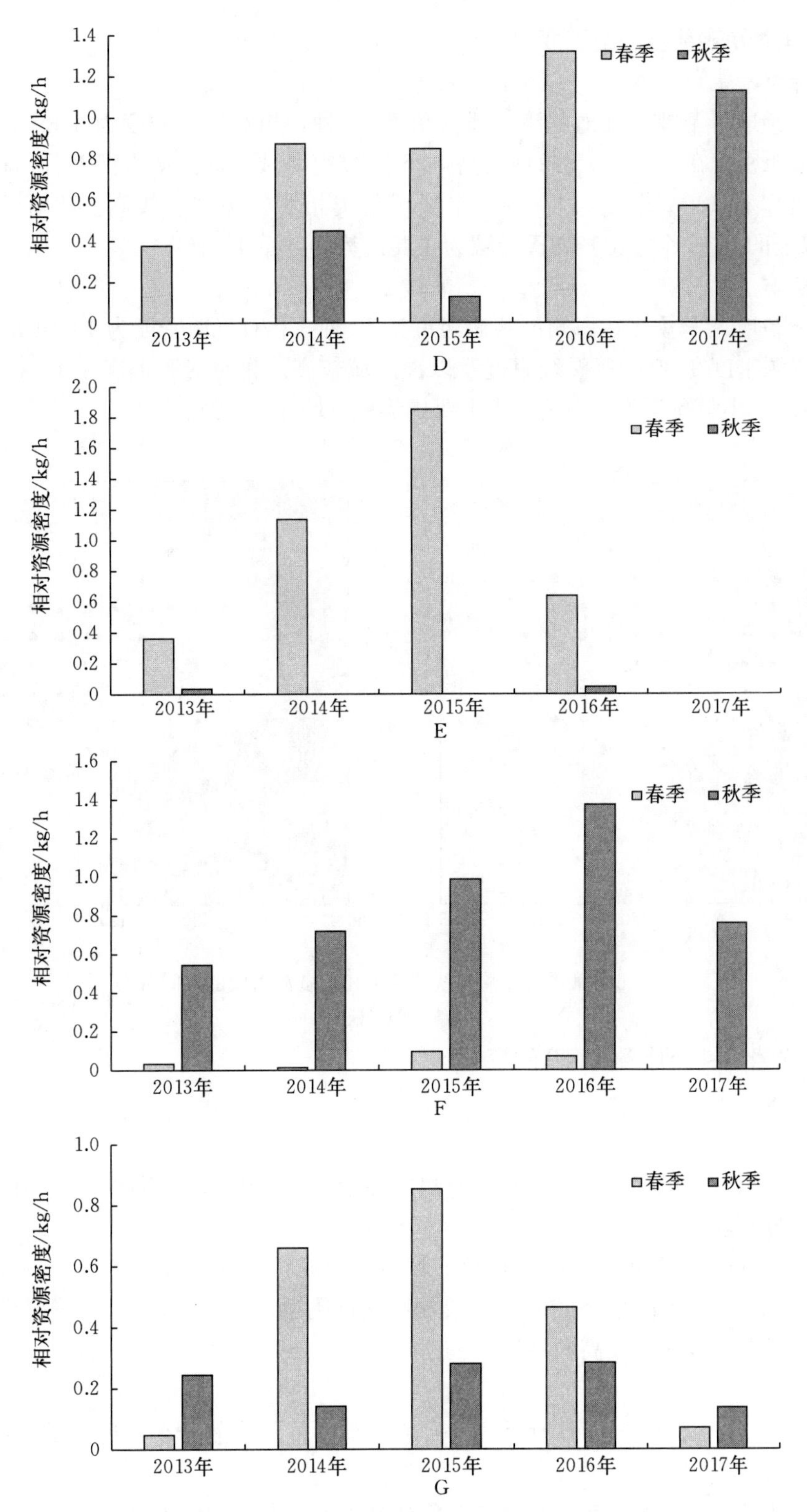

图 4 - 15　2013—2017 年海州湾优势鱼种相对资源密度的季节和年间变化

A. 小黄鱼　B. 小眼绿鳍鱼　C. 方氏云鳚　D. 黄鮟鱇　E. 细纹狮子鱼　F. 长蛇鲻　G. 大泷六线鱼

(二) 鱼类资源密度的空间变化

(1) 春季

2013—2017 年春季，在海州湾共捕获鱼类 72 种，相对资源密度为 6.89 kg/h。春季鱼类相对资源密度在 35°N 以北海域较高，35°N 以南海域较低。从水深来看，在 20 m 以浅的北部近岸和 30 m 附近及以深的远岸区域鱼类相对资源密度较高。相对资源密度在 10 kg/h 以上的有 12 个站位，方氏云鳚为主要优势种（图 4-16A）。

(2) 秋季

2013—2017 年秋季，在海州湾共捕获鱼类 79 种，相对资源密度为 13.01 kg/h。秋季鱼类相对资源密度在 30 m 等深线附近及以深海域较高。相对资源密度在 10 kg/h 以上的有 17 个站位，小眼绿鳍鱼、小黄鱼为主要优势种（图 4-16B）。

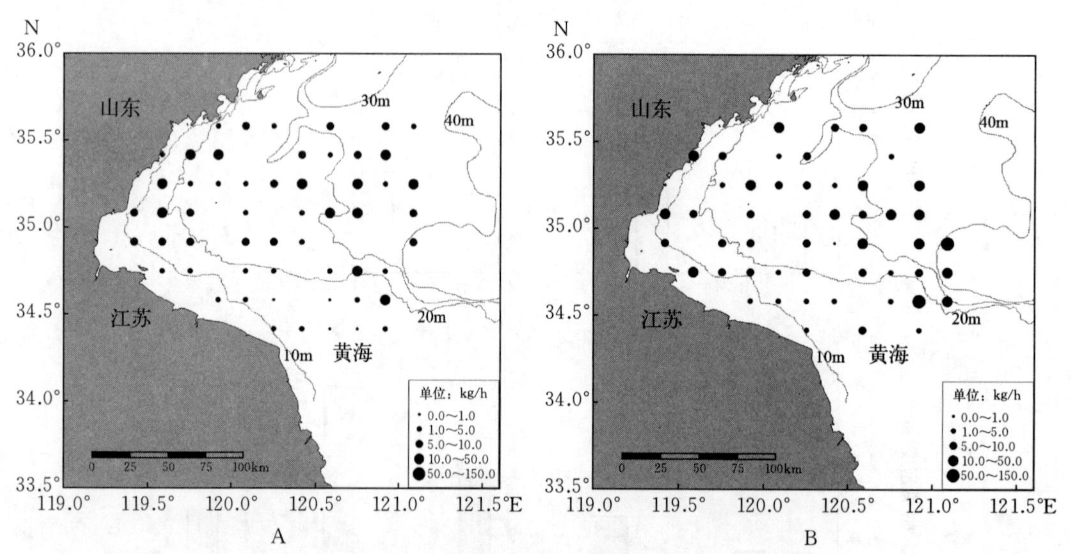

图 4-16 海州湾春季和秋季鱼类相对资源密度的空间分布

A. 春季 B. 秋季

(三) 优势鱼种资源密度的空间变化

1. 小黄鱼

(1) 春季

① 分布范围。如图 4-17A 所示，海州湾春季小黄鱼在 35°N 以南海域分布较多，35°N 以北海域分布较少。

② 密集分布区。海州湾春季小黄鱼非零值站位的相对资源密度在 0.02～2.30 kg/h，平均为 0.43 kg/h。密集区分布在 20 m 等深线南部附近，另外，在 40 m 等深线南部海域也存在 2 个资源密度相对较高的站位。

(2) 秋季

① 分布范围。如图 4-17B 所示，海州湾秋季小黄鱼分散分布在近岸 10 m 等深线附近及 120.75°E 以东海域。

② 密集分布区。海州湾秋季小黄鱼非零值站位的相对资源密度在 0.04～104.21 kg/h，平均为 4.59 kg/h。在 121.0°E、34.75°N 海域附近有一个资源密度较高的密集区。

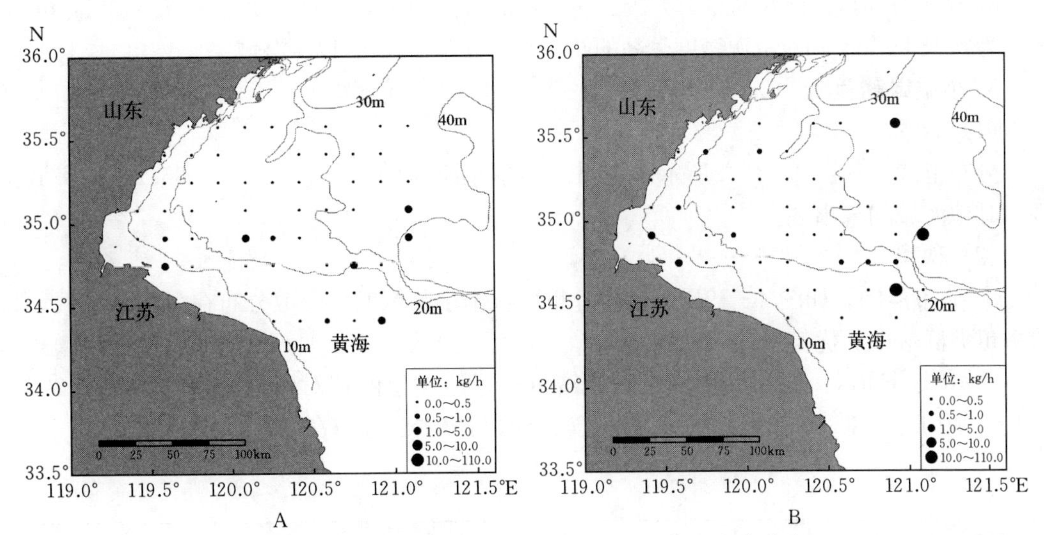

图 4-17　海州湾春季和秋季小黄鱼相对资源密度分布
A. 春季　B. 秋季

2. 方氏云鳚

（1）春季

① 分布范围。如图 4-18A 所示，海州湾春季方氏云鳚分布于绝大部分海域，是春季鱼类群落中的优势种。

② 密集分布区。海州湾春季方氏云鳚非零值站位的相对资源密度在 0.002～18.75 kg/h，平均为 2.45 kg/h。相对资源密度较高的站位主要分布在 34.5°N 以北海域。

（2）秋季

① 分布范围。如图 4-18B 所示，海州湾秋季方氏云鳚分散分布在 30 m 以深海域。

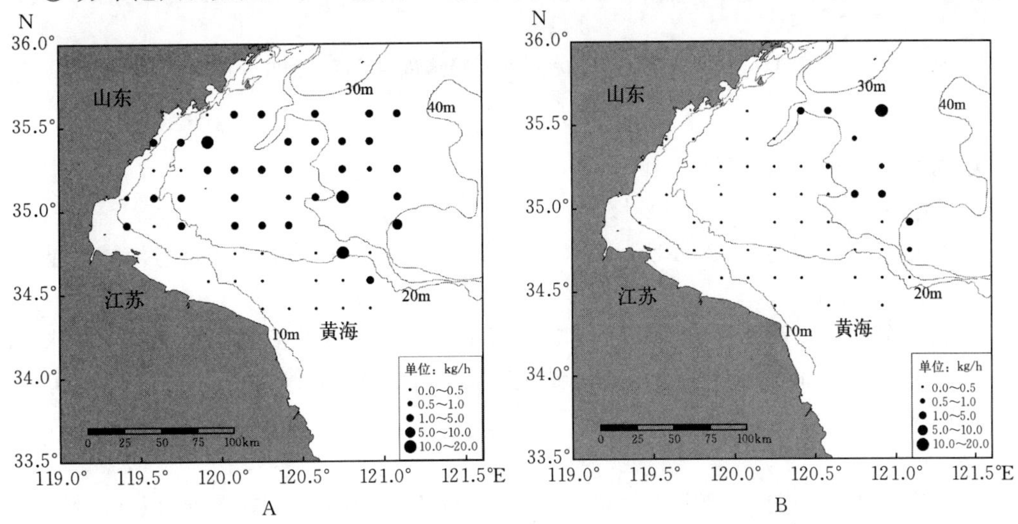

图 4-18　海州湾春季和秋季方氏云鳚相对资源密度分布
A. 春季　B. 秋季

② 密集分布区。海州湾秋季方氏云鳚非零值站位的相对资源密度在 0.01～12.11 kg/h，平均为 0.78 kg/h。相对资源密度较高的站位主要分布在 30 m 以深海域。

3. 小眼绿鳍鱼

（1）春季

分布范围。如图 4－19A 所示，海州湾春季小眼绿鳍鱼仅在 120°E、35.25°N 海域出现，其他海域均未出现。

（2）秋季

① 分布范围。如图 4－19B 所示，海州湾秋季小眼绿鳍鱼分散分布在大部分海域，是秋季鱼类群落中的优势种。

② 密集分布区。海州湾秋季小眼绿鳍鱼非零值站位的相对资源密度在 0.07～27.44 kg/h，平均为 4.05 kg/h。相对资源密度较高的站位主要分布在 20 m 以深海域。

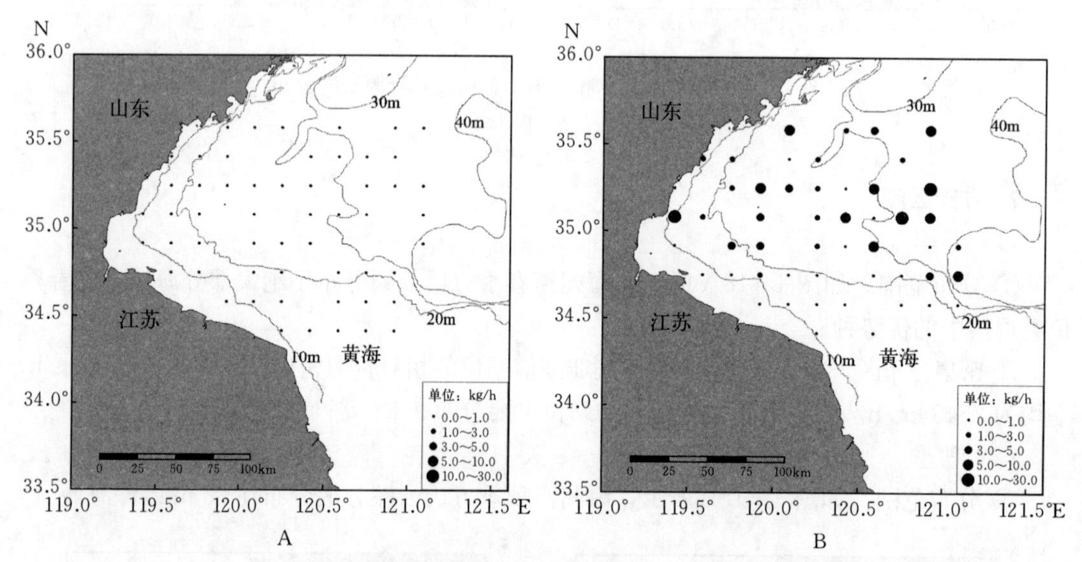

图 4－19 海州湾春季和秋季小眼绿鳍鱼相对资源密度分布

A. 春季 B. 秋季

4. 黄鮟鱇

（1）春季

① 分布范围。如图 4－20A 所示，海州湾春季黄鮟鱇分散分布在大部分海域，是春季鱼类群落中的优势种。

② 密集分布区。海州湾春季黄鮟鱇非零值站位的相对资源密度在 0.31～4.95 kg/h，平均为 2.01 kg/h。相对资源密度较高的站位主要分布在 20 m 等深线附近及 30 m 等深线附近的海域。

（2）秋季

① 分布范围。如图 4－20B 所示，海州湾秋季黄鮟鱇零星分布在 30 m 以深海域。

② 密集分布区。海州湾秋季黄鮟鱇非零值站位的相对资源密度在 0.24～8.27 kg/h，平均为 2.98 kg/h。相对资源密度较高的站位主要分布在 30 m 以深海域。

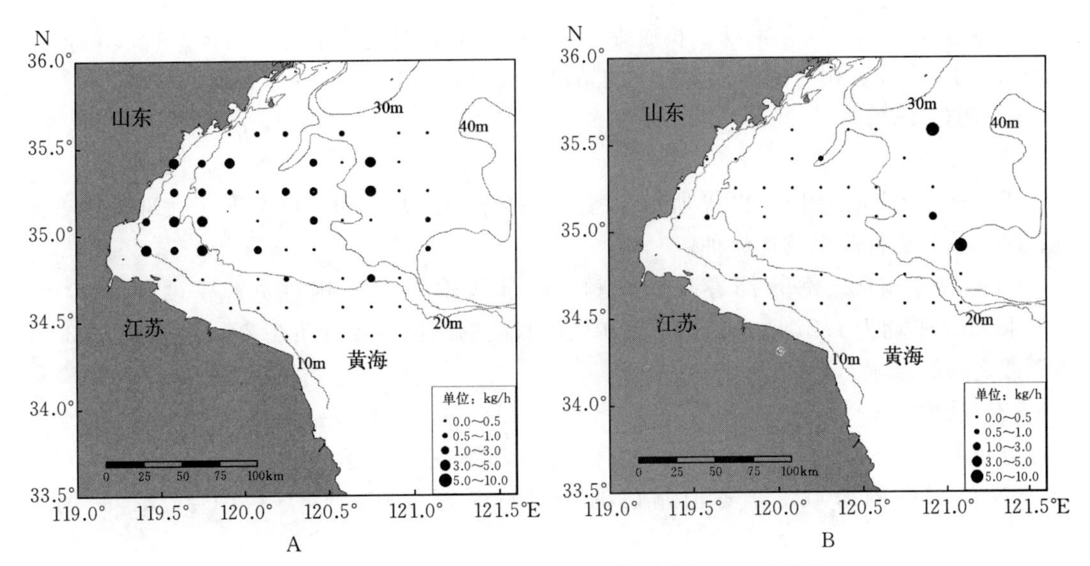

图 4-20　海州湾春季和秋季黄鮟鱇相对资源密度分布

A. 春季　B. 秋季

5. 长蛇鲻

（1）春季

① 分布范围。如图 4-21A 所示，海州湾春季长蛇鲻仅在 35°N 附近的小范围海域出现。

② 密集分布区。海州湾春季长蛇鲻非零值站位的相对资源密度在 0.14～0.60 kg/h，平均为 0.37 kg/h。相对资源密度较高的站位主要分布在 20 m 以浅的北部海域。

（2）秋季

① 分布范围。如图 4-21B 所示，海州湾秋季长蛇鲻分散分布在大部分海域，是秋季鱼类群落中的优势种。

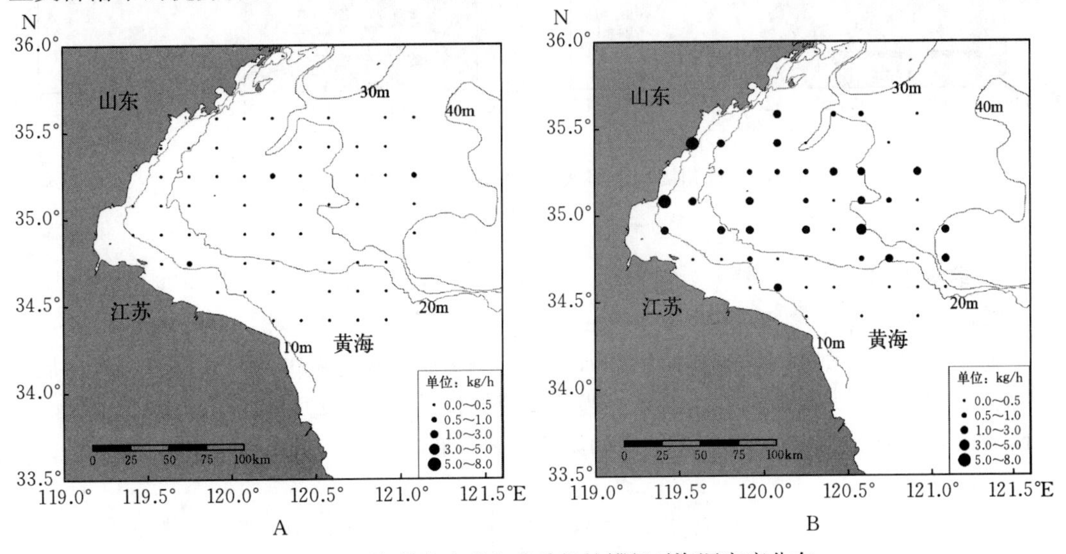

图 4-21　海州湾春季和秋季长蛇鲻相对资源密度分布

A. 春季　B. 秋季

② 密集分布区。海州湾秋季长蛇鲻非零值站位的相对资源密度在 0.002～7.50 kg/h，平均为 1.18 kg/h。相对资源密度较高的站位主要分布在 20 m 等深线以北的海域。

6. 细纹狮子鱼

(1) 春季

① 分布范围。如图 4－22A 所示，海州湾春季细纹狮子鱼分散分布于大部分调查海域，是春季鱼类群落中的优势种。

② 密集分布区。海州湾春季细纹狮子鱼非零值站位的相对资源密度在 0.001～8.97 kg/h，平均为 1.27 kg/h。相对资源密度较高的站位主要分布在 20 m 等深线和 30 m 等深线之间的海域。

(2) 秋季

分布范围。如图 4－22B 所示，海州湾秋季细纹狮子鱼零星分散分布在 35.0°—35.5°N 范围内的海域。非零值站位的相对资源密度在 0.08～0.51 kg/h，平均为 0.22 kg/h。

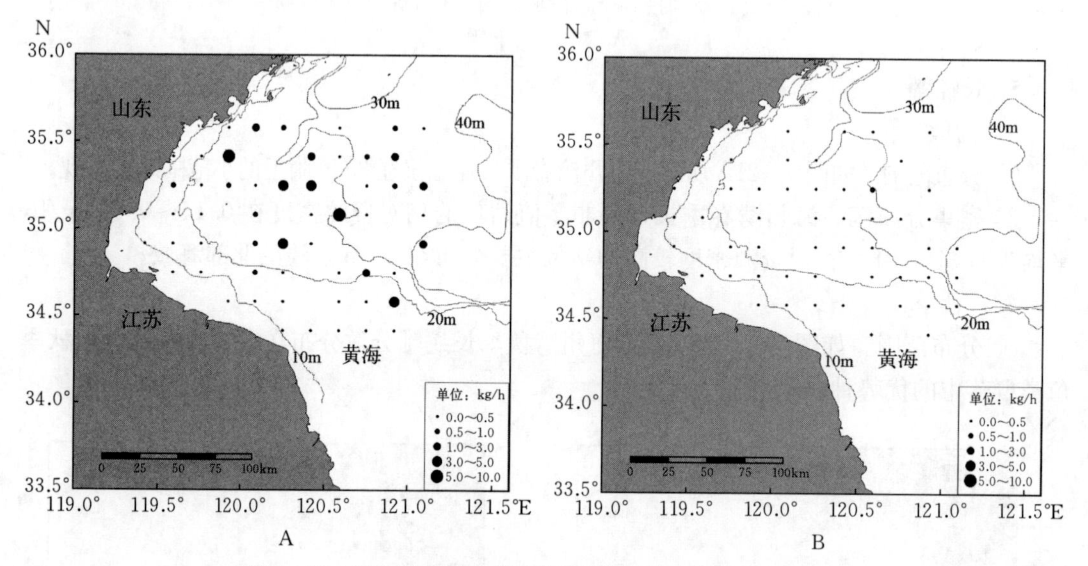

图 4－22　海州湾春季和秋季细纹狮子鱼相对资源密度分布

A. 春季　B. 秋季

7. 星康吉鳗

(1) 春季

① 分布范围。如图 4－23A 所示，海州湾春季星康吉鳗分散分布于大部分调查海域。

② 密集分布区。海州湾春季星康吉鳗非零值站位的相对资源密度在 0.01～1.64 kg/h，平均为 0.24 kg/h。相对资源密度较高的站位主要分布在 35.0°N 附近的海域。

(2) 秋季

① 分布范围。如图 4－23B 所示，海州湾秋季星康吉鳗分散分布在大部分海域。

② 密集分布区。海州湾秋季星康吉鳗非零值站位的相对资源密度在 0.009～11.57 kg/h，平均为 0.75 kg/h。相对资源密度较高的站位主要分布在 20 m 等深线以北的海域。

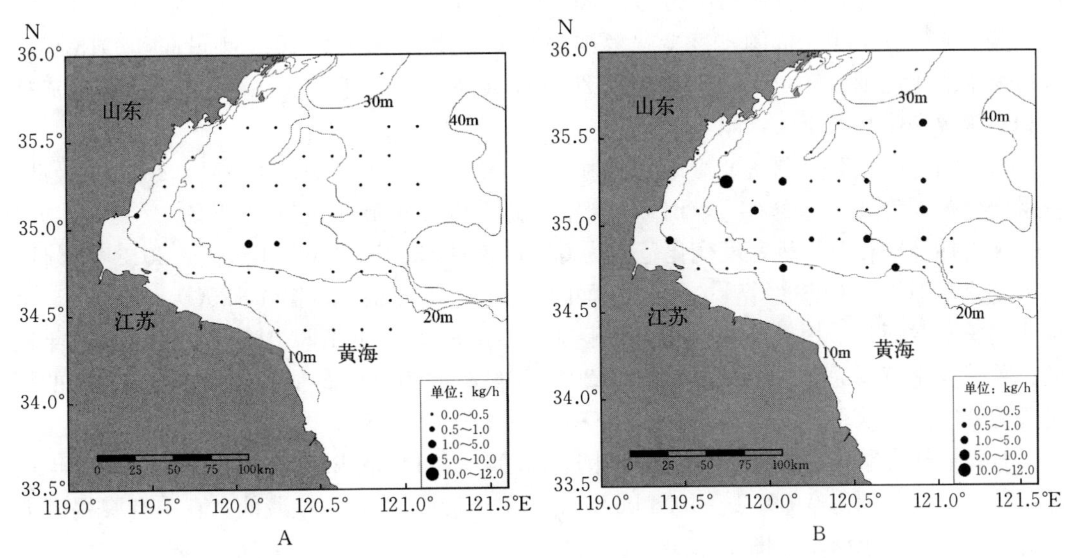

图 4-23　海州湾春季和秋季星康吉鳗相对资源密度分布

A. 春季　B. 秋季

三、甲壳类资源密度分布

（一）虾类资源密度的季节和年间变化

2013—2017 年春、秋两个季节在海州湾海域共采集虾类 25 种，其中春季的相对资源密度为 2.83 kg/h，秋季为 2.52 kg/h。整体上，春、秋两个季节虾类的相对资源密度差异较小。2013—2017 年春季，虾类相对资源密度变化范围为 1.17～4.24 kg/h，2014 年最高，2017 年最低；秋季虾类相对资源密度变化范围为 1.26～5.90 kg/h，2014 年最高，2015 年最低（图 4-24）。

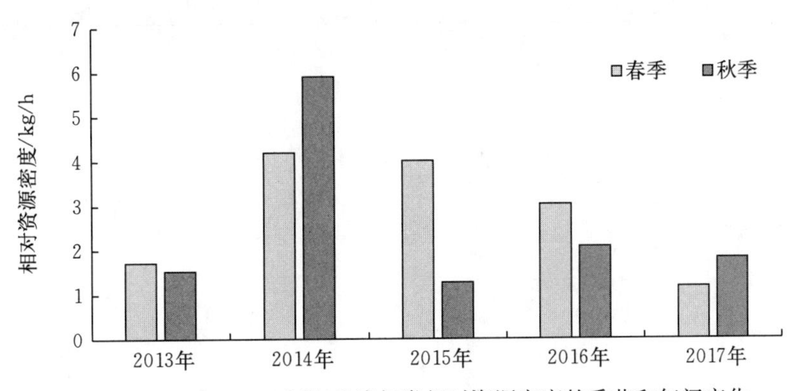

图 4-24　2013—2017 年海州湾虾类相对资源密度的季节和年间变化

2013—2017 年海州湾春、秋两季相对资源密度最大的虾类是戴氏赤虾，为 0.67 kg/h，占所有虾类的 25.22%；其次是口虾蛄，相对资源密度为 0.34 kg/h，占 12.82%；鹰爪虾相对资源密度为 0.21 kg/h，占 7.91%；葛氏长臂虾相对资源密度为 0.20 kg/h，占

7.35%；脊腹褐虾相对资源密度为 0.16 kg/h，占 6.17%。

戴氏赤虾春季相对资源密度变化范围为 0.17～2.36 kg/h，2015 年最高，2013 年最低；秋季变化范围为 0.05～2.34 kg/h，2014 年最高，2015 年最低。春、秋两季戴氏赤虾的相对资源密度相差不大（图 4-25A）。

口虾蛄春季相对资源密度变化范围为 0.22～1.19 kg/h，2013 年最高，2017 年最低；秋季变化范围为 0.21～1.44 kg/h，2014 年最高，2013 年最低（图 4-25B）。

鹰爪虾春季相对资源密度变化范围为 0.06～0.45 kg/h，2015 年最高，2013 年最低；秋季变化范围为 0.61～1.57 kg/h，2014 年最高，2015 年最低（图 4-25C）。

葛氏长臂虾春季相对资源密度变化范围为 0.10～0.48 kg/h，2015 年最高，2013 年最低；秋季变化范围为 0.05～0.28 kg/h，2014 年最高，2013 年最低。春季葛氏长臂虾的相对资源密度高于秋季（图 4-25D）。

脊腹褐虾春季相对资源密度变化范围为 0.06～1.14 kg/h，2014 年最高，2013 年最低；秋季变化范围为 0.000 1～0.08 kg/h，2014 年最高，2016 年最低。春季脊腹褐虾的相对资源密度高于秋季（图 4-25E）。

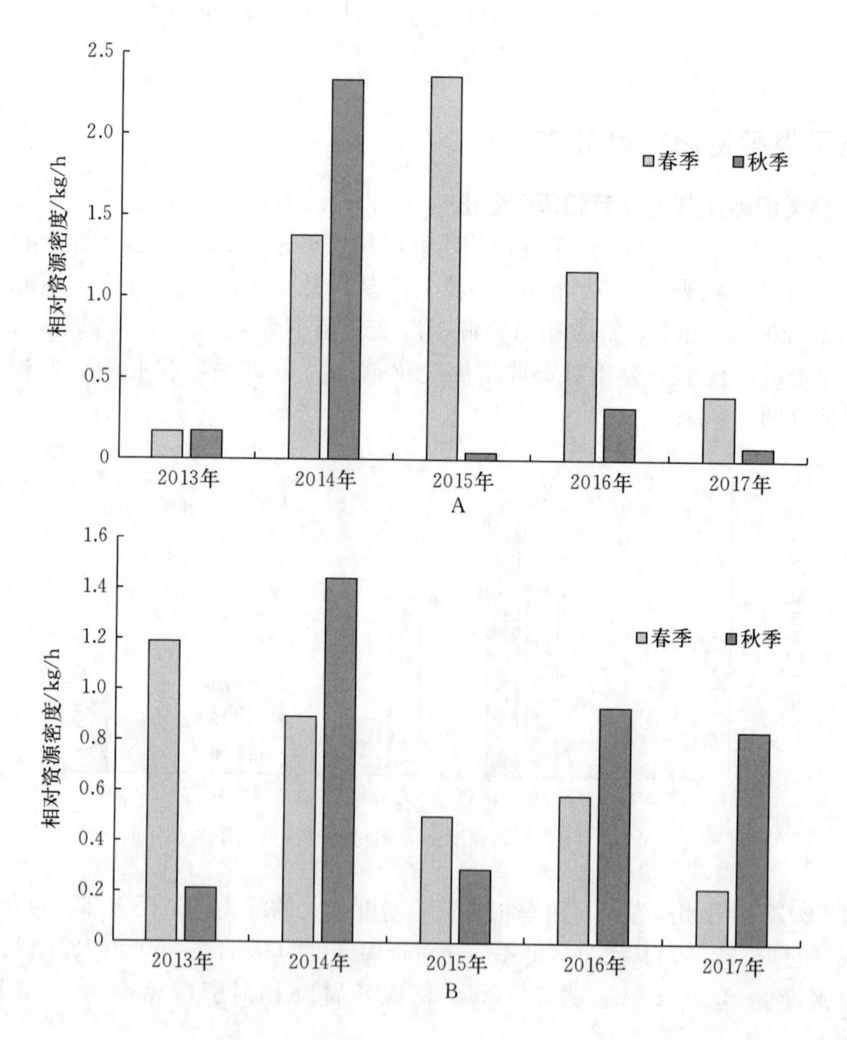

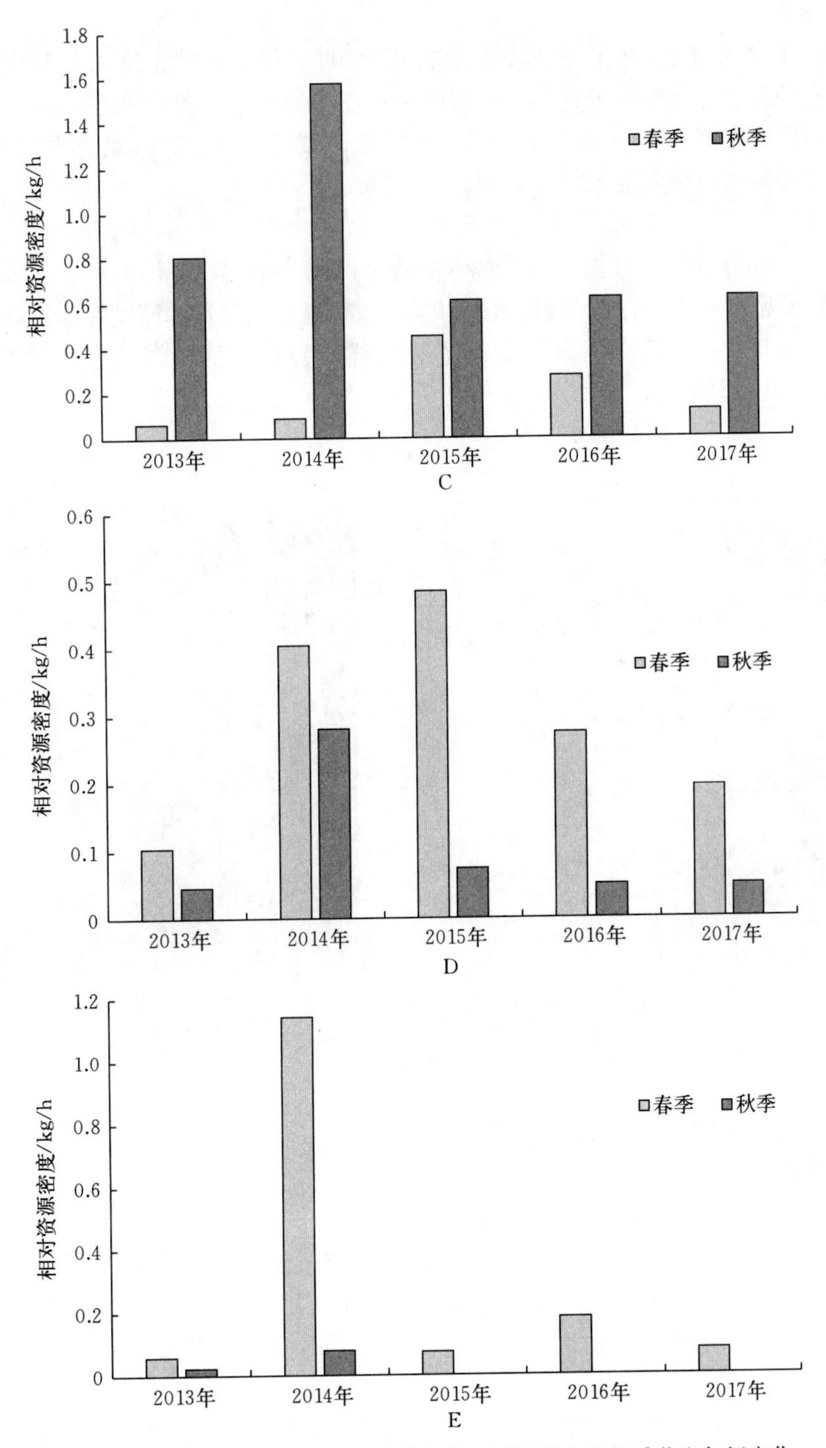

图 4-25　2013—2017 年海州湾优势虾类相对资源密度的季节和年间变化
A. 戴氏赤虾　B. 口虾蛄　C. 鹰爪虾　D. 葛氏长臂虾　E. 脊腹褐虾

（二）虾类资源密度的空间变化

（1）春季

2013—2017年春季，在海州湾共捕获虾类20种，相对资源密度为2.83 kg/h。春季虾类相对资源密度分布整体较均匀。从水深来看，虾类相对资源密度在30 m以浅的海域较高。相对资源密度在5 kg/h以上的站位有7个，戴氏赤虾、口虾蛄为主要优势种，占春季虾类总相对资源密度的62.53%（图4-26A）。

（2）秋季

2013—2017年秋季，在海州湾共捕获虾类24种，相对资源密度为2.52 kg/h。秋季虾类相对资源密度在10 m等深线附近及以深海域较高。相对资源密度在5 kg/h以上的站位有5个，鹰爪虾、口虾蛄、戴氏赤虾为主要优势种，占秋季虾类总相对资源密度的86.66%（图4-26B）。

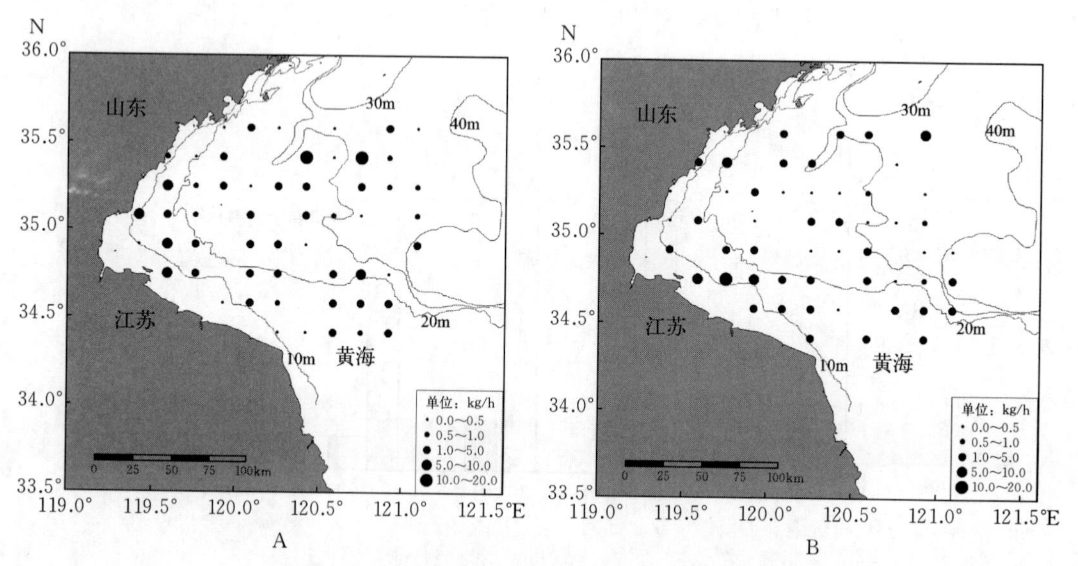

图4-26 海州湾春季和秋季虾类相对资源密度分布

A. 春季 B. 秋季

（三）虾类优势种资源密度的空间变化

1. 戴氏赤虾

（1）春季

① 分布范围。如图4-27A所示，海州湾春季戴氏赤虾分散分布于大部分海域。

② 密集分布区。海州湾春季戴氏赤虾非零值站位的相对资源密度在0.002～10.74 kg/h，平均为1.15 kg/h。相对资源密度较高的站位主要分布在20 m等深线附近的中部海域。

（2）秋季

① 分布范围。如图4-27B所示，海州湾秋季戴氏赤虾分散分布在大部分海域。

② 密集分布区。海州湾秋季戴氏赤虾非零值站位的相对资源密度在0.001～5.99 kg/h，平均为0.72 kg/h。相对资源密度较高的站位主要分布在35.0°N及35.5°N附近的海域。

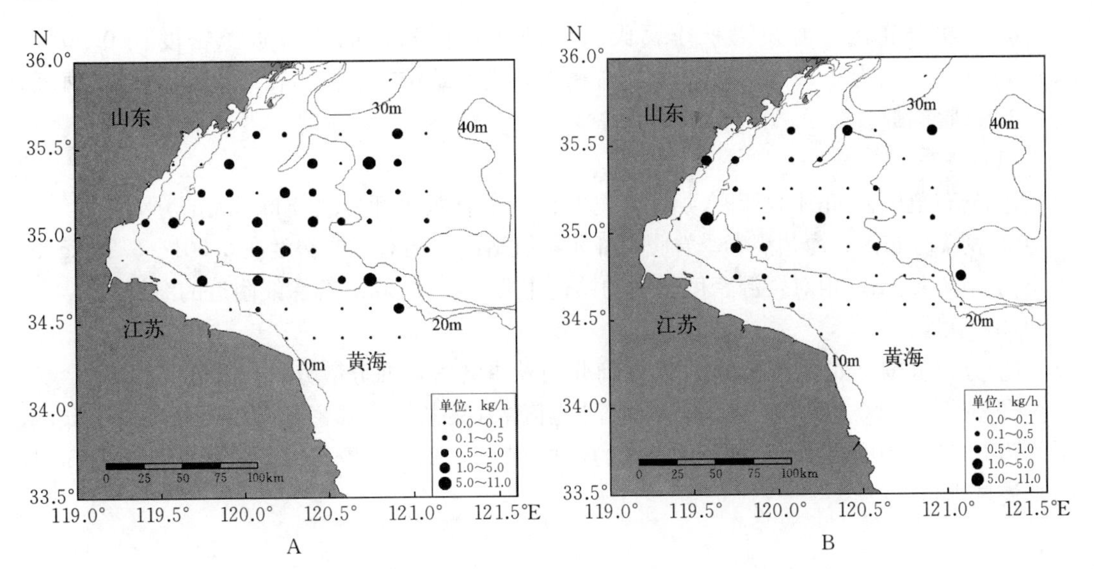

图 4-27　海州湾春季和秋季戴氏赤虾相对资源密度分布

A. 春季　B. 秋季

2. 葛氏长臂虾

（1）春季

① 分布范围。如图 4-28A 所示，海州湾春季葛氏长臂虾分散分布于大部分海域。

② 密集分布区。海州湾春季葛氏长臂虾非零值站位的相对资源密度在 0.004～5.82 kg/h，平均为 0.63 kg/h。相对资源密度较高的站位主要分布在 10 m 以深、34.75°N 以南的海域。

（2）秋季

① 分布范围。如图 4-28B 所示，海州湾秋季葛氏长臂虾分散分布在部分海域。

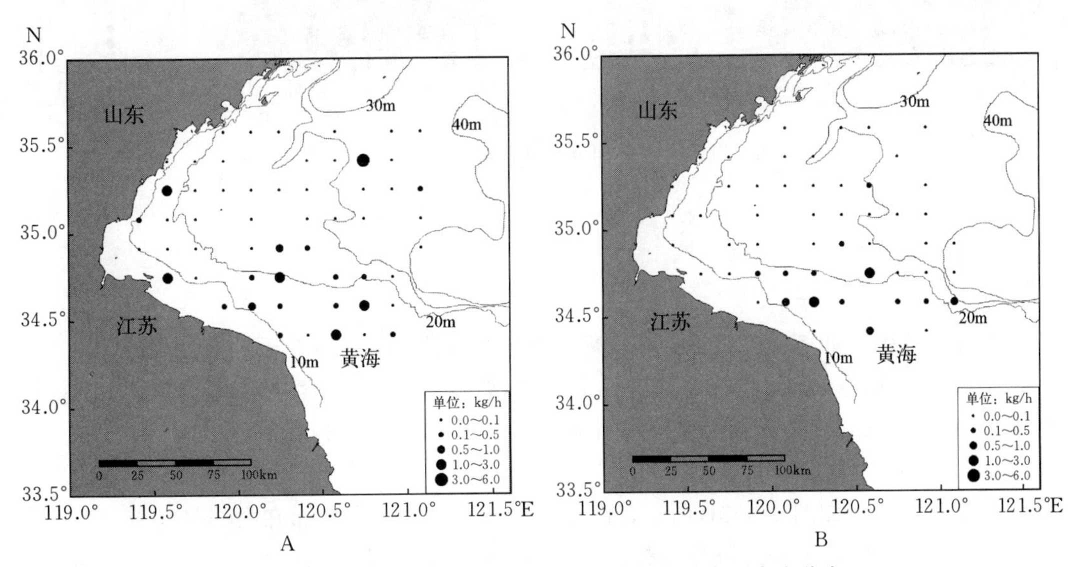

图 4-28　海州湾春季和秋季葛氏长臂虾相对资源密度分布

A. 春季　B. 秋季

② 密集分布区。海州湾秋季葛氏长臂虾非零值站位的相对资源密度在 0.003～1.77 kg/h，平均为 0.32 kg/h。相对资源密度较高的站位主要分布在 34.5°N 附近的海域。

3. 脊腹褐虾

（1）春季

① 分布范围。如图 4－29A 所示，海州湾春季脊腹褐虾分散分布于大部分海域。

② 密集分布区。海州湾春季脊腹褐虾非零值站位的相对资源密度在 0.001～6.26 kg/h，平均为 0.36 kg/h。相对资源密度较高的站位主要分布在 30 m 等深线附近的海域。

（2）秋季

① 分布范围。如图 4－29B 所示，海州湾秋季脊腹褐虾分散分布在部分海域。

② 密集分布区。海州湾秋季脊腹褐虾非零值站位的相对资源密度在 0.000 2～0.61 kg/h，平均为 0.09 kg/h。相对资源密度较高的站位在 121°E、34.75°N 和 120.92°E、35.58°N 附近海域出现。

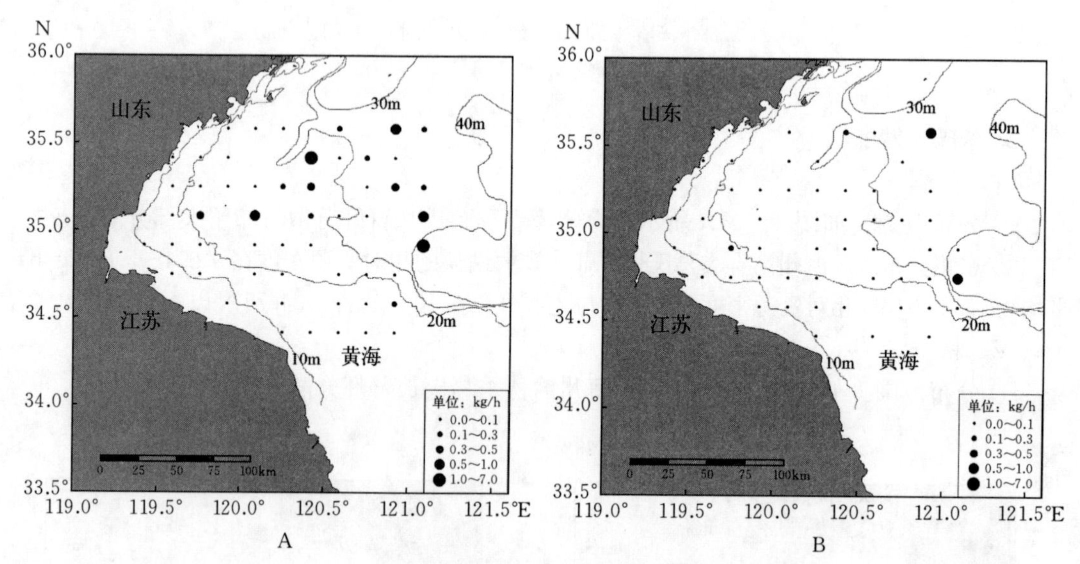

图 4－29　海州湾春季和秋季脊腹褐虾虾相对资源密度分布

A. 春季　B. 秋季

4. 口虾蛄

（1）春季

① 分布范围。如图 4－30A 所示，海州湾春季口虾蛄分散分布于大部分海域。

② 密集分布区。海州湾春季口虾蛄非零值站位的相对资源密度在 0.02～5.25 kg/h，平均为 0.96 kg/h。相对资源密度较高的站位主要分布在 20 m 以浅海域。

（2）秋季

① 分布范围。如图 4－30B 所示，海州湾秋季口虾蛄分散分布在大部分海域。

② 密集分布区。海州湾秋季口虾蛄非零值站位的相对资源密度在 0.004～8.21 kg/h，平均为 1.05 kg/h。相对资源密度较高的站位主要分布在 20 m 以浅海域。

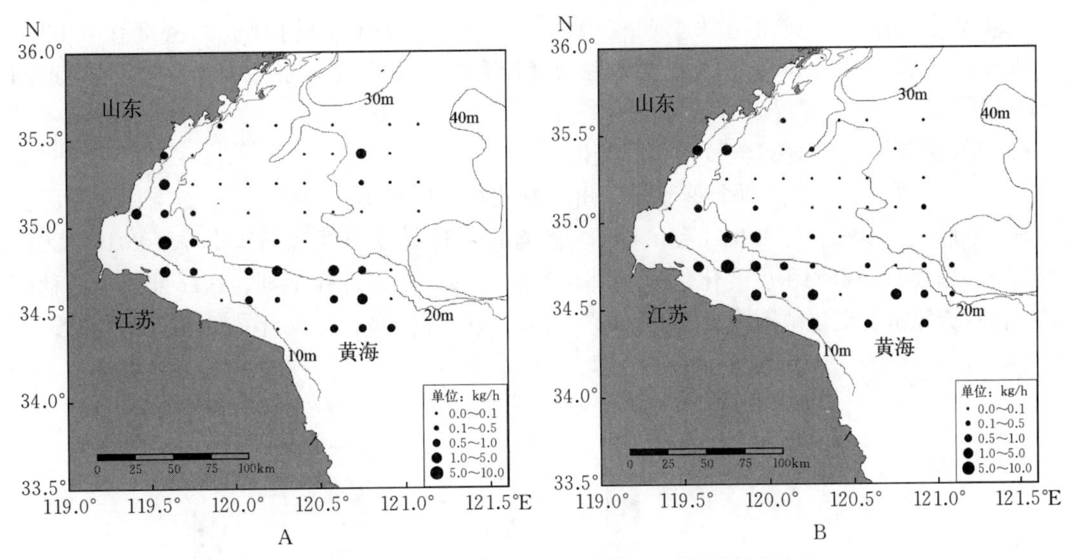

图 4-30　海州湾春季和秋季口虾蛄相对资源密度分布

A. 春季　B. 秋季

5. 鹰爪虾

（1）春季

① 分布范围。如图 4-31A 所示，海州湾春季鹰爪虾分散分布于大部分海域。

② 密集分布区。海州湾春季鹰爪虾非零值站位的相对资源密度在 0.002～2.76 kg/h，平均为 0.27 kg/h。相对资源密度较高的站位主要分布在 20 m 等深线附近的海域。

（2）秋季

① 分布范围。如图 4-31B 所示，海州湾秋季鹰爪虾分散分布在大部分海域。

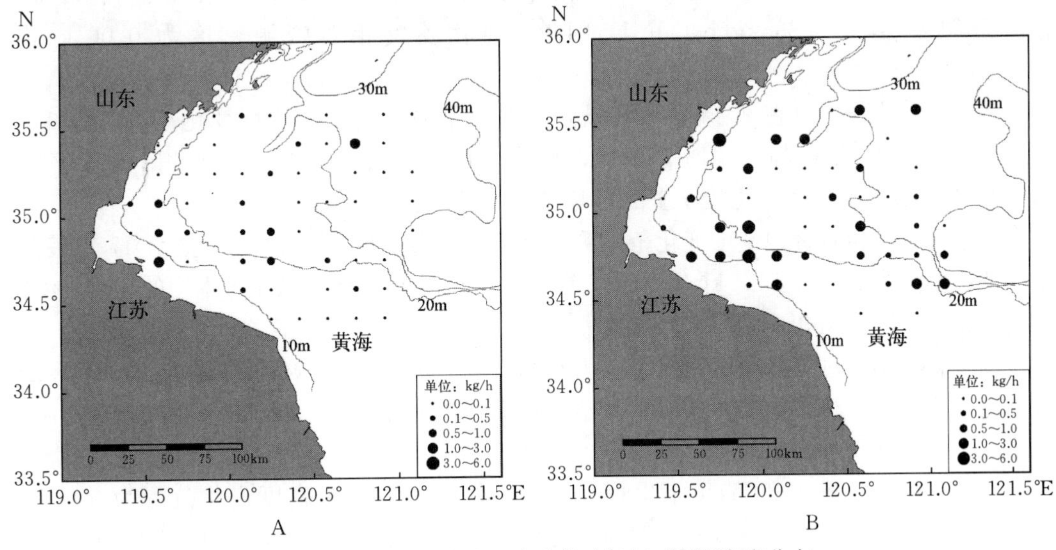

图 4-31　海州湾春季和秋季鹰爪虾相对资源密度分布

A. 春季　B. 秋季

② 密集分布区。海州湾秋季调查中鹰爪虾非零值站位的相对资源密度在 0.02～5.11 kg/h，平均为 0.98 kg/h。相对资源密度较高的站位主要分布在 20 m 等深线附近的海域。

(四) 蟹类资源密度的季节和年间变化

2013—2017 年春、秋两个季节在海州湾海域共发现蟹类 32 种，其中春季相对资源密度为 0.66 kg/h，秋季为 4.01 kg/h。秋季蟹类的相对资源密度远高于春季。2013—2017 年春季，蟹类相对资源密度变化范围为 0.14～1.30 kg/h，2014 年最高，2017 年最低；秋季蟹类相对资源密度变化范围为 2.57～5.17 kg/h，2016 年最高，2013 年最低（图 4-32）。

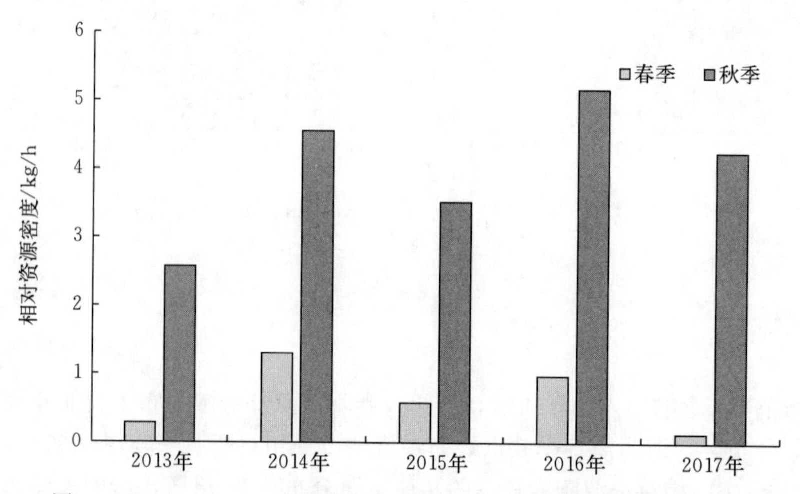

图 4-32 2013—2017 年海州湾蟹类相对资源密度的季节和年间变化

2013—2017 年海州湾春、秋两季蟹类中相对资源密度最高的是三疣梭子蟹，为 1.29 kg/h，占所有蟹类的 55.07%；其次是日本蟳，相对资源密度为 0.60 kg/h，占 25.71%；双斑蟳相对资源密度为 0.26 kg/h，占 11.24%；强壮菱蟹相对资源密度为 0.06 kg/h，占 2.49%。

春季，三疣梭子蟹在 2014 年未出现，其他年份的相对资源密度变化范围为 0.01～1.10 kg/h，2017 年最高，2013 年最低；秋季变化范围为 1.10～4.21 kg/h，2016 年最高，2013 年最低。秋季三疣梭子蟹的相对资源密度高于春季（图 4-33A）。

日本蟳春季相对资源密度变化范围为 0.01～0.40 kg/h，2014 年最高，2017 年最低；秋季变化范围为 0.80～1.21 kg/h，2017 年最高，2016 年最低。秋季日本蟳的相对资源密度高于春季（图 4-33B）。

双斑蟳春季相对资源密度变化范围为 0.08～0.54 kg/h，2014 年最高，2013 年最低；秋季变化范围为 0.09～0.39 kg/h，2017 年最高，2013 年最低。春季双斑蟳的相对资源密度略高于秋季（图 4-33C）。

春季，强壮菱蟹在 2017 年未出现，其他年份的相对资源密度变化范围为 0.001～0.014 kg/h，2016 年最高，2015 年最低；秋季变化范围为 0.02～0.21 kg/h，2017 年最高，2016 年最低。秋季相对资源密度高于春季（图 4-33D）。

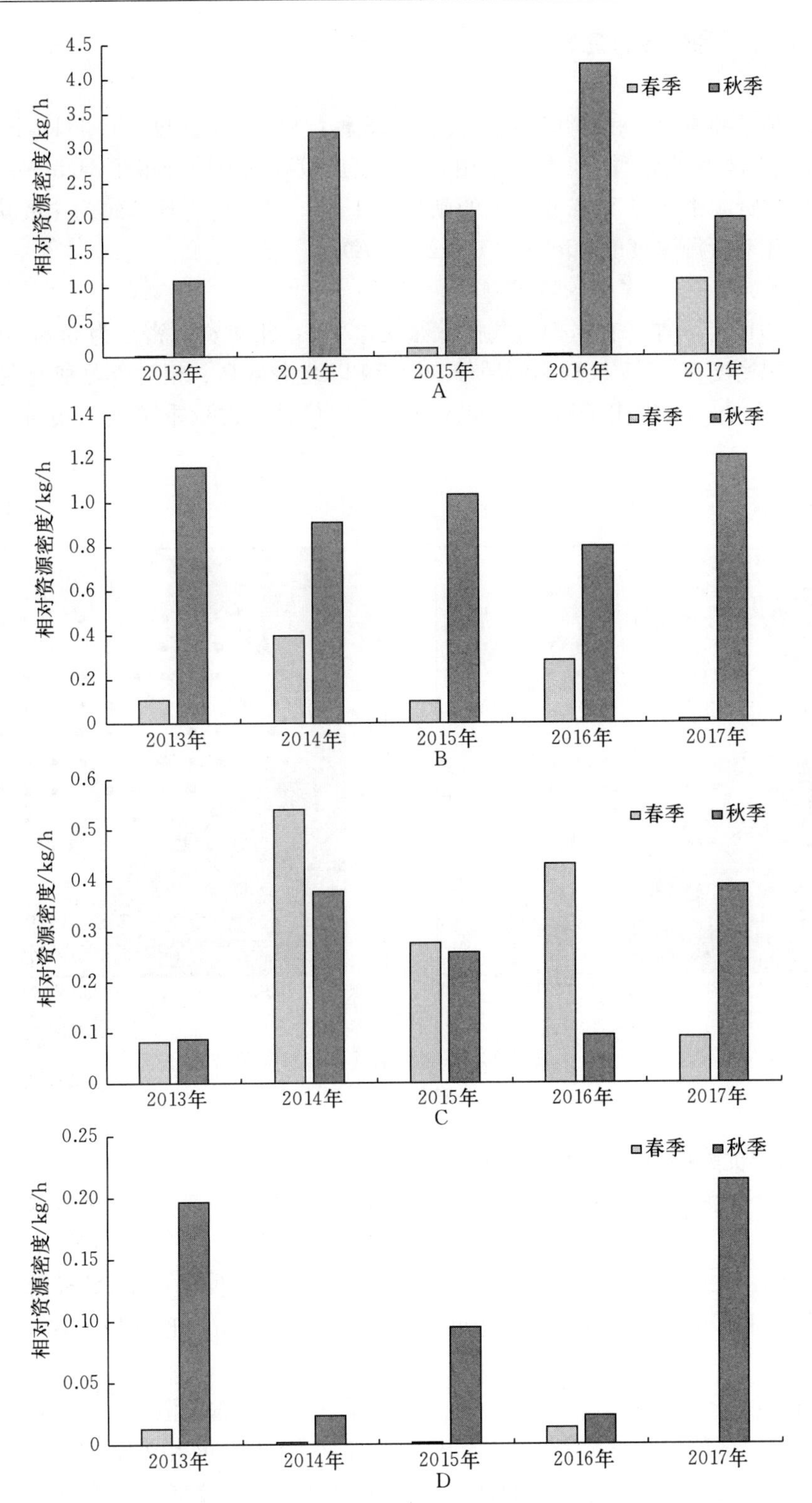

图 4-33　2013—2017 年海州湾优势蟹类相对资源密度的季节和年间变化

A. 三疣梭子蟹　B. 日本蟳　C. 双斑蟳　D. 强壮菱蟹

（五）蟹类资源密度的空间变化

（1）春季

2013—2017年春季，在海州湾共捕获蟹类28种，相对资源密度为0.66 kg/h。密集区分布在121°E、35.5°N附近海域，另一个相对资源密度较高的海域分布在34.5°—35.5°N的近岸海域。相对资源密度在5 kg/h以上的站位有1个，双斑蟳、日本蟳为主要优势种，占春季蟹类总相对资源密度的70.56%（图4-34A）。

（2）秋季

2013—2017年秋季，在海州湾共捕获蟹类27种，相对资源密度为3.85 kg/h。秋季蟹类相对资源密度在35.5°N以南海域较35.5°N以北海域高。相对资源密度在5 kg/h以上的站位有12个，三疣梭子蟹、日本蟳为主要优势种，占秋季蟹类总相对资源密度的88.23%（图4-34B）。

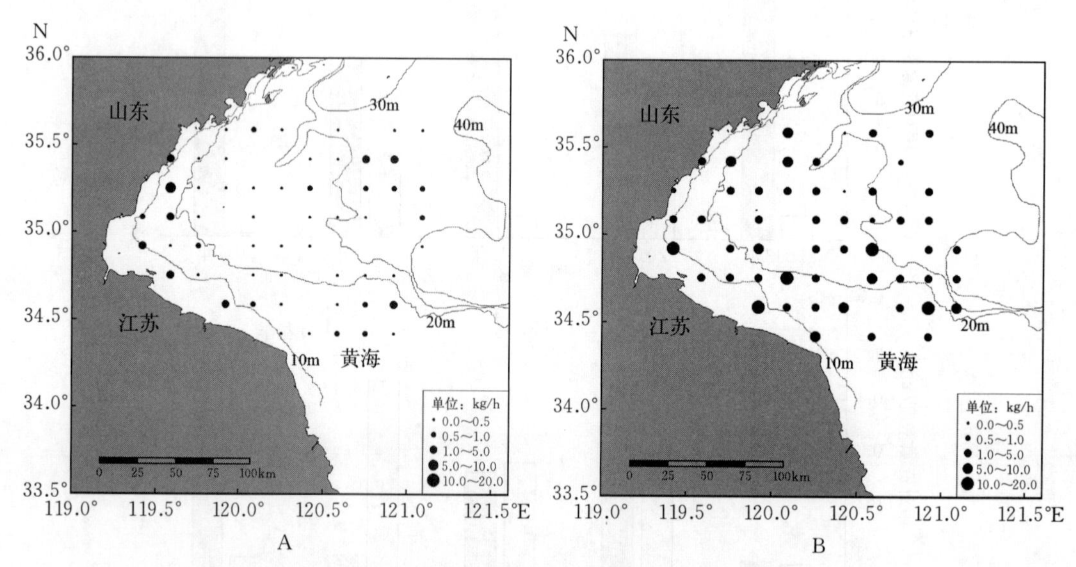

图4-34　海州湾春季和秋季蟹类相对资源密度分布

A. 春季　B. 秋季

（六）蟹类优势种资源密度的空间变化

1. 三疣梭子蟹

（1）春季

分布范围。如图4-35A所示，海州湾春季三疣梭子蟹仅分布于20 m等深线附近及以浅的海域。非零值站位的相对资源密度在0.07～1.16 kg/h，平均为0.40 kg/h。

（2）秋季

① 分布范围。如图4-35B所示，海州湾秋季三疣梭子蟹分散分布在大部分海域。

② 密集分布区。海州湾秋季三疣梭子蟹非零值站位的相对资源密度在0.14～10.45 kg/h，平均为2.62 kg/h。相对资源密度较高的站位主要分布在30 m等深线附近的北部海域。

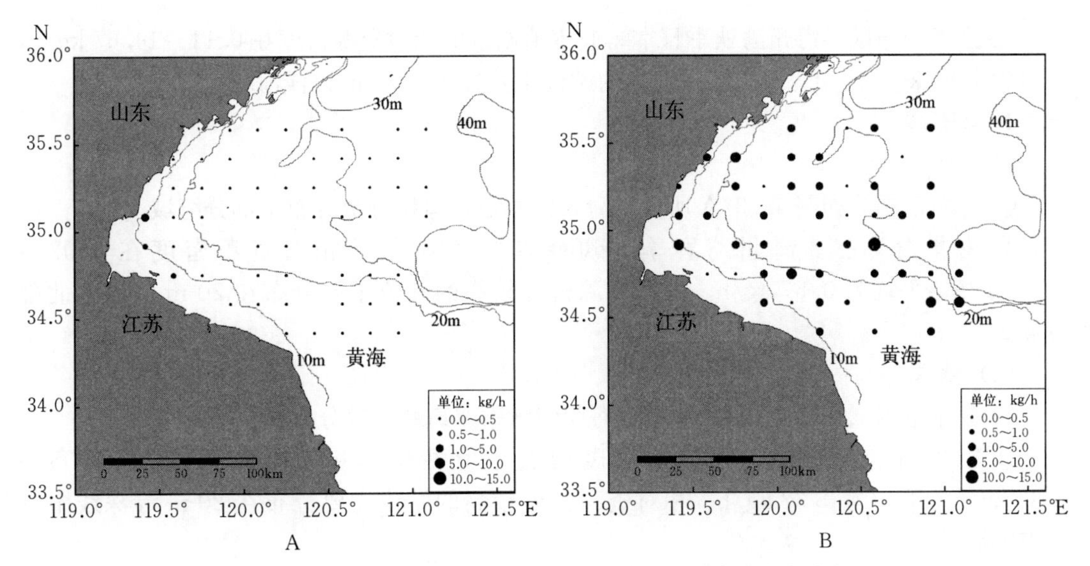

图 4-35　海州湾春季和秋季三疣梭子蟹相对资源密度分布

A. 春季　B. 秋季

2. 日本蟳

（1）春季

① 分布范围。如图 4-36A 所示，海州湾春季日本蟳分散分布于部分海域。

② 密集分布区。海州湾春季日本蟳非零值站位的相对资源密度在 0.02～2.94 kg/h，平均为 0.57 kg/h。相对资源密度较高的站位主要分布在 20 m 以浅海域。

（2）秋季

① 分布范围。如图 4-36B 所示，海州湾秋季日本蟳分散分布在大部分海域。

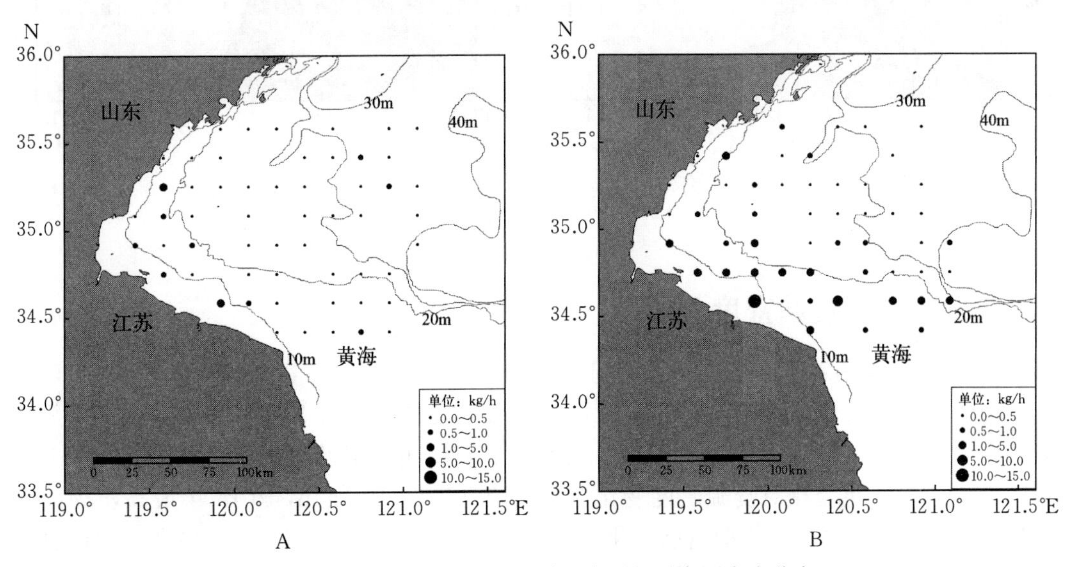

图 4-36　海州湾春季和秋季日本蟳相对资源密度分布

A. 春季　B. 秋季

② 密集分布区。海州湾秋季日本蟳非零值站位的相对资源密度在 0.11～14.67 kg/h，平均为 1.54 kg/h。相对资源密度较高的站位主要分布在 20 m 以浅海域。

3. 双斑蟳

（1）春季

① 分布范围。如图 4-37A 所示，海州湾春季双斑蟳分散分布于部分海域。

② 密集分布区。海州湾春季双斑蟳非零值站位的相对资源密度在 0.02～2.95 kg/h，平均为 0.57 kg/h。相对资源密度较高的站位主要分布在 20 m 以浅的北部海域。

（2）秋季

① 分布范围。如图 4-37B 所示，海州湾秋季双斑蟳分散分布在大部分海域。

② 密集分布区。海州湾秋季双斑蟳非零值站位的相对资源密度在 0.005～3.84 kg/h，平均为 0.32 kg/h。相对资源密度较高的站位主要分布在 20 m 等深线附近的南部海域。

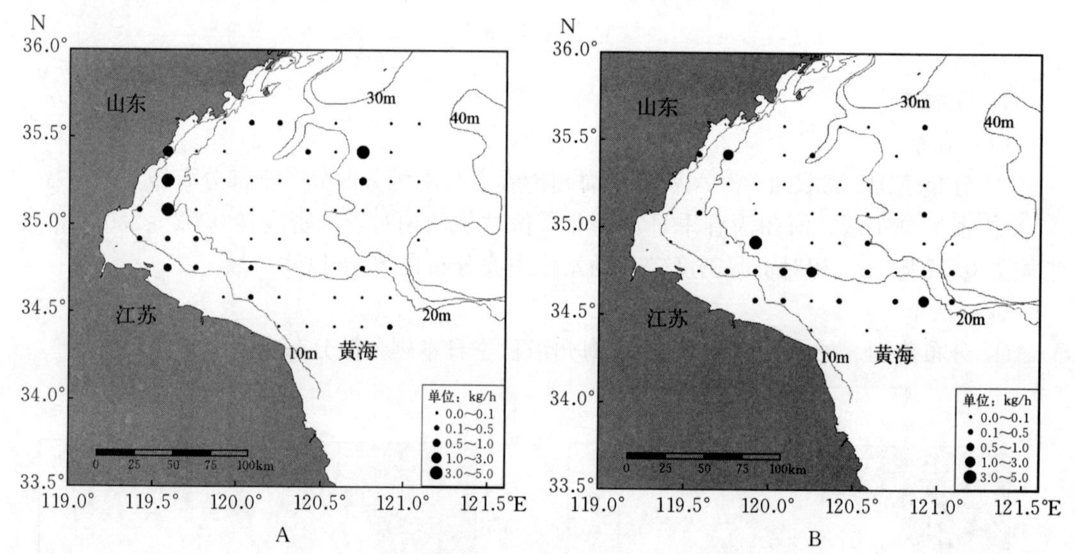

图 4-37 海州湾春季和秋季双斑蟳相对资源密度分布

A. 春季 B. 秋季

四、头足类资源密度分布

（一）头足类资源密度的季节和年间变化

2013—2017 年春、秋两个季节在海州湾海域共发现头足类 7 种，其中春季相对资源密度为 0.81 kg/h，秋季为 5.96 kg/h。秋季头足类的相对资源密度远高于春季。2013—2017 年春季，头足类相对资源密度变化范围为 0.46～1.16 kg/h，2014 年最高，2017 年最低；秋季，头足类相对资源密度变化范围为 3.11～7.71 kg/h，2015 年最高，2017 年最低（图 4-38）。

2013—2017 年海州湾主要优势头足类有枪乌贼、金乌贼和短蛸。其中枪乌贼的相

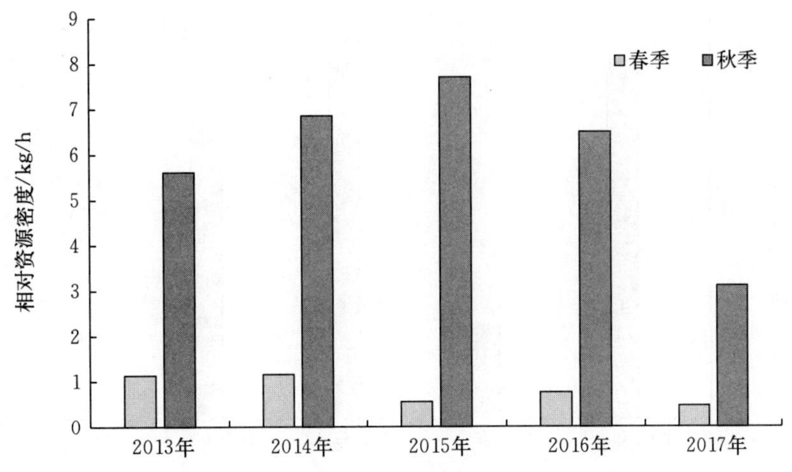

图 4-38　2013—2017 年海州湾头足类相对资源密度的季节和年间变化

对资源密度最高，为 1.54 kg/h，占所有头足类的 45.55%；其次为金乌贼，相对资源密度为 0.83 kg/h，占 24.44%；第三位的是短蛸，相对资源密度为 0.80 kg/h，占 23.62%。

枪乌贼春季相对资源密度变化范围为 0.18～0.39 kg/h，2016 年最高，2015 年最低；秋季变化范围为 1.69～4.10 kg/h，2014 年最高，2016 年最低。各年份秋季枪乌贼的相对资源密度高于春季（图 4-39A）。

金乌贼仅在秋季出现，相对资源密度变化范围为 0.13～2.77 kg/h，2015 年最高，2017 年最低（图 4-39B）。

短蛸春季相对资源密度变化范围为 0.13～0.52 kg/h，2013 年最高，2017 年最低；秋季变化范围为 0.15～2.48 kg/h，2016 年最高，2017 年最低（图 4-39C）。

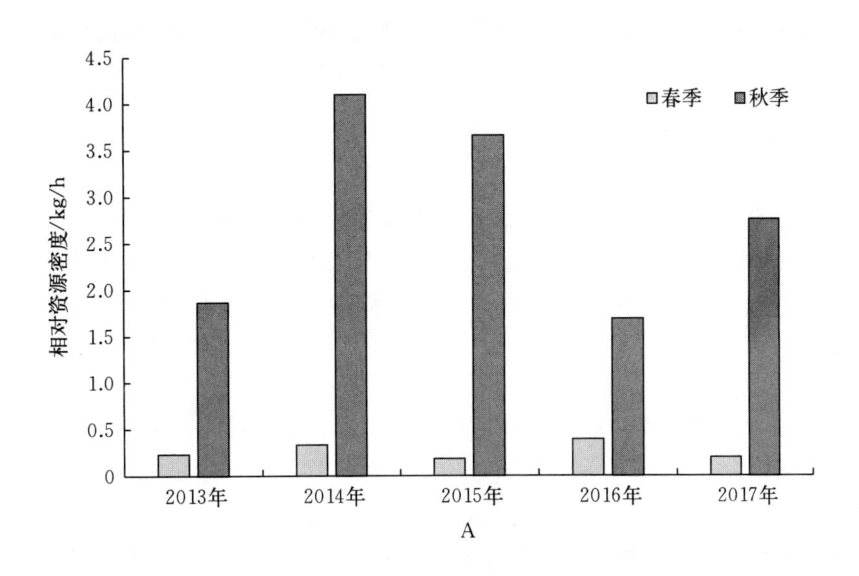

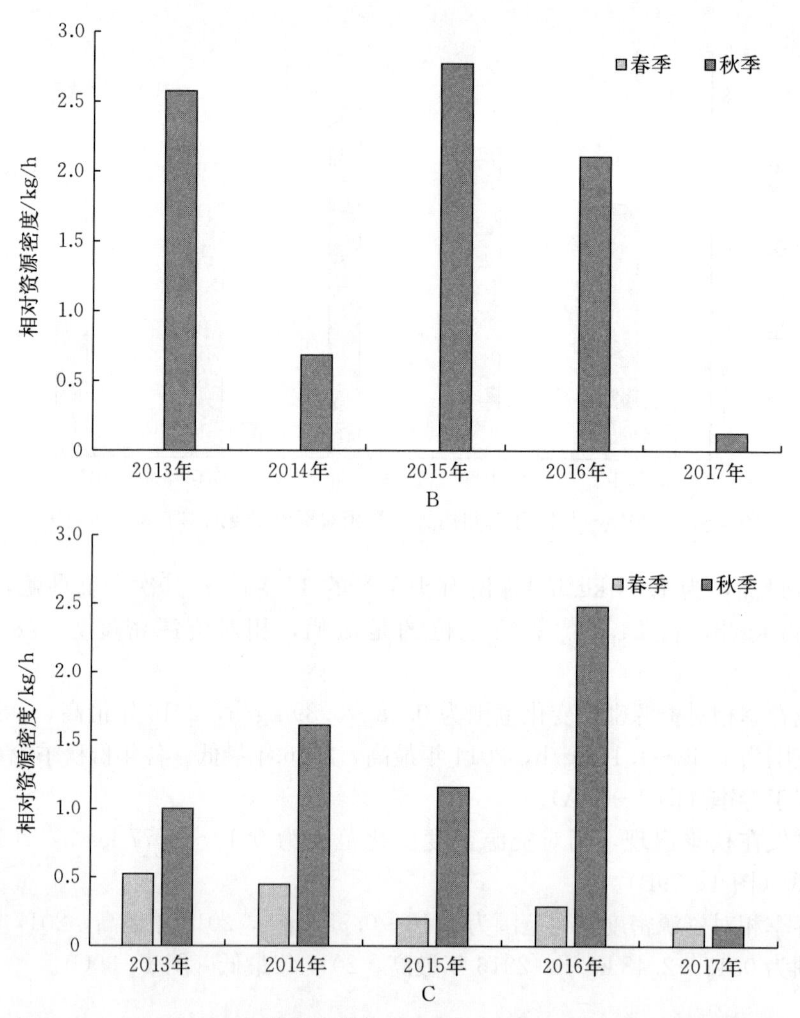

图 4-39 2013—2017 年海州湾优势头足类相对资源密度的季节和年间变化

A. 枪乌贼 B. 金乌贼 C. 短蛸

(二) 头足类资源密度的空间变化

(1) 春季

2013—2017 年春季，在海州湾共捕获头足类 5 种，相对资源密度为 0.81 kg/h。整体上，35.25°N 以北海域相对资源密度较 35.25°N 以南海域高。相对资源密度在 3 kg/h 以上的站位有 2 个，短蛸、枪乌贼、长蛸为主要优势种，占春季头足类总相对资源密度的 87.28%（图 4-40A）。

(2) 秋季

2013—2017 年秋季，在海州湾共捕获头足类 7 种，相对资源密度为 5.95 kg/h。秋季头足类相对资源密度在 30 m 等深线附近较高。另外，在近岸 35°N 以北海域中也存在一个相对资源密度较高的分布区。相对资源密度在 5 kg/h 以上的站位有 12 个，枪乌贼、金乌贼、短蛸为主要优势种，占秋季头足类总相对资源密度的 96.53%（图 4-40B）。

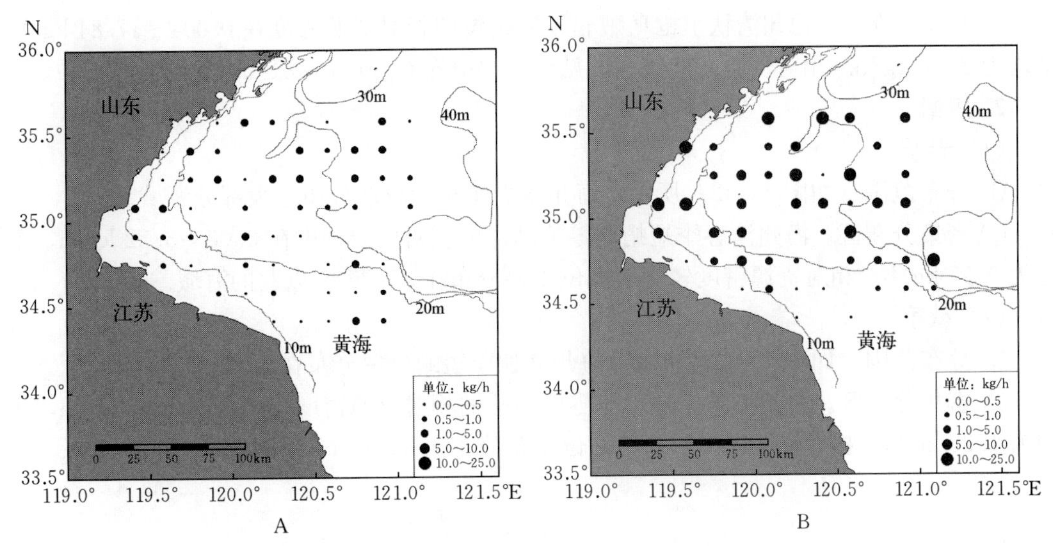

图 4-40　海州湾春季和秋季头足类相对资源密度分布

A. 春季　B. 秋季

(三) 头足类优势种资源密度的空间变化

1. 枪乌贼

(1) 春季

① 分布范围。如图 4-41A 所示，海州湾春季枪乌贼分散分布于大部分海域。

② 密集分布区。海州湾春季枪乌贼非零值站位的相对资源密度在 0.004～2.63 kg/h，平均为 0.38 kg/h。相对资源密度较高的站位主要分布在 30 m 等深线附近的北部海域。

(2) 秋季

① 分布范围。如图 4-41B 所示，海州湾秋季枪乌贼分散分布在大部分海域。

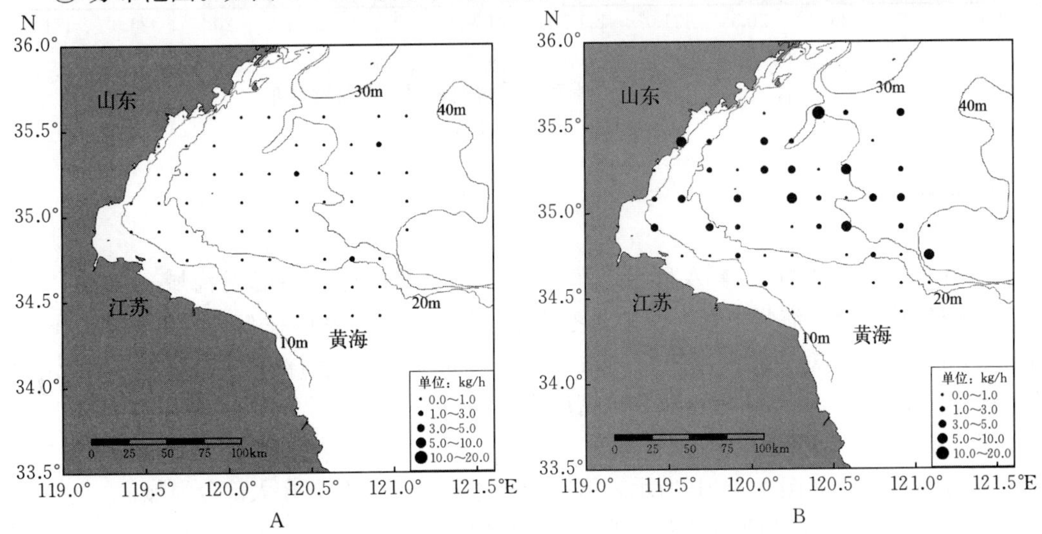

图 4-41　海州湾春季和秋季枪乌贼相对资源密度分布

A. 春季　B. 秋季

② 密集分布区。海州湾秋季枪乌贼非零值站位的相对资源密度在 0.004～17.84 kg/h，平均为 2.52 kg/h。相对资源密度较高的站位主要分布在 30 m 等深线附近的北部海域。

2. 短蛸

（1）春季

① 分布范围。如图 4-42A 所示，海州湾春季短蛸分散分布于大部分海域。

② 密集分布区。海州湾春季短蛸非零值站位的相对资源密度在 0.03～3.32 kg/h，平均为 0.57 kg/h。相对资源密度较高的站位主要分布在 35.25°N 以北的海域。

（2）秋季

① 分布范围。如图 4-42B 所示，海州湾秋季短蛸分散分布在大部分海域。

② 密集分布区。海州湾秋季短蛸非零值站位的相对资源密度在 0.05～5.85 kg/h，平均为 1.38 kg/h。相对资源密度较高的站位主要分布在 34.75°N 以北的海域。

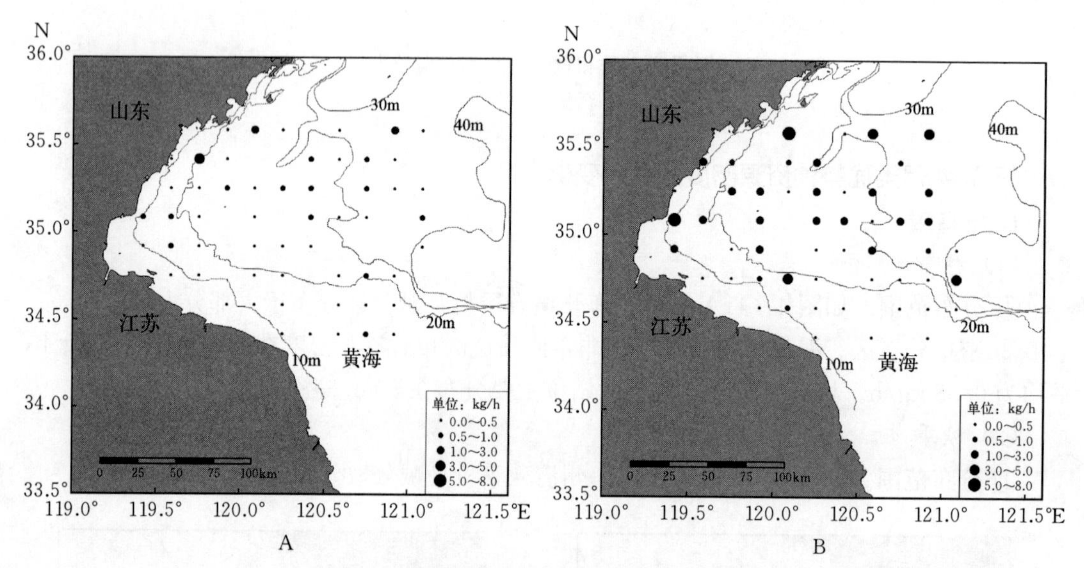

图 4-42　海州湾春季和秋季短蛸相对资源密度分布

A. 春季　B. 秋季

3. 长蛸

（1）春季

① 分布范围。如图 4-43A 所示，海州湾春季长蛸分散分布于部分海域。

② 密集分布区。海州湾春季长蛸非零值站位的相对资源密度在 0.01～3.60 kg/h，平均为 0.56 kg/h。相对资源密度较高的站位主要分布在 10 m 等深线附近的南部海域，另外，35.25°N 附近海域的站位相对资源密度也较高。

（2）秋季

① 分布范围。如图 4-43B 所示，海州湾秋季长蛸分散分布在大部分海域。

② 密集分布区。海州湾秋季长蛸非零值站位的相对资源密度在 0.05～2.34 kg/h，平均为 0.55 kg/h。相对资源密度较高的站位主要分布在 10 m 等深线和 30 m 等深线附近的海域。

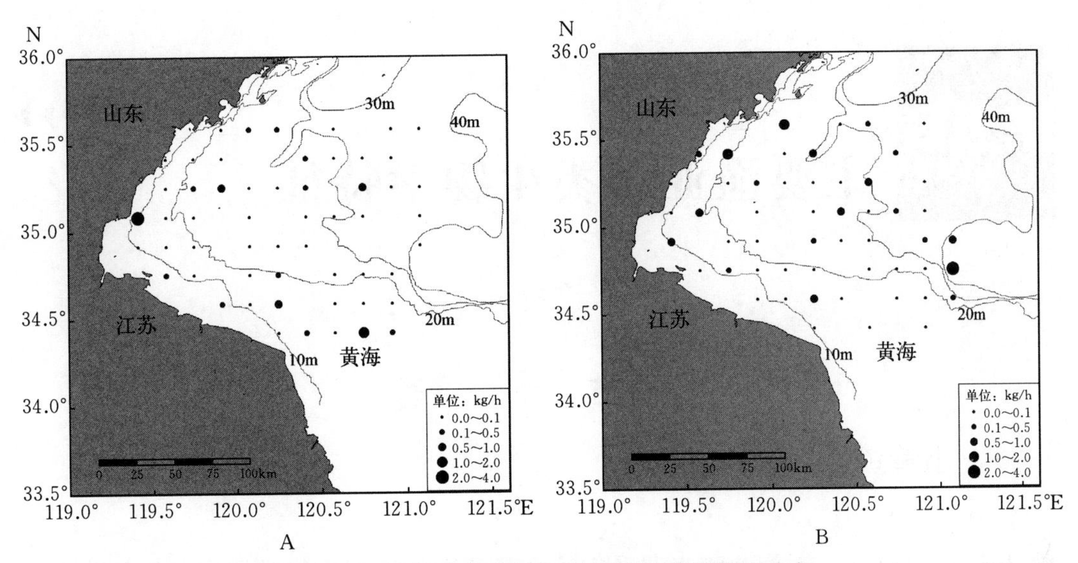

图 4-43　海州湾春季和秋季长蛸相对资源密度分布

A. 春季　B. 秋季

主要渔业种类生物学特征

第一节 鱼 类

一、小黄鱼

1. 体长组成

2013—2017 年，对海州湾海域采集的小黄鱼样品进行生物学测定，体长范围为 57～207 mm，平均体长为 113.84 mm，优势体长为 105～120 mm，占总尾数的 28.67%（图 5－1）。

春季，小黄鱼的体长范围为 70～185 mm，平均体长为 126.03 mm，优势体长为 105～150 mm，占春季总尾数的 71.71%（图 5－1，表 5－1）。

秋季，小黄鱼的体长范围为 57～207 mm，平均体长为 105.21 mm，优势体长为 90～120 mm，占秋季总尾数的 53.17%（图 5－1，表 5－1）。

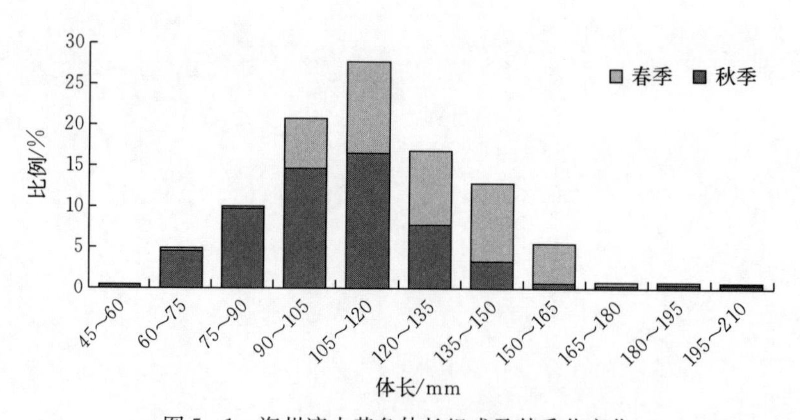

图 5－1 海州湾小黄鱼体长组成及其季节变化

表 5－1 海州湾小黄鱼体长组成及其季节变化

季节	体长范围/mm	平均体长/mm	优势体长/mm	优势体长所占比例/%	样品数量
春季	70～185	126.03	105～150	71.71	357
秋季	57～207	105.21	90～120	53.17	504

2. 体重组成

2013—2017 年小黄鱼的体重范围为 3.05～142.12 g，平均体重为 24.38 g，优势体重为 15～30 g，占总尾数的 42.92%（图 5-2）。

春季，小黄鱼的体重范围为 5.06 ～74.87 g，平均体重为 29.75 g，优势体重为 15～30 g，占春季总尾数的 45.66%（图 5-2，表 5-2）。

秋季，小黄鱼的体重范围为 3.05～142.12 g，平均体重为 20.57 g，优势体重为 0～30 g，占秋季总尾数的 84.72%；其中 0～15 g 体重组占比例最高，为 43.65%（图 5-2，表 5-2）。

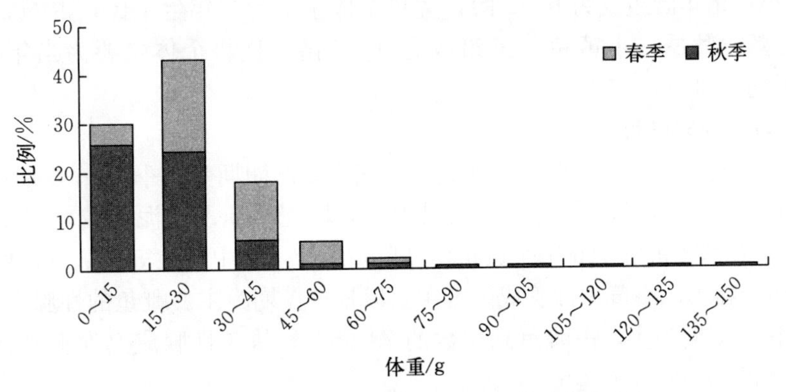

图 5-2　海州湾小黄鱼体重组成及其季节变化

表 5-2　海州湾小黄鱼体重组成及其季节变化

季节	体重范围/g	平均体重/g	优势体重/g	优势体重所占比例/%	样品数量
春季	5.06 ～74.87	29.75	15～30	45.66	357
秋季	3.05～142.12	20.57	0～30	84.72	504

3. 体重-体长关系

海州湾小黄鱼体重与体长的关系如图 5-3 所示。其关系式为：

$$W=2.0\times10^{-5}L^{2.9188}，R^2=0.9456$$

式中：W 为体重（g）；L 为体长（mm）。

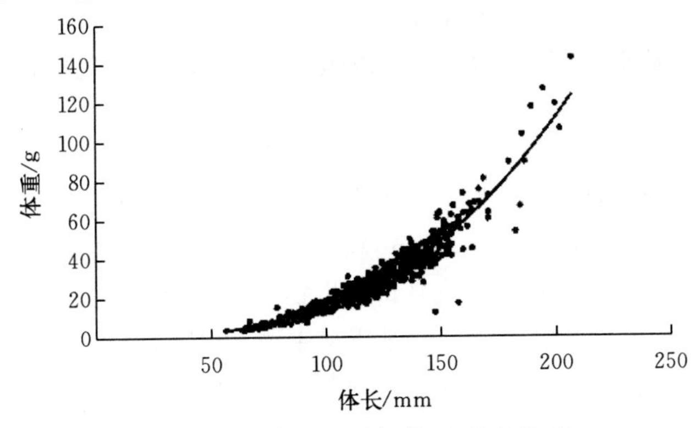

图 5-3　海州湾小黄鱼体重-体长关系

4. 年龄组成

使用电子体长频率分析方法（ELEFAN）获取生长参数后，对861尾小黄鱼个体进行年龄换算。根据估算结果，海州湾小黄鱼平均年龄为0.75龄。以当年生个体为主，占全部个体的79.91%；1龄个体占19.51%；2龄及以上个体仅占0.58%。根据历史资料（水柏年，2003），20世纪80年代前，小黄鱼群体以2龄鱼为主；80年代后，小黄鱼群体以当年生幼鱼和1龄鱼为主，其比例之和超过70%，平均年龄为1.40～1.90龄。由此可见海州湾小黄鱼低龄化现象明显。

春季，小黄鱼年龄组成为0～2龄，优势个体主要为当年生个体，占65.24%，平均年龄为0.91龄；秋季，小黄鱼年龄组成为0～2龄，优势个体主要为当年生个体，占91.07%，平均年龄为0.65龄。

5. 性比与性腺成熟度

海州湾海域是小黄鱼的主要产卵场之一，其主要产卵期为春季（4—5月），产卵场一般分布于河口或受入海径流影响较大的沿海区，以泥沙质、沙泥质或软泥质底质为主。2013—2017年春季随机取186尾小黄鱼样品鉴别雌雄，其中雌性86尾、雄性100尾，性比为1∶1.16。春季，小黄鱼性腺成熟度主要以Ⅲ～Ⅳ期为主。雌鱼的性腺发育程度稍高于雄鱼，以Ⅳ～Ⅴ期为主，占雌鱼总尾数的73.25%；雄鱼性腺成熟度主要为Ⅱ～Ⅲ期，占雄鱼总尾数的83.00%（表5-3）。

表5-3 海州湾春季小黄鱼性腺成熟度及所占比例

性腺成熟度	样品数	雌性		雄性	
		样品数	所占比例/%	样品数	所占比例/%
Ⅱ	47	4	4.65	43	43.00
Ⅲ	58	18	20.93	40	40.00
Ⅳ	52	40	46.51	12	12.00
Ⅴ	28	23	26.74	5	5.00
Ⅵ	1	1	1.16	0	0.00

6. 摄食习性

共分析2013—2016年194尾小黄鱼胃含物样品，其中春季49尾，空胃22尾，空胃率为44.90%；秋季145尾，空胃16尾，空胃率为11.03%。小黄鱼胃饱满指数如图5-4所示，秋季胃饱满指数整体高于春季，其原因可能是春季小黄鱼处于产卵期，在繁殖期间会减少摄食。

通过计算饵料生物的质量百分比（*W*%）、个数百分比（*N*%）、出现频率（*F*%）和相对重要性指数百分比（*IRI*%）来评价饵料生物的重要性，计算公式如下：

质量百分比（*W*%）=某饵料生物质量/饵料生物总质量

个数百分比（*N*%）=某饵料生物个数/饵料生物总个数

出现频率百分比（*F*%）=某饵料生物出现次数/非空胃尾数

$$IRI=F\%\times(N\%+W\%)$$

$$IRI\%=IRI/(\sum IRI)$$

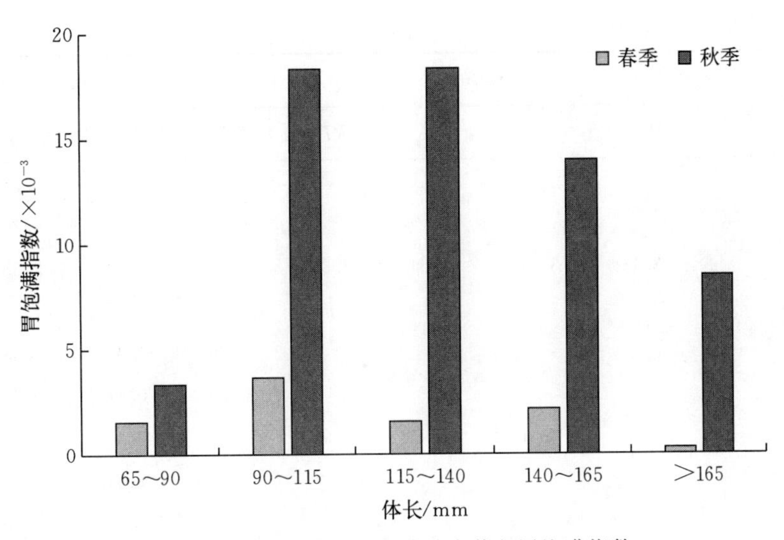

图 5-4　海州湾春季和秋季小黄鱼胃饱满指数

根据胃含物分析结果，海州湾海域小黄鱼共摄食 27 种饵料生物，鱼类和虾类为其主要的饵料类群。春季，小黄鱼主要摄食哲水蚤、糠虾和赤鼻棱鳀，相对重要性指数百分比（*IRI*%）分别为 26.54%、14.69%和 13.52%；秋季，小黄鱼主要摄食鳀和糠虾，相对重要性指数百分比（*IRI*%）分别为 53.79%和 16.19%（表 5-4）。

表 5-4　海州湾春季和秋季小黄鱼的食物组成

单位：%

物种	春季				秋季			
	W%	*N*%	*F*%	*IRI*%	*W*%	*N*%	*F*%	*IRI*%
鱼类	52.36	2.12	4.55	13.52	58.22	18.93	40.31	57.20
鳀					46.86	12.50	28.68	53.79
赤鼻棱鳀	52.36	2.12	4.55	13.52	2.01	2.53	4.65	0.89
六丝钝尾虾虎鱼					8.77	2.53	5.43	2.15
棱鳀属*					0.58	1.36	1.55	0.38
蟹类					0.38	0.77	0.78	0.33
绒毛细足蟹					0.38	0.77	0.78	0.33
虾类	32.72	16.93	36.36	38.40	33.09	32.56	52.71	18.36
疣背宽额虾	6.23	2.51	4.55	7.08	0.66	1.07	1.55	0.37
海蜇虾	7.54	2.91	4.55	7.32				
戴氏赤虾	10.08	5.69	9.09	9.64	3.21	1.65	2.33	0.63
细螯虾					3.49	7.81	13.18	4.75
鲜明鼓虾					0.70	1.07	0.78	0.35
鹰爪虾					6.27	6.35	10.08	4.13

（续）

物种	春季				秋季			
	W%	*N*%	*F*%	*IRI*%	*W*%	*N*%	*F*%	*IRI*%
日本鼓虾					8.27	3.41	6.98	2.75
对虾属					6.70	4.88	9.30	3.53
中国毛虾	3.43	3.31	13.64	7.39	0.45	2.53	2.33	0.49
长臂虾科					0.85	1.07	1.55	0.38
鼓虾属					1.36	1.95	3.88	0.64
七腕虾科					0.89	0.77	0.78	0.34
毛虾属	5.45	2.51	4.55	6.97				
头足类					3.79	1.84	2.33	0.83
枪乌贼属					3.01	1.07	1.55	0.49
短蛸					0.78	0.77	0.78	0.34
双壳类					0.25	1.65	0.78	0.35
小荚蛏					0.25	1.65	0.78	0.35
蛇尾类					2.12	0.77	0.78	0.38
金氏真蛇尾					2.12	0.77	0.78	0.38
桡足类	6.13	69.58	9.09	26.54	0.55	15.62	11.63	5.12
哲水蚤	6.13	69.58	9.09	26.54	0.30	14.26	10.08	4.76
猛水蚤					0.25	1.36	1.55	0.36
糠虾类	5.43	8.86	27.27	14.69	0.75	22.18	22.48	16.19
糠虾科	5.43	8.86	27.27	14.69	0.75	22.18	22.48	16.19
多毛类					0.48	1.36	2.33	0.40
沙蚕科					0.48	1.36	2.33	0.40
端足类	3.36	2.51	9.09	6.85	0.60	4.29	3.88	0.83
钩虾科	3.36	2.51	9.09	6.85	0.60	4.29	3.88	0.83

* 根据胃含物分析的原则，尽量鉴定到最低的分类阶元，无法鉴定到种的写到属、科等大类。以下同类情况不再一一注释说明。

二、大泷六线鱼

1. 体长组成

2013—2017 年，对海州湾海域 1 035 尾大泷六线鱼进行生物学测定，体长范围为 31～235 mm，平均体长为 74.92 mm，优势体长为 50～70 mm，占总尾数的 70.08%（图 5-5）。

春季，大泷六线鱼的体长范围为 31～192 mm，平均体长为 66.63 mm，优势体长为 50～70 mm，占春季总尾数的 79.41%，体长分布相对集中（图 5-5，表 5-5）。

秋季，大泷六线鱼的体长范围为 95～235 mm，平均体长为 136.82 mm，优势体长为 130～150 mm，占秋季总尾数的 53.28%（图 5-5，表 5-5）。

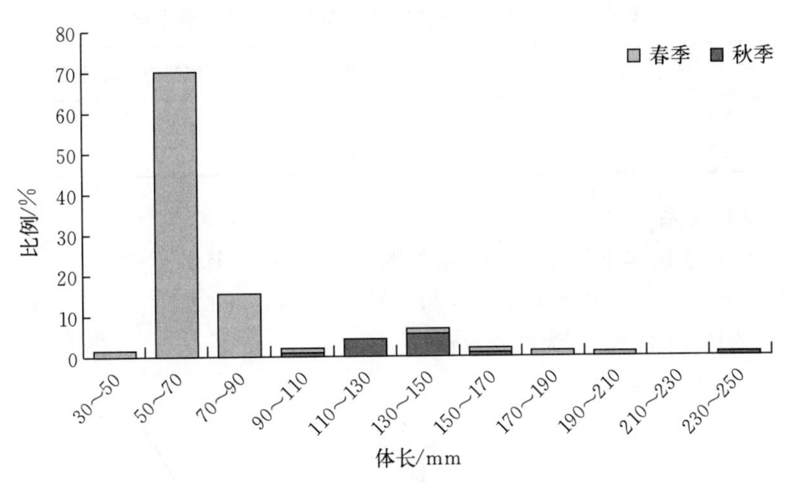

图 5-5　海州湾大泷六线鱼体长组成及其季节变化

表 5-5　海州湾大泷六线鱼体长组成及其季节变化

季节	体长范围/mm	平均体长/mm	优势体长/mm	优势体长所占比例/%	样品数量
春季	31~192	66.63	50~70	79.41	913
秋季	95~235	136.82	130~150	53.28	122

2. 体重组成

2013—2017 年大泷六线鱼的体重范围为 0.35~270.89 g，平均体重为 11.47 g，优势体重为 0~30 g，占总尾数的 86.24%（图 5-6）。

春季，大泷六线鱼的体重范围为 0.35 ~141.07 g，平均体重为 6.03 g，优势体重为 0~30 g，占春季总尾数的 97.81%，大个体较少（图 5-6，表 5-6）。

秋季，大泷六线鱼的体重范围为 16.33~270.89 g，平均体重为 52.20 g，优势体重为 30~60 g，占秋季总尾数的 67.21%（图 5-6，表 5-6）。

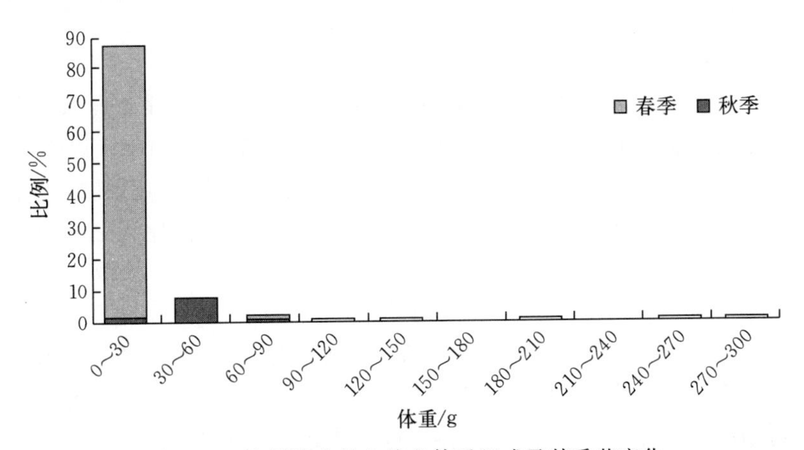

图 5-6　海州湾大泷六线鱼体重组成及其季节变化

表 5-6 海州湾大泷六线鱼体重组成及其季节变化

季节	体重范围/g	平均体重/g	优势体重/g	优势体重所占比例/%	样品数量
春季	0.35～141.07	6.03	0～30	97.81	913
秋季	16.33～270.89	52.20	30～60	67.21	122

3. 体重-体长关系

海州湾大泷六线鱼体重与体长的关系如图 5-7 所示。其关系式为：

$$W=4.0\times10^{-6}L^{3.3086},\ R^2=0.9697$$

式中：W 为体重（g）；L 为体长（mm）。

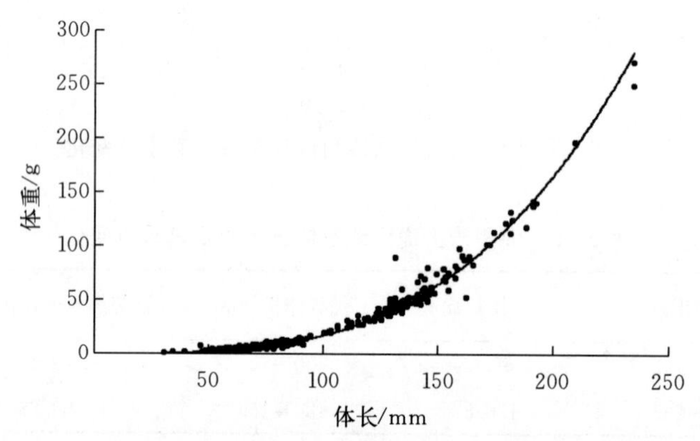

图 5-7 海州湾大泷六线鱼体重-体长关系

4. 年龄组成

使用电子体长频率分析方法（ELEFAN）获取生长参数后，对 1 031 尾大泷六线鱼个体进行年龄换算。海州湾大泷六线鱼平均年龄为 0.56 龄。以当年生幼鱼为主，占全部个体的 86.42%；1 龄鱼占 9.89%；2 龄及以上鱼占 3.69%。

春季，大泷六线鱼年龄组成为 0～4 龄，主要以当年生幼鱼为主，占 97.25%，平均年龄为 0.40 龄；秋季，大泷六线鱼年龄组成为 0～4 龄，主要为 1 龄鱼，占 76.23%，平均年龄为 1.75 龄。

5. 性比与性腺成熟度

大泷六线鱼喜生活在深水岩礁区，在繁殖季节，雄性大泷六线鱼会划定生殖领域，一般利用海草、固着底栖生物（如苔藓）、珊瑚丛、礁石等作为产卵基，以吸引众多雌鱼来此产卵（段妍，2015）。2013—2017 年，随机取大泷六线鱼样品鉴别雌雄，春季个体均未开始性腺发育，秋季个体中共鉴定出雌性 21 尾、雄性 8 尾，性比为 2.63∶1。秋季大泷六线鱼性腺成熟度较低，主要以Ⅱ期为主（表 5-7）。

6. 摄食习性

共分析 2013—2016 年 531 尾大泷六线鱼胃含物样品，其中春季 440 尾，空胃 8 尾，空胃率 1.82%；秋季 91 尾，空胃 4 尾，空胃率 4.40%。大泷六线鱼胃饱满指数如图 5-8 所示，春季胃饱满指数整体高于秋季。春、秋季胃饱满指数均随体长的增加先升高后降低，在 65～70 mm 体长组达到最大值。

表 5-7　海州湾秋季大泷六线鱼性腺成熟度及所占比例

性腺成熟度	样品数	雌性		雄性	
		样品数	所占比例/%	样品数	所占比例/%
Ⅱ	21	16	76.19	5	62.50
Ⅲ	6	4	19.05	2	25.00
Ⅳ	2	1	4.76	1	12.50

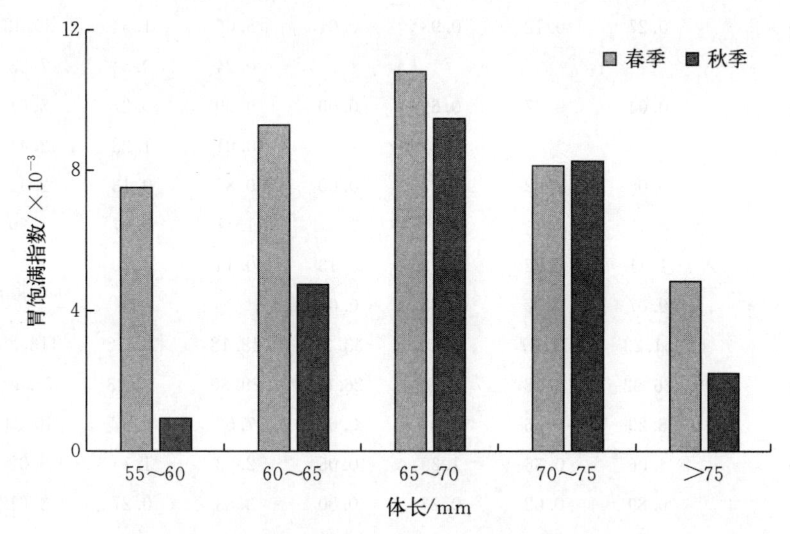

图 5-8　海州湾春季和秋季大泷六线鱼的胃饱满指数

根据胃含物分析结果，海州湾海域大泷六线鱼共摄食 64 种饵料，虾类、多毛类和端足类为其主要的饵料类群。春季，大泷六线鱼主要摄食钩虾、疣背宽额虾和沙蚕，相对重要性指数百分比（*IRI*%）分别为 32.47%、26.62%和 20.37%；秋季主要摄食疣背宽额虾、沙蚕和钩虾，相对重要性指数百分比（*IRI*%）分别为 53.65%、17.38%和 14.23%（表 5-8）。

表 5-8　海州湾春季和秋季大泷六线鱼的食物组成

单位：%

物种	春季				秋季			
	W%	*N*%	*F*%	*IRI*%	*W*%	*N*%	*F*%	*IRI*%
鱼类	7.89	23.22	5.09	1.91	17.57	4.69	31.33	5.01
海马	0.01	0.02	0.23	0.00	11.11	4.09	20.48	4.76
细条天竺鲷					3.16	0.13	2.41	0.12
六丝钝尾虾虎鱼	0.01	0.02	0.23	0.00	2.49	0.13	2.41	0.10
鲻属					0.14	0.20	3.61	0.02
普氏栉虾虎鱼	1.61	0.05	0.46	0.02	0.64	0.07	1.20	0.01
虾虎鱼科	0.01	0.02	0.23	0.00	0.03	0.07	1.20	0.00

(续)

物种	春季				秋季			
	W%	N%	F%	IRI%	W%	N%	F%	IRI%
矛尾虾虎鱼	1.39	0.02	0.23	0.01				
玉筋鱼	4.61	0.02	0.23	0.02				
不可辨认鱼类	0.25	23.05	3.47	1.86				
蟹类	1.56	1.16	4.86	0.14	8.43	4.02	38.55	1.76
小型毛刺蟹	0.27	0.12	0.93	0.01	5.06	1.54	20.48	1.49
豆形拳蟹					0.24	0.54	7.23	0.09
有疣英雄蟹	0.04	0.07	0.69	0.00	0.99	0.27	3.61	0.07
矶蟹					0.01	1.28	2.41	0.05
双斑蟳	0.08	0.02	0.23	0.00	0.87	0.13	2.41	0.04
贪精武蟹					1.11	0.07	1.20	0.02
毛额尖额蟹	1.11	0.92	2.78	0.13	0.14	0.20	1.20	0.01
寄居蟹	0.07	0.02	0.23	0.00				
虾类	61.23	12.57	59.03	33.29	48.18	22.32	113.25	56.03
疣背宽额虾	26.92	6.28	34.95	26.62	29.30	18.43	73.49	53.65
戴氏赤虾	8.29	0.36	3.01	0.60	7.59	0.87	10.84	1.40
中华安乐虾	1.06	0.36	1.39	0.05	2.73	1.14	6.02	0.36
鲜明鼓虾	0.89	0.02	0.23	0.00	3.83	0.27	3.61	0.23
长足七腕虾	17.07	4.65	11.57	5.77	1.75	0.67	4.82	0.18
葛氏长臂虾	1.19	0.09	0.93	0.03	1.33	0.47	6.02	0.17
日本鼓虾					0.38	0.13	2.41	0.02
脊腹褐虾	2.43	0.28	2.78	0.17	0.74	0.07	1.20	0.01
鼓虾属					0.17	0.07	1.20	0.00
细螯虾	0.74	0.12	1.16	0.02	0.16	0.07	1.20	0.00
长臂虾科	0.58	0.19	1.16	0.02	0.13	0.07	1.20	0.00
对虾科					0.08	0.07	1.20	0.00
蝼蛄虾	1.37	0.02	0.23	0.01				
鹰爪虾	0.27	0.02	0.23	0.00				
中国毛虾	0.17	0.07	0.46	0.00				
海蜇虾	0.24	0.05	0.46	0.00				
头足类	2.45	0.21	1.85	0.05	1.52	0.13	2.41	0.03
双喙耳乌贼	2.38	0.12	0.93	0.05	1.39	0.07	1.20	0.03
枪乌贼属	0.01	0.02	0.23	0.00				
不可辨认头足类	0.03	0.05	0.46	0.00	0.14	0.07	1.20	0.00
双壳类	0.09	0.62	5.56	0.03	0.02	0.34	2.41	0.01
东方缝栖蛤	0.04	0.26	2.31	0.02	0.02	0.34	2.41	0.01
薄片镜蛤	0.01	0.28	2.55	0.02				

（续）

物种	春季				秋季			
	W%	N%	F%	IRI%	W%	N%	F%	IRI%
江户布目蛤	0.02	0.02	0.23	0.00				
牡蛎	0.02	0.02	0.23	0.00				
蛇尾类	1.44	1.45	14.12	0.42	0.04	0.20	3.61	0.01
紫蛇尾	0.15	0.12	1.16	0.01	0.04	0.20	3.61	0.01
马氏刺蛇尾	0.47	0.45	4.40	0.09				
司氏盖蛇尾	0.81	0.85	8.33	0.32				
不可辨认蛇尾	0.01	0.02	0.23	0.00				
桡足类	0.46	20.39	23.15	8.72				
哲水蚤	0.44	19.68	18.75	8.65				
不可辨认桡足类	0.01	0.66	3.94	0.06				
磷虾类	0.03	0.19	0.93	0.00	0.01	0.20	3.61	0.01
太平洋磷虾	0.03	0.19	0.93	0.00	0.01	0.20	3.61	0.01
糠虾类	3.47	2.25	9.49	1.24				
糠虾科	3.47	2.25	9.49	1.24				
腹足类					1.17	0.07	1.20	0.02
经氏壳蛞蝓					1.17	0.07	1.20	0.02
多毛类	14.76	5.55	51.85	20.44	16.93	5.90	74.70	17.70
沙蚕科	14.16	4.93	46.53	20.37	13.40	5.09	61.45	17.38
孟加拉海扇虫					2.52	0.07	1.20	0.05
双栉虫科	0.09	0.09	0.93	0.00	0.08	0.07	1.20	0.00
角吻沙蚕	0.12	0.02	0.23	0.00				
智利巢沙蚕	0.24	0.02	0.23	0.00				
不可辨认多毛类	0.15	0.47	3.94	0.06	0.92	0.67	10.84	0.26
端足类	5.91	24.47	74.54	33.24	4.35	36.19	67.47	18.06
细长脚䗛	0.26	0.40	2.31	0.04	0.04	0.40	2.41	0.02
钩虾科	4.96	20.20	56.25	32.47	2.57	19.50	42.17	14.23
双眼钩虾	0.41	2.40	9.26	0.60	1.31	13.14	16.87	3.73
麦秆虫	0.13	0.40	3.24	0.04	0.43	2.88	1.20	0.06
独眼钩虾	0.15	1.07	3.47	0.10	0.01	0.27	4.82	0.02
等足类	0.22	0.38	2.78	0.02	1.28	0.87	9.64	0.32
日本浪漂水虱	0.04	0.12	0.69	0.00	1.28	0.87	9.64	0.32
平尾棒鞭水虱	0.18	0.26	2.08	0.02				
藻类	0.35	0.81	7.87	0.21	0.31	0.54	9.64	0.13
海藻	0.35	0.81	7.87	0.21	0.31	0.54	9.64	0.13
其他	0.14	6.52	1.85	0.28	0.18	23.93	2.41	0.89
鱼卵	0.14	6.52	1.85	0.28	0.18	23.93	2.41	0.89

三、小眼绿鳍鱼

1. 体长组成

小眼绿鳍鱼为长距离洄游性鱼类，仅秋季出现在海州湾海域。2013—2017 年秋季，对海州湾海域 791 尾小眼绿鳍鱼样品进行生物学测定，体长范围为 99～270 mm，平均体长为 152.03 mm，优势体长为 150～170 mm，占总尾数的 35.69%（图 5-9）。

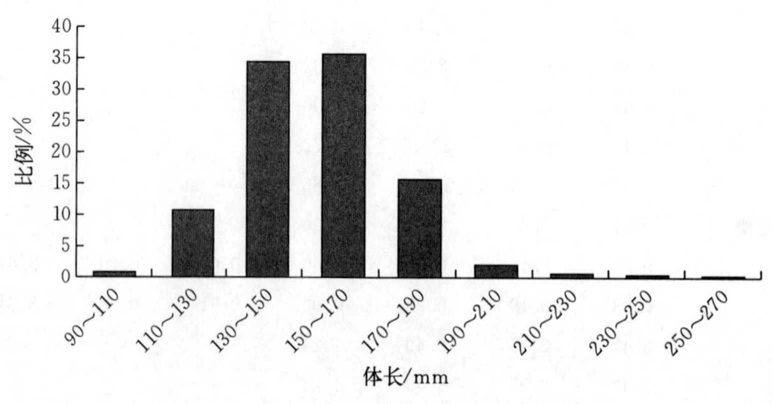

图 5-9　海州湾秋季小眼绿鳍鱼的体长组成

2. 体重组成

2013—2017 年秋季，海州湾小眼绿鳍鱼的体重范围为 14.71～400.93 g，平均体重为 66.42 g，优势体重为 50～90 g，占总尾数的 52.84%（图 5-10）。

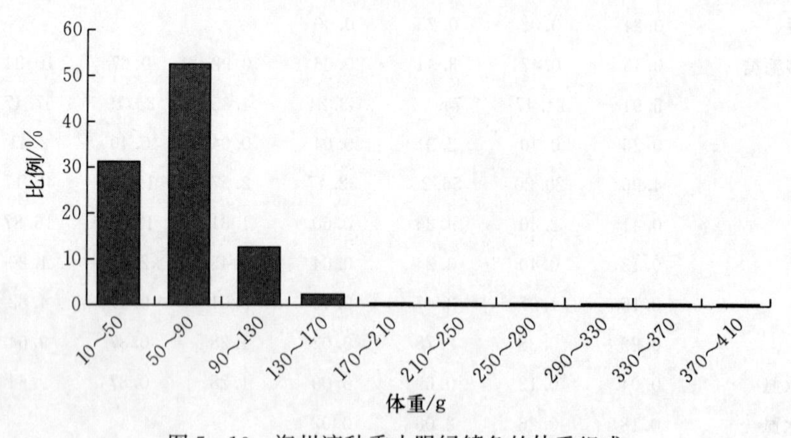

图 5-10　海州湾秋季小眼绿鳍鱼的体重组成

3. 体重-体长关系

海州湾小眼绿鳍鱼体重与体长的关系如图 5-11 所示。其关系式为：

$$W=2.0\times10^{-5}L^{2.934}，R^2=0.8871$$

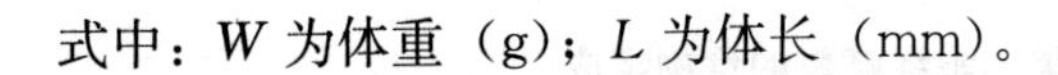
式中：W 为体重（g）；L 为体长（mm）。

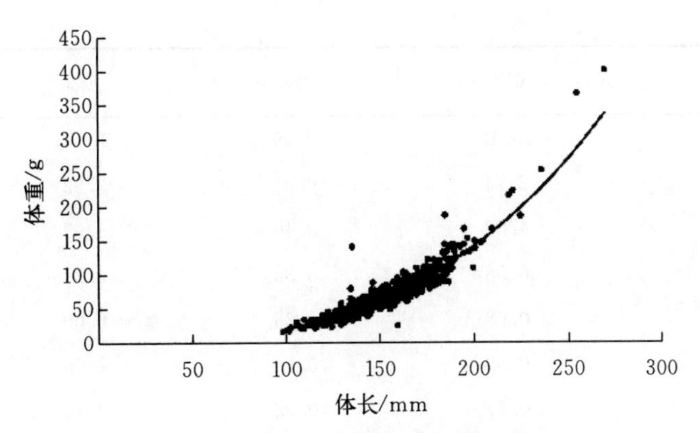

图 5-11　海州湾小眼绿鳍鱼体重-体长关系

4. 年龄组成

使用电子体长频率分析方法（ELEFAN）获取生长参数后，对 860 尾小眼绿鳍鱼个体进行年龄换算，调查所获样本全部来自秋季。海州湾秋季小眼绿鳍鱼的平均年龄为 0.86 龄。以当年生幼鱼为主，占全部个体的 79.30%；1 龄鱼占 20.35%；2 龄及以上个体占 0.34%。

5. 摄食习性

2013—2016 年秋季共分析 482 尾小眼绿鳍鱼胃含物样品，空胃 15 尾，空胃率 3.11%。小眼绿鳍鱼胃饱满指数如图 5-12 所示。胃饱满指数随体长的增加先升高后降低，在 135～150 mm 体长组达到最大值。

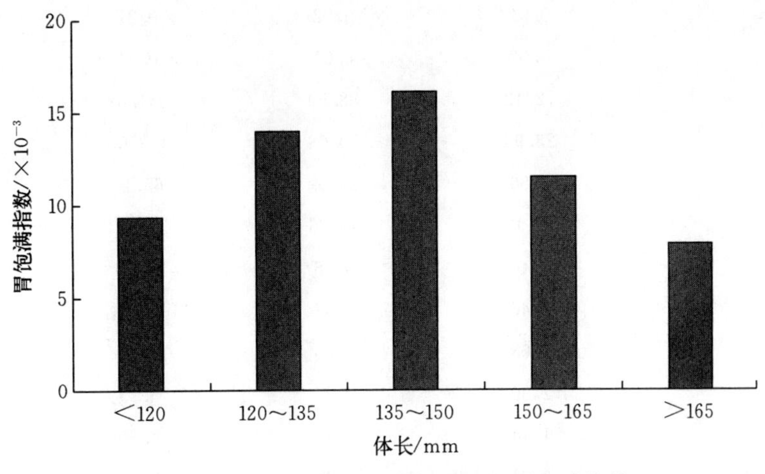

图 5-12　海州湾秋季小眼绿鳍鱼的胃饱满指数

根据胃含物分析结果，海州湾秋季小眼绿鳍鱼共摄食 60 种饵料生物，虾类是其主要的饵料类群。小眼绿鳍鱼在秋季主要摄食细螯虾、疣背宽额虾和戴氏赤虾等，相对重要性指数百分比（$IRI\%$）分别为 64.27%、17.53%和 14.88%（表 5-9）。

表 5-9　海州湾秋季小眼绿鳍鱼的食物组成

单位:%

物种	*W*%	*N*%	*F*%	*IRI*%
鱼类	18.10	2.89	32.55	0.74
鲬属	2.74	0.60	7.92	0.22
六丝钝尾虾虎鱼	4.58	0.40	4.93	0.21
短吻红舌鳎	6.58	0.35	3.21	0.19
普氏栉虾虎鱼	0.68	0.36	6.00	0.05
皮氏叫姑鱼	0.93	0.15	2.78	0.03
尖海龙	0.87	0.32	2.14	0.02
日本海马	0.76	0.49	1.50	0.02
矛尾虾虎鱼	0.37	0.05	1.07	0.00
细条天竺鲷	0.23	0.04	0.86	0.00
海马	0.13	0.04	0.64	0.00
鳀	0.12	0.02	0.43	0.00
鲷科	0.08	0.02	0.43	0.00
多齿鱼	0.03	0.01	0.21	0.00
蟹类	5.19	1.76	19.06	1.00
双斑蟳	5.02	1.68	17.77	1.00
马氏毛粒蟹	0.05	0.04	0.64	0.00
四齿矶蟹	0.07	0.01	0.21	0.00
小刺毛刺蟹	0.04	0.02	0.21	0.00
有疣英雄蟹	0.02	0.01	0.21	0.00
虾类	72.12	88.90	251.82	97.34
细螯虾	23.96	50.08	103.00	64.27
疣背宽额虾	5.86	26.09	65.10	17.53
戴氏赤虾	27.12	10.36	47.11	14.88
鲜明鼓虾	2.44	0.36	6.21	0.15
口虾蛄	2.46	0.32	6.21	0.15
鹰爪虾	5.03	0.25	3.21	0.14
脊腹褐虾	2.30	0.27	5.35	0.12
日本鼓虾	1.44	0.25	4.50	0.06
细巧仿对虾	0.61	0.36	3.00	0.02
葛氏长臂虾	0.18	0.11	1.71	0.00
长臂虾科	0.14	0.11	1.71	0.00
对虾科	0.21	0.11	1.07	0.00
海蜇虾	0.07	0.04	0.86	0.00

（续）

物种	W%	N%	F%	IRI%
鼓虾属	0.04	0.06	0.86	0.00
中华安乐虾	0.11	0.04	0.43	0.00
褐虾科	0.06	0.03	0.64	0.00
长足七腕虾	0.04	0.04	0.64	0.00
刀形宽额虾	0.04	0.01	0.21	0.00
头足类	1.70	0.42	6.85	0.05
枪乌贼属	0.97	0.24	3.85	0.04
双喙耳乌贼	0.46	0.11	1.93	0.01
耳乌贼科	0.10	0.04	0.43	0.00
金乌贼	0.15	0.01	0.21	0.00
四盘耳乌贼	0.02	0.01	0.21	0.00
短蛸	0.02	0.01	0.21	0.00
双壳类	0.07	0.48	8.78	0.01
薄片镜蛤	0.01	0.24	4.07	0.01
江户布目蛤	0.01	0.10	1.93	0.00
牡蛎	0.03	0.11	2.14	0.00
醒目云母蛤	0.02	0.03	0.64	0.00
蛇尾类	0.13	0.13	2.36	0.00
司氏盖蛇尾	0.02	0.03	0.64	0.00
紫蛇尾	0.12	0.08	1.50	0.00
不可辨认蛇尾	0.00	0.01	0.21	0.00
糠虾类	0.06	0.52	7.07	0.03
糠虾科	0.06	0.52	7.07	0.03
棘皮动物	0.02	0.01	0.21	0.00
马粪海胆	0.02	0.01	0.21	0.00
腹足类	0.04	0.05	0.86	0.00
经氏壳蛞蝓	0.04	0.02	0.21	0.00
不可辨认腹足类	0.00	0.03	0.64	0.00
多毛类	2.16	0.39	6.42	0.09
澳洲鳞沙蚕	0.07	0.01	0.21	0.00
孟加拉海扇虫	0.51	0.04	0.64	0.00
沙蚕科	1.58	0.34	5.57	0.09
端足类	0.33	4.38	39.19	0.73
独眼钩虾	0.03	0.58	6.00	0.03

（续）

物种	W%	N%	F%	IRI%
钩虾科	0.19	2.88	23.77	0.61
双眼钩虾	0.11	0.92	9.42	0.08
等足类	0.01	0.06	0.86	0.00
日本浪漂水虱	0.01	0.06	0.86	0.00

四、六丝钝尾虾虎鱼

1. 体长组成

2013—2017 年，对海州湾海域 889 尾六丝钝尾虾虎鱼进行生物学测定，体长范围为 20～132 mm，平均体长为 63.73 mm，优势体长为 50～70 mm，占总尾数的 51.86%（图 5-13）。

春季，六丝钝尾虾虎鱼的体长范围为 30～132 mm，平均体长为 80.75 mm，优势体长为 70～90 mm，占春季总尾数的 66.72%（图 5-13，表 5-10）。

秋季，六丝钝尾虾虎鱼的体长范围为 20～110 mm，平均体长为 56.02 mm，优势体长为 50～70 mm，占秋季总尾数的 69.75%（图 5-13，表 5-10）。

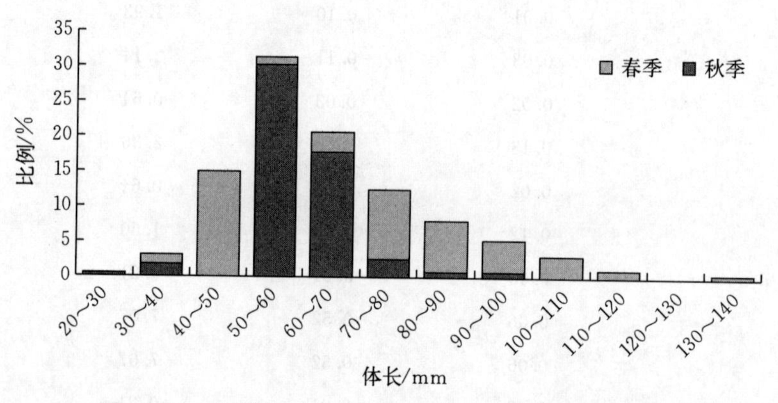

图 5-13　海州湾六丝钝尾虾虎鱼体长组成及其季节变化

表 5-10　海州湾六丝钝尾虾虎鱼体长组成及其季节变化

季节	体长范围/mm	平均体长/mm	优势体长/mm	优势体长所占比例/%	样品数量
春季	30～132	80.75	70～90	66.72	277
秋季	20～110	56.02	50～70	69.75	612

2. 体重组成

2013—2017 年六丝钝尾虾虎鱼的体重范围为 0.10～18.36 g，平均体重为 3.15 g，优势体重为 0～4 g，占总尾数的 75.70%（图 5-14）。

春季，六丝钝尾虾虎鱼的体重范围为 0.17～18.36 g，平均体重为 5.67 g，优势体重为4～6 g，占春季总尾数的32.47%（图5-14，表5-11）。

秋季，六丝钝尾虾虎鱼的体重范围为0.10～14.19 g，平均体重为2.00 g，优势体重为0～2 g，占秋季总尾数的61.92%（图5-14，表5-11）。

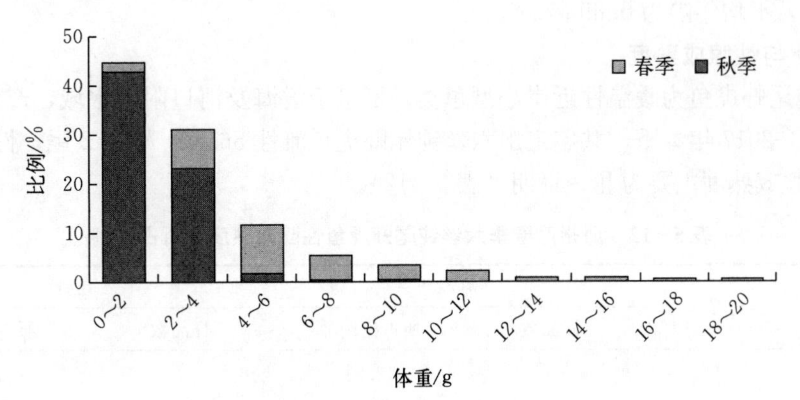

图5-14　海州湾六丝钝尾虾虎鱼体重组成及其季节变化

表5-11　海州湾六丝钝尾虾虎鱼体重组成及其季节变化

季节	体重范围/g	平均体重/g	优势体重/g	优势体重所占比例/%	样品数量
春季	0.17～18.36	5.67	4～6	32.47	277
秋季	0.10～14.19	2.00	0～2	61.92	612

3. 体重-体长关系

海州湾六丝钝尾虾虎鱼体重与体长的关系如图5-15所示。其关系式为：

$$W=2.0\times10^{-5}L^{2.8042}，R^2=0.9218$$

式中：W为体重（g）；L为体长（mm）。

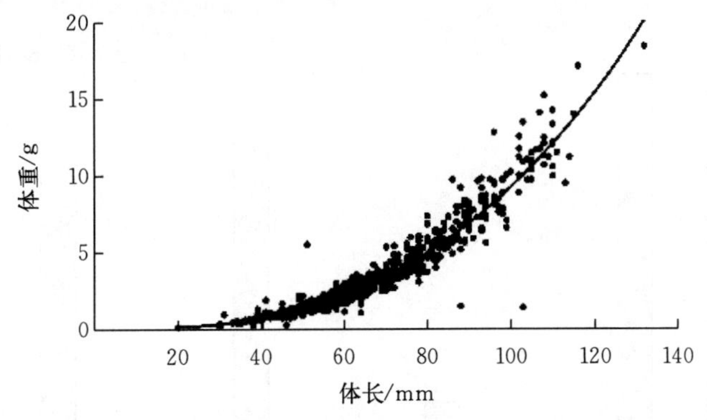

图5-15　海州湾六丝钝尾虾虎鱼体重-体长关系

4. 年龄组成

使用电子体长频率分析方法（ELEFAN）获取生长参数后，对881尾六丝钝尾虾虎鱼个体进行年龄换算。海州湾六丝钝尾虾虎鱼平均年龄为0.73龄。以当年生幼鱼为主，占全部个体的 79.65%；1 龄鱼占 19.76%；2 龄及以上鱼占 0.59%。

春季，六丝钝尾虾虎鱼年龄组成为 0～2 龄，优势个体为 1 龄个体，占 54.17%，平均年龄为 1.15 龄；秋季，六丝钝尾虾虎鱼年龄组成为 0～2 龄，优势个体为当年生幼鱼，占 80.58%，平均年龄为 0.69 龄。

5. 性比与性腺成熟度

六丝钝尾虾虎鱼为暖温性近岸小型鱼类，栖息于浅海及河口附近水域，产卵期为 4—5 月。2013—2017 年春季，共鉴定出六丝钝尾虾虎鱼雌性 56 尾，雄性 2 尾，性比为 28∶1。雌鱼性腺成熟度主要为Ⅱ～Ⅲ期（表 5－12）。

表 5－12　海州湾春季六丝钝尾虾虎鱼性腺成熟度及所占比例

性腺成熟度	样品数	雌性		雄性	
		样品数	所占比例/%	样品数	所占比例/%
Ⅰ	6	5	8.93	1	50.00
Ⅱ	17	16	28.57	1	50.00
Ⅲ	26	26	46.43	0	0.00
Ⅳ	8	8	14.29	0	0.00
Ⅴ	1	1	1.79	0	0.00

6. 摄食习性

共分析 2013—2016 年 516 尾六丝钝尾虾虎鱼胃含物样品，其中春季 230 尾，空胃 92 尾，空胃率 40.0%；秋季 286 尾，空胃 113 尾，空胃率 39.5%。六丝钝尾虾虎鱼胃饱满指数如图 5－16 所示，春季胃饱满指数普遍高于秋季，随体长无明显变化规律。春季<50 mm体长组的胃饱满指数最高，为 4.53×10^{-3}；50～70 mm 体长组最低，为 0.98×10^{-3}。秋季 50～70 mm 体长组的胃饱满指数最高，仅为 0.63×10^{-3}。

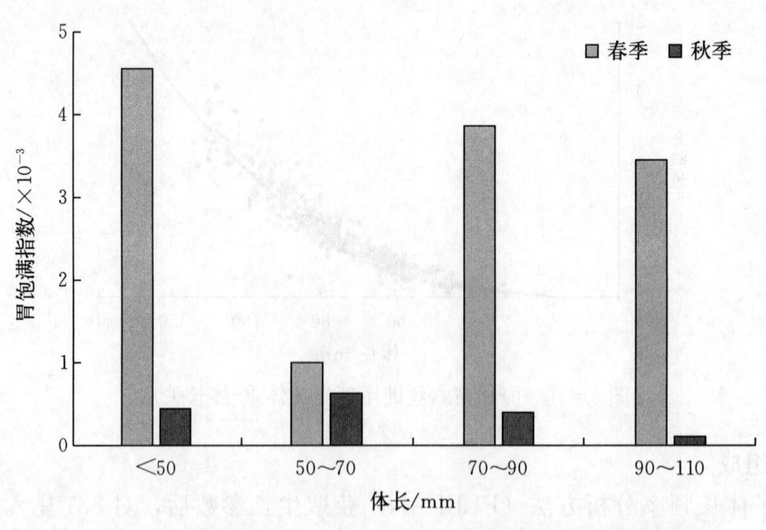

图 5－16　海州湾春季和秋季六丝钝尾虾虎鱼胃饱满指数

根据胃含物分析结果，海州湾海域六丝钝尾虾虎鱼共摄食 38 种饵料，虾类、双壳类和端足类是其主要的饵料类群。六丝钝尾虾虎鱼春季主要摄食彩虹明樱蛤、钩虾和细螯虾，相对重要性指数百分比（*IRI*%）分别为 27.94%、18.89%和 17.20%；秋季主要摄钩虾、细螯虾和日本镜蛤，相对重要性指数百分比（*IRI*%）分别为 82.21%、6.89%和 5.21%（表 5 - 13）。

表 5 - 13　海州湾春季和秋季六丝钝尾虾虎鱼的食物组成

单位：%

物种	春季				秋季			
	W%	*N*%	*F*%	*IRI*%	*W*%	*N*%	*F*%	*IRI*%
蟹类	1.90	0.26	0.72	0.08	1.62	1.18	1.73	0.13
双斑蟳					1.62	1.18	1.73	0.13
寄居蟹	1.90	0.26	0.72	0.08				
虾类	65.44	13.65	36.23	29.02	35.72	12.60	18.50	7.84
对虾科					0.51	0.39	0.58	0.01
鲜明鼓虾	19.39	1.57	4.35	4.76	0.56	0.39	0.58	0.01
伍氏蝼蛄虾	13.66	1.57	4.35	3.46	0.88	0.39	0.58	0.02
褐虾科					2.26	1.18	1.73	0.15
疣背宽额虾	7.41	1.84	5.07	2.45	3.46	1.18	1.73	0.21
长臂虾科	2.78	0.79	2.17	0.41	4.87	1.18	1.73	0.27
戴氏赤虾					5.14	1.18	1.73	0.28
细螯虾	13.47	6.30	16.67	17.20	18.56	7.09	10.40	6.89
鹰爪虾	0.58	0.26	0.72	0.03				
海蜇虾	3.48	0.79	1.45	0.32				
日本鼓虾	4.67	0.52	1.45	0.39				
双壳类	11.10	44.88	23.19	29.68	2.99	25.98	16.18	5.83
菲律宾蛤仔					0.01	0.39	0.58	0.01
魁蚶					0.05	0.39	0.58	0.01
彩虹明樱蛤	7.21	36.22	12.32	27.94	0.96	1.57	1.16	0.08
江户明樱蛤	1.80	2.36	5.07	1.10	0.35	4.72	4.05	0.53
日本镜蛤					1.63	18.90	9.83	5.21
镜蛤属	0.01	3.94	1.45	0.30				
江户布目蛤	0.06	0.52	1.45	0.04				
蛤蜊	0.97	1.05	1.45	0.15				
薄片镜蛤	1.04	0.79	1.45	0.14				
蛇尾类	9.97	5.77	12.32	6.66	0.86	0.79	3.47	0.04
司氏盖蛇尾	0.54	1.31	3.62	0.35	0.17	0.39	0.58	0.01
紫蛇尾					0.33	0.00	2.31	0.02
不可辩认蛇尾	9.44	4.46	8.70	6.31	0.35	0.39	0.58	0.01
桡足类	0.21	2.62	1.45	0.21	0.10	0.79	0.58	0.01

（续）

物种	春季				秋季			
	W%	*N*%	*F*%	*IRI*%	*W*%	*N*%	*F*%	*IRI*%
中华哲水蚤	0.21	2.62	1.45	0.21	0.10	0.79	0.58	0.01
磷虾类	0.83	0.79	1.45	0.12				
太平洋磷虾	0.83	0.79	1.45	0.12				
涟虫类	0.21	0.79	2.17	0.11	0.10	0.79	1.16	0.03
涟虫	0.21	0.79	2.17	0.11	0.10	0.79	1.16	0.03
腹足类	0.09	1.57	2.17	0.12	0.14	1.18	1.16	0.02
香螺					0.10	0.39	0.58	0.01
脉红螺					0.04	0.79	0.58	0.01
榧螺科	0.02	0.26	0.72	0.01				
玉螺科	0.08	1.31	1.45	0.11				
多毛类	0.74	0.52	1.45	0.10	7.43	3.15	4.62	1.26
沙蚕科	0.74	0.52	1.45	0.10	7.43	3.15	4.62	1.26
端足类	9.29	27.82	34.78	33.81	43.11	51.18	46.82	84.27
细拟长脚蛾					0.04	0.39	0.58	0.01
独眼钩虾	5.59	11.55	16.67	14.91	1.67	7.48	8.67	2.05
钩虾科	3.70	16.27	18.12	18.89	41.40	43.31	37.57	82.21
等足类	0.21	0.52	1.45	0.06	7.41	1.97	2.31	0.56
日本浪飘水虱					7.41	1.97	2.31	0.56
不可辩认等足类	0.21	0.52	1.45	0.06				

五、方氏云鳚

1. 体长组成

2013—2017 年，对海州湾海域 2 106 尾方氏云鳚进行生物学测定，体长范围为 17～165 mm，平均体长为 119.78 mm，优势体长为 95～135 mm，占总尾数的 72.26%（图 5-17）。

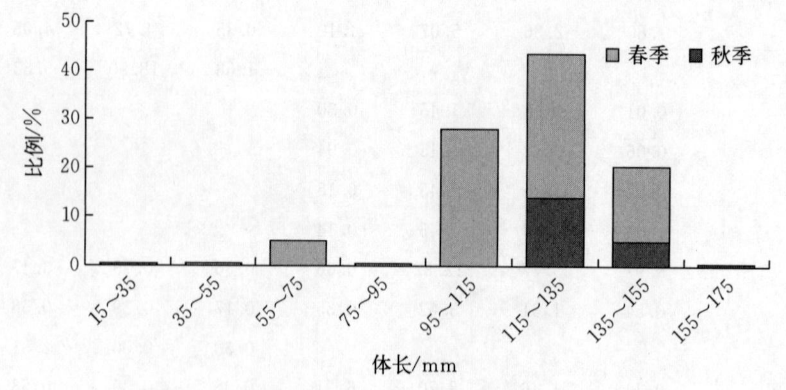

图 5-17　海州湾方氏云鳚体长组成及其季节变化

春季，方氏云鳚的体长范围为 17～165 mm，平均体长为 117.24 mm，优势体长为 95～135 mm，占春季总尾数的 72.18%（图 5-17，表 5-14）。

秋季，方氏云鳚的体长范围为 85～165 mm，平均体长为 129.88 mm，优势体长为 115～135 mm，占秋季总尾数的 70.89%（图 5-17，表 5-14）。

表 5-14 海州湾方氏云鳚体长组成及其季节变化

季节	体长范围/mm	平均体长/mm	优势体长/mm	优势体长所占比例/%	样品数量
春季	17～165	117.24	95～135	72.18	1 683
秋季	85～165	129.88	115～135	70.89	423

2. 体重组成

2013—2017 年方氏云鳚的体重范围为 0.24～28.00 g，平均体重为 7.69 g，优势体重为5～10 g，占总尾数的 50.87%（图 5-18）。

春季，方氏云鳚的体重范围为 0.24～28.00 g，平均体重为 7.17 g，优势体重为 5～10 g，占春季总尾数的 48.75%（图 5-18，表 5-15）。

秋季，方氏云鳚的体重范围为 1.71～21.65 g，平均体重为 9.81 g，优势体重为 5～10 g，占秋季总尾数的 59.29%（图 5-18，表 5-15）。

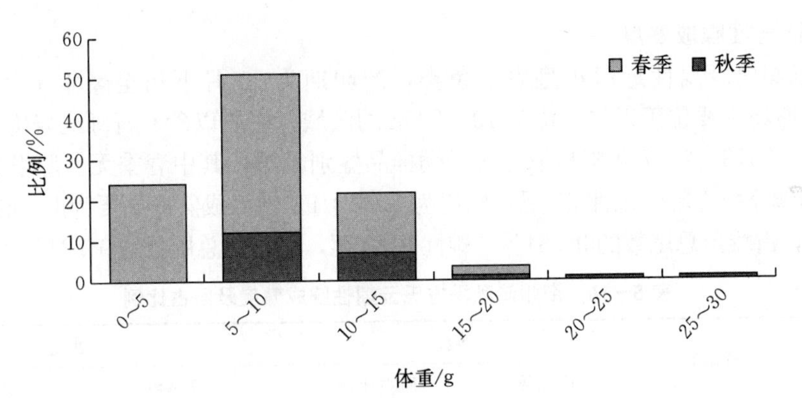

图 5-18 海州湾方氏云鳚体重组成及其季节变化

表 5-15 海州湾方氏云鳚体重组成及其季节变化

季节	体重范围/g	平均体重/g	优势体重/g	优势体重所占比例/%	样品数量
春季	0.24～28.00	7.17	5～10	48.75	1 683
秋季	1.71～21.65	9.81	5～10	59.29	423

3. 体重-体长关系

海州湾方氏云鳚体重与体长的关系如图 5-19 所示。其关系式为：

$$W=2.0\times10^{-7}L^{3.659},\ R^2=0.9217$$

式中：W 为体重（g）；L 为体长（mm）。

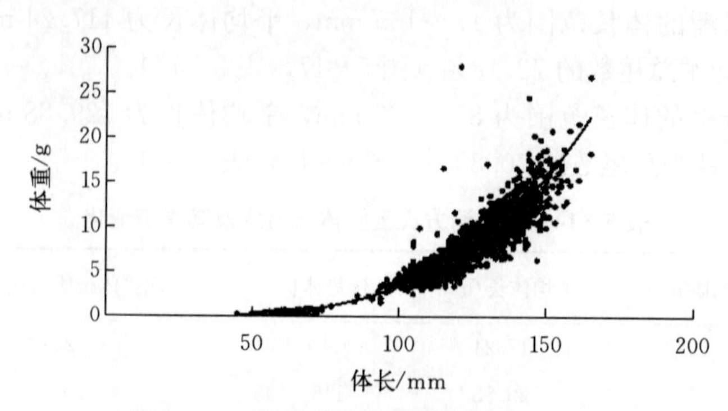

图 5－19　海州湾方氏云鳚体重-体长关系

4. 年龄组成

使用电子体长频率分析方法（ELEFAN）获取生长参数后，对 2 767 尾方氏云鳚个体进行年龄换算。海州湾方氏云鳚平均年龄为 1.34 龄。以 1 龄鱼为主，占 80.77%；当年生幼鱼占 13.16%；2 龄及以上鱼占 6.07%。

春季，方氏云鳚年龄组成为 0～3 龄，优势年龄为 1 龄，占 62.26%，平均年龄为 1.29 龄；秋季，方氏云鳚年龄组成为 0～3 龄，优势年龄为 1 龄，占 48.33%，平均年龄为 1.53 龄。

5. 性比与性腺成熟度

方氏云鳚属冷温性近海小型底层鱼类，产卵期为 11 月下旬至翌年 1 月（李明德，2011）。产卵场主要位于近岸水深为 10～20 m 的区域，底质以砂、石砾或岩礁为主（金显仕，2006）。2013—2017 年随机取方氏云鳚样品鉴别雌雄，其中春季无性腺发育个体，秋季共鉴定出雌性 49 尾，雄性 21 尾，性比为 2.33∶1。性腺成熟度主要为Ⅱ～Ⅲ期，其中雌性共 45 尾，占雌鱼总尾数的 91.84%；雄性共 20 尾，占雄鱼总尾数的 95.24%（表 5－16）。

表 5－16　海州湾秋季方氏云鳚性腺成熟度及所占比例

性腺成熟度	样品数	雌性		雄性	
		样品数	所占比例/%	样品数	所占比例/%
Ⅰ	1	1	2.04	0	0.00
Ⅱ	25	15	30.62	10	47.62
Ⅲ	40	30	61.22	10	47.62
Ⅳ	3	3	6.12	0	0.00
Ⅴ	1	0	0.00	1	4.76

六、星康吉鳗

1. 肛长组成

2013—2017 年，对海州湾海域 408 尾星康吉鳗进行生物学测定，肛长范围为 25～210 mm，平均肛长为 105.31 mm，优势肛长为 85～125 mm，占总尾数的 69.13%（图 5－20）。

春季，星康吉鳗的肛长范围为 68～197 mm，平均肛长为 106.11 mm，优势肛长为

85～105 mm，占春季总尾数的 42.46%（图 5-20，表 5-17）。

秋季，星康吉鳗的肛长范围为 25～210 mm，平均肛长为 104.83 mm，优势肛长为 85～125 mm，占秋季总尾数的 65.29%（图 5-20，表 5-17）。

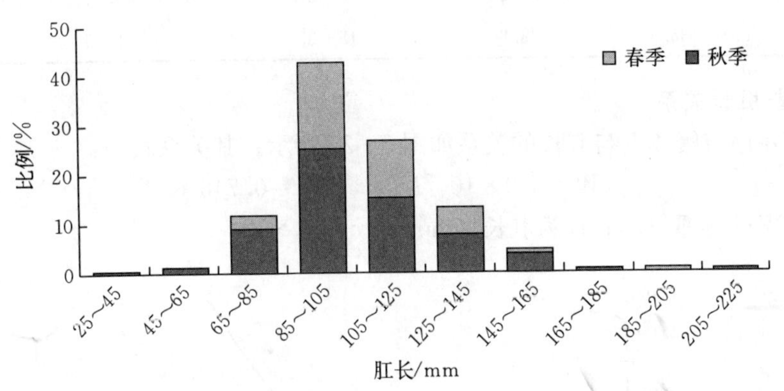

图 5-20　海州湾星康吉鳗肛长组成及其季节变化

表 5-17　海州湾星康吉鳗肛长组成及其季节变化

季节	肛长范围/mm	平均肛长/mm	优势肛长/mm	优势肛长所占比例/%	样品数量
春季	68～197	106.11	85～105	42.46	155
秋季	25～210	104.83	85～125	65.29	253

2. 体重组成

2013—2017 年星康吉鳗的体重范围为 0.70～136.38 g，平均体重为 32.59 g，优势体重为 15～30 g，占总尾数的 44.60%（图 5-21）。

春季，星康吉鳗的体重范围为 0.70～95.56 g，平均体重为 30.35 g，优势体重为 15～30 g，占春季总尾数的 45.14%（图 5-21，表 5-18）。

秋季，星康吉鳗的体重范围为 2.92～136.38 g，平均体重为 33.96 g，优势体重为 15～30 g，占秋季总尾数的 44.26%（图 5-21，表 5-18）。

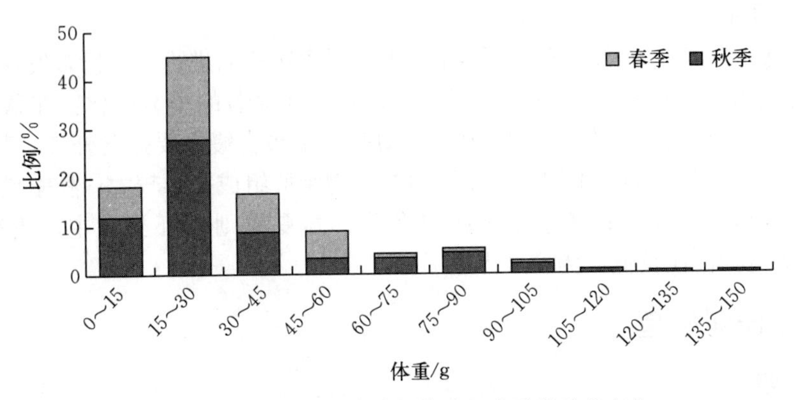

图 5-21　海州湾星康吉鳗体重组成及其季节变化

表 5-18　海州湾星康吉鳗体重组成及其季节变化

季节	体重范围/g	平均体重/g	优势体重/g	优势体重所占比例/%	样品数量
春季	0.70～95.56	30.35	15～30	45.14	155
秋季	2.92～136.38	33.96	15～30	44.26	253

3. 体重-肛长关系

海州湾星康吉鳗体重与肛长的关系如图 5-22 所示。其关系式为：

$$W=8.0\times10^{-5}L^{2.7313}，R^2=0.7464$$

式中：W 为体重（g）；L 为肛长（mm）。

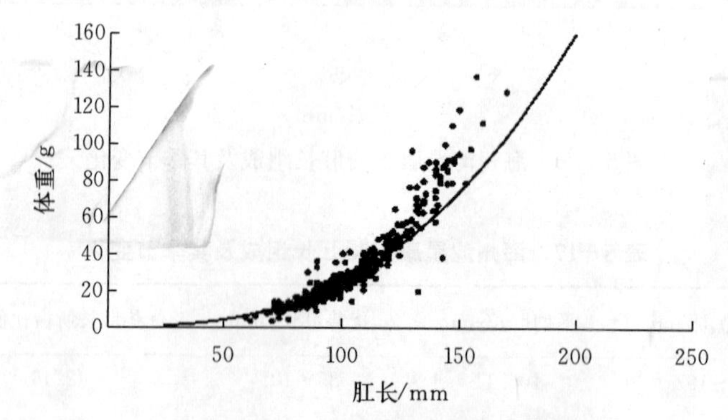

图 5-22　海州湾星康吉鳗体重-肛长关系

4. 年龄组成

使用电子体长频率分析方法（ELEFAN）获取生长参数后，对 408 尾星康吉鳗个体进行年龄换算。海州湾星康吉鳗年龄组成为 0～3 龄，平均年龄为 1.38 龄。以 1 龄鱼为主，占 81.62%；当年生幼鱼占 10.05%；2 龄及以上鱼占 8.33%。

春季，星康吉鳗年龄组成为 0～2 龄，优势年龄为 1 龄，占 89.03%，平均年龄为 1.40 龄；秋季，星康吉鳗年龄组成为 0～3 龄，优势年龄为 1 龄，占 77.07%，平均年龄为 1.38 龄。

5. 摄食习性

刘西方等（2015）对海州湾 516 尾星康吉鳗胃含物样品进行了分析，发现春季和秋季的空胃率分别为 22.80%和 14.80%。胃饱满指数存在显著的季节变化：在秋季最高，为 33.33×10^{-3}；春季最低，为 13.00×10^{-3}。海州湾星康吉鳗主要摄食虾类，其次为鱼类、头足类、多毛类和等足类。不同季节主要饵料生物类群组成差异较大：秋季星康吉鳗主要摄食头足类、鱼类、虾类；冬季主要摄食鱼类；春夏季则以虾类为主，质量百分比为 58.09%，头足类占比较低，为 6.81%。

七、皮氏叫姑鱼

1. 体长组成

2013—2017 年，对海州湾海域 453 尾皮氏叫姑鱼进行生物学测定，体长范围为

35～128 mm，平均体长为 75.82 mm，优势体长为 50～95 mm，占总尾数的 76.14%（图 5-23）。

春季，皮氏叫姑鱼的体长范围为 35～128 mm，平均体长为 81.21 mm，优势体长为 50～95 mm，占春季总尾数的 71.97%（图 5-23，表 5-19）。

秋季，皮氏叫姑鱼的体长范围为 38～116 mm，平均体长为 73.98 mm，优势体长为 50～95 mm，占秋季总尾数的 77.41%（图 5-23，表 5-19）。

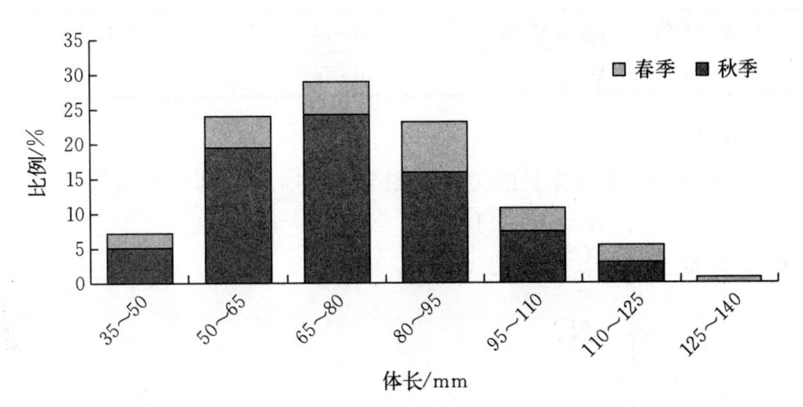

图 5-23　海州湾皮氏叫姑鱼体长组成及其季节变化

表 5-19　海州湾皮氏叫姑鱼体长组成及其季节变化

季节	体长范围/mm	平均体长/mm	优势体长/mm	优势体长所占比例/%	样品数量
春季	35～128	81.21	50～95	71.97	107
秋季	38～116	73.98	50～95	77.41	346

2. 体重组成

2013—2017 年皮氏叫姑鱼的体重范围为 0.52～46.81 g，平均体重为 8.49 g，优势体重为 0～10 g，占总尾数的 66.88%（图 5-24）。

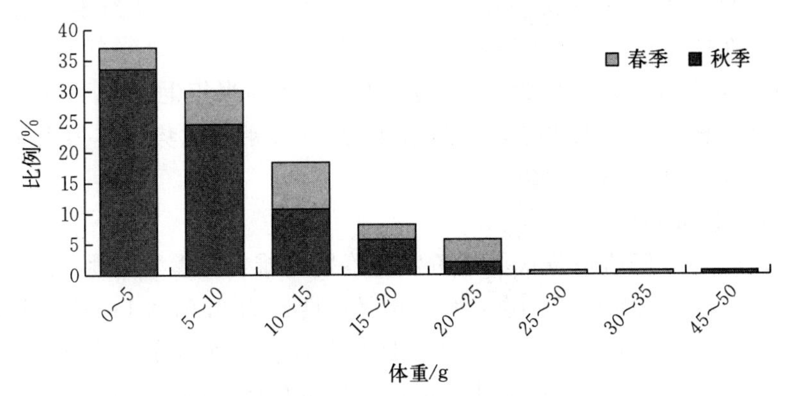

图 5-24　海州湾皮氏叫姑鱼体重组成及其季节变化

春季，皮氏叫姑鱼的体重范围为 2.03～34.27 g，平均体重为 12.74 g，优势体重为 5～15 g，占春季总尾数的 55.12%（图 5-24，表 5-20）。

秋季，皮氏叫姑鱼的体重范围为 0.52～46.81 g，平均体重为 7.17 g，优势体重为 0～10 g，占秋季总尾数的 75.71%（图 5-24，表 5-20）。

表 5-20 海州湾皮氏叫姑鱼体重组成及其季节变化

季节	体重范围/g	平均体重/g	优势体重/g	优势体重所占比例/%	样品数量
春季	2.03～34.27	12.74	5～15	55.12	107
秋季	0.52～46.81	7.17	0～10	75.71	346

3. 体重-体长关系

海州湾皮氏叫姑鱼体重与体长的关系如图 5-25 所示。其关系式为：

$$W=9.0\times10^{-6}L^{3.1271}，R^2=0.9690$$

式中：W 为体重（g）；L 为体长（mm）。

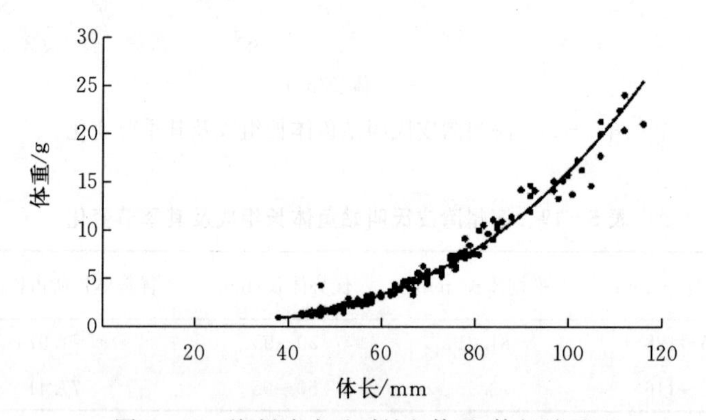

图 5-25 海州湾皮氏叫姑鱼体重-体长关系

4. 年龄组成

使用电子体长频率分析方法（ELEFAN）获取生长参数后，对 470 尾皮氏叫姑鱼个体进行年龄换算。海州湾皮氏叫姑鱼平均年龄为 0.50 龄。以当年生幼鱼为主，占 94.26%；1 龄鱼占 5.53%；3 龄及以上鱼占 0.21%。

春季，皮氏叫姑鱼年龄组成为 0～3 龄，优势个体为当年生幼鱼，占 97.11%，平均年龄为 0.74 龄；秋季，皮氏叫姑鱼年龄组成为 0～2 龄，优势个体为当年生幼鱼，占 92.35%，平均年龄为 0.53 龄。

5. 性比与性腺成熟度

2013—2017 年，随机取皮氏叫姑鱼样品鉴别雌雄，共鉴定出雌性 30 尾，雄性 8 尾。其中，春季鉴定出雌性 22 尾，雄性 6 尾，性比为 3.67∶1；秋季鉴定出雌性 8 尾，雄性 2 尾，性比为 4∶1。春季，皮氏叫姑鱼性腺成熟度主要为Ⅲ期，其中雌性 9 尾，占雌鱼总尾数的 40.91%；雄性 3 尾，占雄鱼总尾数的 50.00%。秋季，皮氏叫姑鱼性腺成熟度主要为Ⅱ期，其中雌性 7 尾，占雌鱼总尾数的 87.50%；雄性 2 尾

（表 5-21）。

表 5-21　海州湾春季和秋季皮氏叫姑鱼性腺成熟度及所占比例

季节	性腺成熟度	样品数	雌性		雄性	
			样品数	所占比例/%	样品数	所占比例/%
春季	Ⅱ	5	2	9.09	3	50.00
	Ⅲ	12	9	40.91	3	50.00
	Ⅳ	8	8	36.36	0	0.00
	Ⅴ	3	3	13.64	0	0.00
秋季	Ⅱ	9	7	87.50	2	100.00
	Ⅲ	1	1	12.50	0	0.00

6. 摄食习性

共分析 2013—2016 年 243 尾皮氏叫姑鱼胃含物样品，其中春季 61 尾，空胃 12 尾，空胃率 19.7%；秋季 182 尾，空胃 57 尾，空胃率 31.3%。海州湾皮氏叫姑鱼胃饱满指数如图 5-26 所示。秋季胃饱满指数随体长增加而升高，春季胃饱满指数随体长变化较小。秋季胃饱满指数整体高于春季。

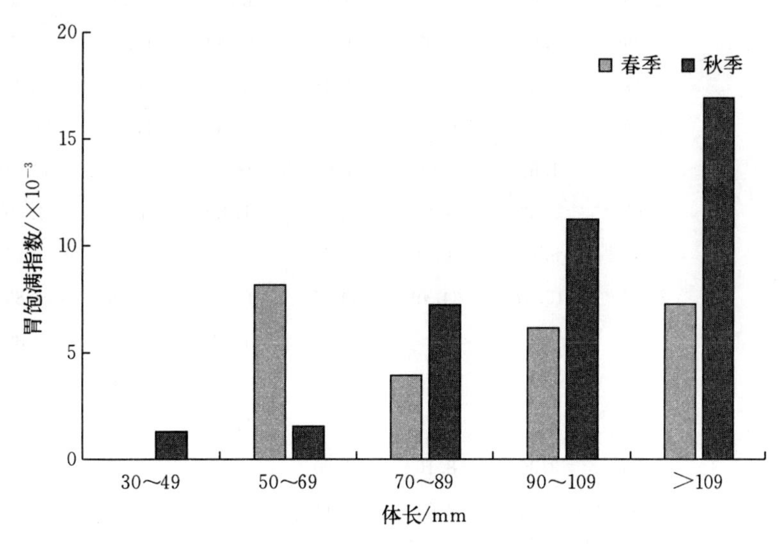

图 5-26　海州湾春季和秋季皮氏叫姑鱼胃饱满指数

根据胃含物分析结果，海州湾海域皮氏叫姑鱼共摄食 37 种饵料，虾类、多毛类和端足类为其主要的饵料类群。皮氏叫姑鱼春季主要摄食海蜇虾、钩虾与沙蚕，相对重要性指数百分比（*IRI*%）分别为 44.17%、23.44%和 12.50%；秋季主要摄食日本鼓虾和细螯虾，相对重要性指数百分比（*IRI*%）分别为 30.30%和 28.96%（表 5-22）。

表 5-22　海州湾春季和秋季皮氏叫姑鱼的食物组成

单位：%

物种	春季				秋季			
	W%	*N*%	*F*%	*IRI*%	*W*%	*N*%	*F*%	*IRI*%
鱼类					5.48	1.80	2.40	0.54
赤鼻棱鳀					0.01	0.60	0.80	0.02
六丝钝尾虾虎鱼					5.47	1.20	1.60	0.52
蟹类	0.38	0.84	2.04	0.10	4.39	5.39	7.20	1.24
三疣梭子蟹	0.38	0.84	2.04	0.10				
日本蟳					1.76	0.60	0.80	0.09
异足倒额蟹					1.32	2.40	3.20	0.58
绒毛细足蟹					1.32	2.40	3.20	0.58
虾类	64.12	38.66	71.43	56.29	71.63	63.47	76.00	81.74
葛氏长臂虾	0.17	0.84	2.04	0.08	2.26	2.40	3.20	0.72
口虾蛄	0.40	0.84	2.04	0.10				
中华安乐虾	1.50	0.84	2.04	0.19				
长臂虾科	1.75	0.84	2.04	0.21	0.44	1.20	1.60	0.13
鲜明鼓虾	2.49	0.84	2.04	0.27	6.78	6.59	8.80	5.71
鼓虾属	4.99	1.68	4.08	1.07	12.80	10.78	11.20	12.81
细巧仿对虾	4.17	3.36	4.08	1.21	1.86	2.99	3.20	0.75
细螯虾	2.98	2.52	6.12	1.33	11.34	17.37	20.80	28.96
日本鼓虾	8.80	1.68	4.08	1.68	28.52	12.57	15.20	30.30
戴氏赤虾	3.63	3.36	8.16	2.25	1.43	1.20	1.60	0.20
疣背宽额虾	3.40	5.88	10.20	3.73				
海蜇虾	29.83	15.97	24.49	44.17	0.89	4.19	4.80	1.18
脊腹褐虾					1.14	0.60	0.80	0.07
东方长眼虾					0.90	1.80	2.40	0.31
对虾科					3.26	1.80	2.40	0.59
蛇尾类	1.33	3.36	8.16	0.90	0.90	1.80	2.40	0.11
金氏真蛇尾	0.57	0.84	2.04	0.11				
司氏盖蛇尾					0.14	0.60	0.80	0.03
萨氏真蛇尾					0.36	0.60	0.80	0.04
紫蛇尾					0.40	0.60	0.80	0.04
不可辩认蛇尾	0.76	2.52	6.12	0.79				
双壳类	0.02	0.84	2.04	0.07				
东方缝栖蛤	0.02	0.84	2.04	0.07				
磷虾类	0.35	3.36	4.08	0.60	0.13	0.60	0.80	0.03

（续）

物种	春季				秋季			
	W%	*N*%	*F*%	*IRI*%	*W*%	*N*%	*F*%	*IRI*%
太平洋磷虾	0.35	3.36	4.08	0.60	0.13	0.60	0.80	0.03
涟虫类					0.16	0.60	0.80	0.03
涟虫					0.16	0.60	0.80	0.03
糠虾类	0.13	3.36	6.12	0.84				
糠虾科	0.13	3.36	6.12	0.84				
腹足类	0.02	0.84	2.04	0.07				
榧螺	0.02	0.84	2.04	0.07				
多毛类	26.89	4.20	10.20	12.50	16.47	7.19	9.60	11.01
沙蚕科	26.89	4.20	10.20	12.50	16.47	7.19	9.60	11.01
端足类	6.76	44.54	30.61	28.63	0.74	14.97	11.20	4.92
独眼钩虾	0.09	1.68	4.08	0.28	0.08	1.80	1.60	0.15
绿钩虾	2.72	17.65	6.12	4.91	0.12	1.80	1.60	0.15
钩虾科	3.95	25.21	20.41	23.44	0.55	11.38	8.00	4.63
等足类					0.07	1.80	1.60	0.14
日本浪漂水虱					0.07	1.80	1.60	0.14
桡足类					0.03	1.80	2.40	0.21
中华哲水蚤					0.03	1.80	2.40	0.21

八、长蛇鲻

1. 叉长组成

2013—2017 年，对海州湾海域 755 尾长蛇鲻进行生物学测定，叉长范围为 46～396 mm，平均叉长为 146.86 mm，优势叉长为 85～165 mm，占总尾数的 63.71%（图 5－27）。

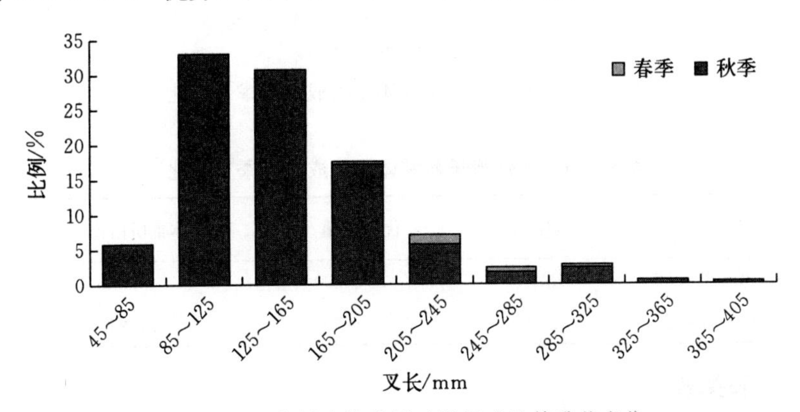

图 5－27　海州湾长蛇鲻叉长组成及其季节变化

春季，长蛇鲻的叉长范围为202～290 mm，平均叉长为235.66 mm，优势叉长为205～245 mm，占春季总尾数的85.37%（图5-27，表5-23）。

秋季，长蛇鲻的叉长范围为46～396 mm，平均叉长为144.56 mm，优势叉长为85～165 mm，占秋季总尾数的64.82%（图5-27，表5-23）。

表5-23 海州湾长蛇鲻叉长组成及其季节变化

季节	叉长范围/mm	平均叉长/mm	优势叉长/mm	优势叉长所占比例/%	样品数量
春季	202～290	235.66	205～245	85.37	13
秋季	46～396	144.56	85～165	64.82	742

2. 体重组成

2013—2017年长蛇鲻的体重范围为0.32～518.25 g，平均体重为38.7 g，优势体重为0～50 g，占总尾数的77.88%（图5-28）。

春季，长蛇鲻的体重范围为67.88～219.30 g，平均体重为132.12 g，优势体重为50～100 g，占春季总尾数的45.88%（图5-28，表5-24）。

秋季，长蛇鲻的体重范围为0.32～518.25 g，平均体重为37.06 g，优势体重为0～50 g，占秋季总尾数的79.24%（图5-28，表5-24）。

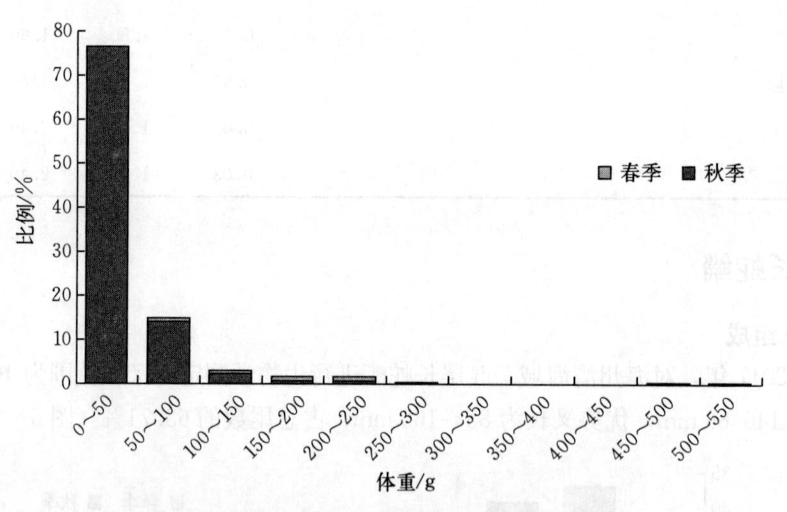

图5-28 海州湾长蛇鲻体重组成及其季节变化

表5-24 海州湾长蛇鲻体重组成及其季节变化

季节	体重范围/g	平均体重/g	优势体重/g	优势体重所占比例/%	样品数量
春季	67.88～219.30	132.12	50～100	45.88	13
秋季	0.32～518.25	37.06	0～50	79.24	742

3. 体重-叉长关系

海州湾长蛇鲻体重与叉长的关系如图5-29所示。其关系式为：

$$W=3\times10^{-6}L^{3.2158}, R^2=0.9782$$

式中：W 为体重（g）；L 为叉长（mm）。

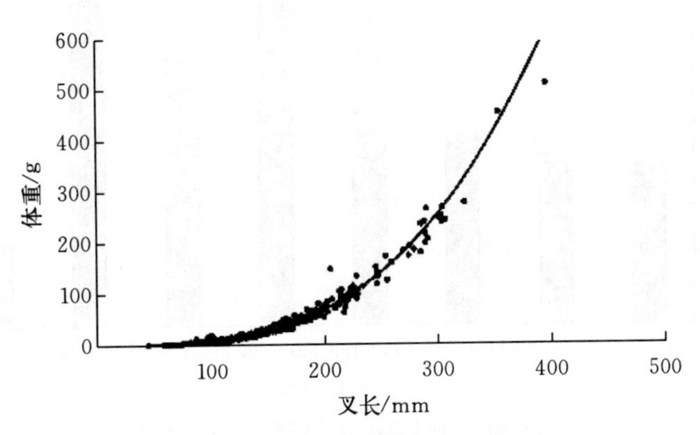

图 5-29　海州湾长蛇鲻体重-叉长关系

4. 年龄组成

使用电子体长频率分析方法（ELEFAN）获取生长参数后，对 575 尾长蛇鲻个体进行年龄换算。海州湾长蛇鲻平均年龄为 0.92 龄。以当年生幼鱼为主，占 66.03%；1 龄鱼占 29.09%；2 龄鱼占 3.31%；3 龄及以上个体占 1.57%。

春季捕获长蛇鲻个体较少，平均年龄为 1.92 龄；秋季优势个体为当年生幼鱼，占 65.91%，平均年龄为 0.90 龄。

5. 性比与性腺成熟度

长蛇鲻属近海底层鱼类，繁殖期为每年 5—7 月。2013—2017 年共鉴定出雌性 22 尾，雄性 22 尾。其中，春季鉴定出长蛇鲻雌性 1 尾，雄性 8 尾，性比为 1∶8；秋季鉴定出长蛇鲻雌性 21 尾，雄性 14 尾，性比为 1.5∶1。春季，性腺以Ⅲ期为主，其中雌性 1 尾，雄性 5 尾；秋季，性腺成熟度主要为Ⅱ期，其中雌性 21 尾，雄性 12 尾（表 5-25）。

表 5-25　海州湾春季和秋季长蛇鲻性腺成熟度及所占比例

季节	性腺成熟度	样品数	雌性		雄性	
			样品数	所占比例/%	样品数	所占比例/%
春季	Ⅱ	3	0	0.00	3	37.50
	Ⅲ	6	1	100.00	5	62.50
秋季	Ⅱ	33	21	100.00	12	85.72
	Ⅲ	1	0	0.00	1	7.14
	Ⅳ	1	0	0.00	1	7.14

6. 摄食习性

共分析 2013—2016 年秋季 384 尾长蛇鲻胃含物样品，其中空胃 57 尾，空胃率 14.8%。海州湾秋季长蛇鲻胃饱满指数如图 5-30 所示。胃饱满指数随叉长增加有所升高，其中 220～240 mm叉长组胃饱满指数最高，为 128.1×10^{-3}；>240 mm 叉长组胃饱满指数最低。

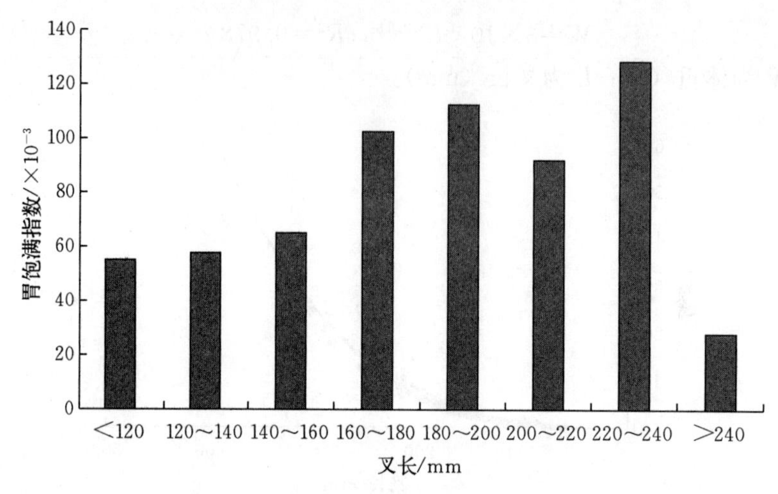

图 5-30　海州湾秋季长蛇鲻胃饱满指数

根据胃含物分析结果，海州湾秋季长蛇鲻共摄食 42 种饵料，鱼类、虾类和头足类为其主要的饵料类群。长蛇鲻主要摄食六丝钝尾虾虎鱼、长丝虾虎鱼和戴氏赤虾，相对重要性指数百分比（*IRI*%）分别为 22.59%、21.19%和 15.24%（表 5-26）。

表 5-26　海州湾秋季长蛇鲻的食物组成

单位：%

物种	*W*%	*N*%	*F*%	*IRI*%
鱼类	87.57	64.64	87.77	73.04
白姑鱼	2.25	0.17	0.31	0.04
赤鼻棱鳀	10.88	1.69	2.75	1.65
短鳍鲔	1.95	1.52	2.14	0.36
多鳞鱚	4.23	1.69	3.06	0.87
红狼牙虾虎鱼	0.35	0.17	0.31	0.01
尖海龙	1.09	4.57	3.67	0.99
李氏鲔	0.21	0.17	0.31	0.01
六丝钝尾虾虎鱼	18.48	11.84	15.60	22.59
矛尾虾虎鱼	4.55	1.18	2.14	0.59
皮氏叫姑鱼	5.53	3.21	4.28	1.79
普氏栉虾虎鱼	0.08	0.51	0.92	0.03
鳀	11.96	11.51	13.15	14.74
细条天竺鲷	4.17	2.71	4.59	1.51
虾虎鱼科	0.08	0.51	0.92	0.03
鲔属	6.20	5.41	8.26	4.58
长蛇鲻	3.60	3.72	5.81	2.03
长丝虾虎鱼	10.98	13.20	18.35	21.19
中华栉孔虾虎鱼	0.05	0.17	0.31	0.00
钟馗虾虎鱼	0.93	0.68	0.92	0.07

（续）

物种	W%	N%	F%	IRI%
虾类	5.96	21.32	31.19	15.88
敖氏长臂虾	0.13	0.17	0.31	0.00
戴氏赤虾	3.36	13.20	19.27	15.24
东方长眼虾	0.01	0.34	0.31	0.01
对虾科	0.33	0.51	0.92	0.04
葛氏长臂虾	0.13	0.17	0.31	0.00
鼓虾属	0.03	0.17	0.31	0.00
脊腹褐虾	0.09	0.17	0.31	0.00
日本鼓虾	0.04	0.34	0.61	0.01
细螯虾	0.04	0.51	0.92	0.02
细巧仿对虾	0.13	0.68	1.22	0.05
鹰爪虾	1.20	0.85	1.22	0.12
疣背宽额虾	0.09	1.86	2.75	0.26
长臂虾科	0.06	0.51	0.31	0.01
长足七腕虾	0.28	1.02	0.92	0.06
中华安乐虾	0.05	0.85	1.53	0.07
头足类	6.42	11.00	19.27	11.00
枪乌贼属	5.85	8.80	15.29	10.70
双喙耳乌贼	0.39	1.52	2.75	0.25
四盘耳乌贼	0.19	0.68	1.22	0.05
双壳类	0.01	0.34	0.61	0.01
等边浅蛤	0.01	0.34	0.61	0.01
蛇尾类	0.01	0.51	0.92	0.02
司氏盖蛇尾	0.01	0.51	0.92	0.02
腹足类	0.01	0.51	0.61	0.01
半褶织纹螺	0.00	0.17	0.31	0.00
耳口露齿螺	0.01	0.34	0.31	0.01
多毛类	0.01	0.34	0.61	0.01

九、短吻红舌鳎

1. 全长组成

2013—2017年，对海州湾海域887尾短吻红舌鳎进行生物学测定，全长范围为15～274 mm，平均全长为128.46 mm，优势全长为135～165 mm，占总尾数的27.59%（图5-31）。

春季，短吻红舌鳎的全长范围为58～274 mm，平均全长为134.30 mm，优势全长为

75～105 mm，占春季总尾数的 27.59%（图 5-31，表 5-27）。

秋季，短吻红舌鳎的全长范围为 15～244 mm，平均全长为 124.71 mm，优势全长为 105～195 mm，占秋季总尾数的 64.03%（图 5-31，表 5-27）。

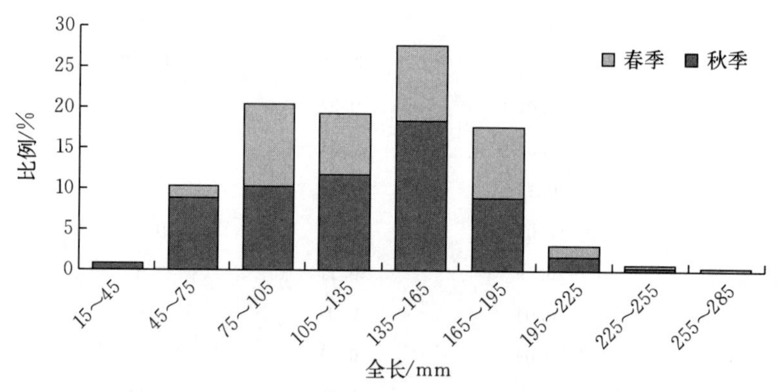

图 5-31　海州湾短吻红舌鳎全长组成

表 5-27　海州湾短吻红舌鳎全长组成及其季节变化

季节	全长范围/mm	平均全长/mm	优势全长/mm	优势全长所占比例/%	样品数量
春季	58～274	134.30	75～105	27.59	363
秋季	15～244	124.71	105～195	64.03	524

2. 体重组成

2013—2017 年短吻红舌鳎的体重范围为 0.14～109.27 g，平均体重为 12.69 g，优势体重为 0～10 g，占总尾数的 48.75%（图 5-32）。

春季，短吻红舌鳎的体重范围为 0.59～109.27 g，平均体重为 13.70 g，优势体重为 0～10 g，占春季总尾数的 46.01%（图 5-32，表 5-28）。

秋季，短吻红舌鳎的体重范围为 0.14～81.20 g，平均体重为 12.03 g，优势体重为 0～10 g，占秋季总尾数的 48.09%（图 5-32，表 5-28）。

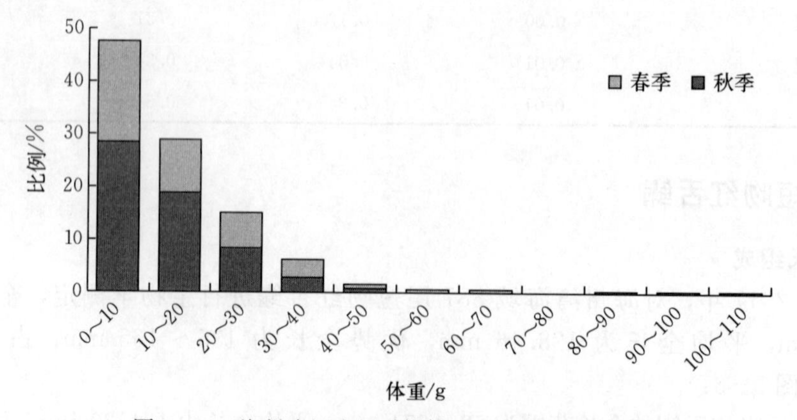

图 5-32　海州湾短吻红舌鳎体重组成及其季节变化

表 5-28　海州湾短吻红舌鳎体重组成及其季节变化

季节	体重范围/g	平均体重/g	优势体重/g	优势体重所占比例/%	样品数量
春季	0.59～109.27	13.70	0～10	46.01	363
秋季	0.14～81.20	12.03	0～10	48.09	524

3. 体重-全长关系

海州湾短吻红舌鳎体重与全长的关系如图 5-33 所示。其关系式为：

$$W=3\times10^{-6}L^{3.0553},\ R^2=0.9174$$

式中：W 为体重（g）；L 为全长（mm）。

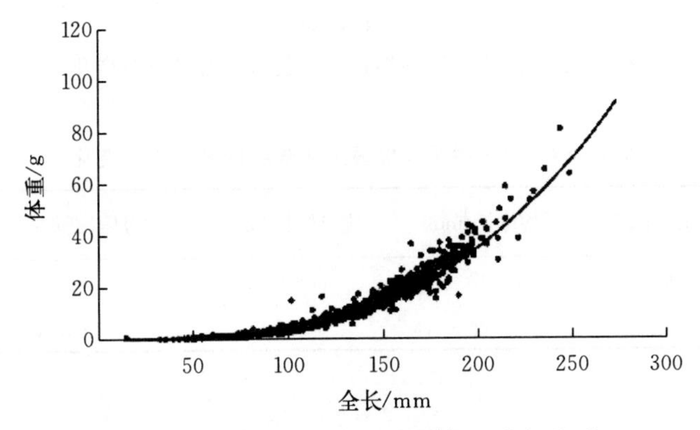

图 5-33　海州湾短吻红舌鳎体重-全长关系

4. 年龄组成

使用电子体长频率分析方法（ELEFAN）获取生长参数后，对 901 尾短吻红舌鳎个体进行年龄换算。海州湾短吻红舌鳎平均年龄为 0.63 龄。以当年生幼鱼为主，占 82.25%；1 龄鱼占 17.31%；2 龄及以上鱼占 0.44%。

春季，短吻红舌鳎年龄组成为 0～3 龄，主要龄组为当年生幼鱼，占 78.35%，平均年龄为 0.67 龄；秋季，短吻红舌鳎年龄组成为 0～2 龄，主要龄组为当年生幼鱼，占 84.89%，平均年龄为 0.61 龄。

十、黑鳃梅童鱼

1. 体长组成

2013—2017 年，对海州湾海域 246 尾黑鳃梅童鱼进行生物学测定，体长范围为 20～108 mm，平均体长为 75.80 mm，优势体长为 80～100 mm，占总尾数的 42.98%（图 5-34）。

春季，黑鳃梅童鱼的体长范围为 56～108 mm，平均体长为 76.37 mm，优势体长为 80～100 mm，占春季总尾数的 72.03%（图 5-34，表 5-29）。

秋季，黑鳃梅童鱼的体长范围为 20～106 mm，平均体长为 75.28 mm，优势体长为 50～70 mm，占秋季总尾数的 64.65%（图 5-34，表 5-29）。

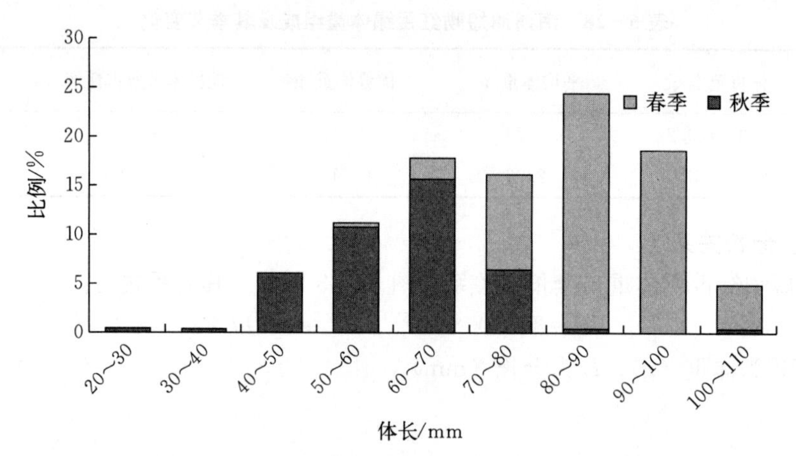

图 5-34 海州湾黑鳃梅童鱼体长组成及其季节变化

表 5-29 海州湾黑鳃梅童鱼体长组成及其季节变化

季节	体长范围/mm	平均体长/mm	优势体长/mm	优势体长所占比例/%	样品数量
春季	56～108	76.37	80～100	72.03	144
秋季	20～106	75.28	50～70	64.65	102

2. 体重组成

2013—2017 年黑鳃梅童鱼的体重范围为 0.17～20.67 g，平均体重为 8.34 g，优势体重为 3～6 g，占总尾数的 20.73%（图 5-35）。

春季，黑鳃梅童鱼的体重范围为 2.34～20.67 g，平均体重为 11.59 g，优势体重为 6～15 g，占春季总尾数的 77.08%（图 5-35，表 5-30）。

秋季，黑鳃梅童鱼的体重范围为 0.17～14.99 g，平均体重为 3.76 g，优势体重为 3～6 g，占秋季总尾数的 44.11%（图 5-35，表 5-30）。

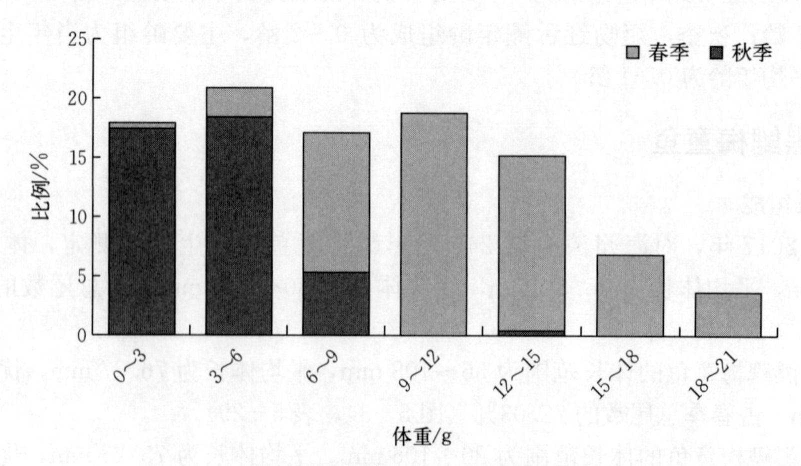

图 5-35 海州湾黑鳃梅童鱼体重组成及其季节变化

表 5-30　海州湾黑鳃梅童鱼体重组成及其季节变化

季节	体重范围/g	平均体重/g	优势体重/g	优势体重所占比例/%	样品数量
春季	2.34～20.67	11.59	6～15	77.08	144
秋季	0.17～14.99	3.76	3～6	44.11	102

3. 体重-体长关系

海州湾黑鳃梅童鱼体重与体长的关系如图 5-36 所示。其关系式为：

$$W=8\times10^{-6}L^{3.1661},\ R^2=0.9324$$

式中：W 为体重（g）；L 为体长（mm）。

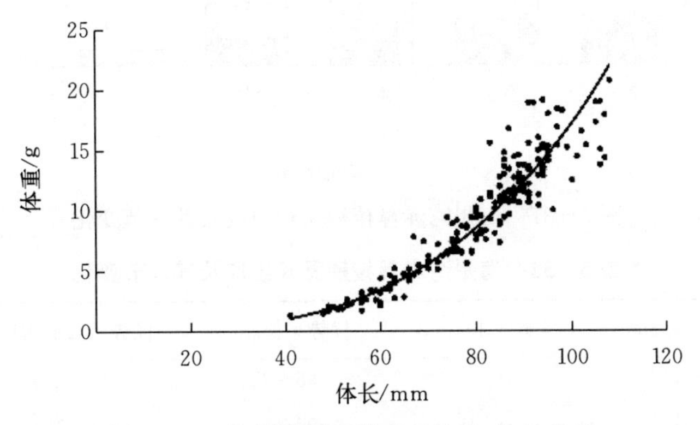

图 5-36　海州湾黑鳃梅童鱼体重-体长关系

4. 性比与性腺成熟度

黑鳃梅童鱼为暖温性中下层小型鱼类，产卵期为 5—7 月，盛期 6 月（王所安，2001）。2013—2017 年春季共鉴定出黑鳃梅童鱼雌性 41 尾，雄性 3 尾，性比为 13.67∶1。黑鳃梅童鱼性腺成熟度主要为Ⅱ～Ⅲ期，其中雌性 36 尾，占雌鱼总尾数的 87.80%；雄性 3 尾（表 5-31）。

表 5-31　海州湾春季黑鳃梅童鱼性腺成熟度及所占比例

性腺成熟度	样品数	雌性		雄性	
		样品数	所占比例/%	样品数	所占比例/%
Ⅱ	18	15	36.58	3	100.00
Ⅲ	21	21	51.22	0	0.00
Ⅳ	2	2	4.88	0	0.00
Ⅴ	3	3	7.32	0	0.00

十一、赤鼻棱鳀

1. 叉长组成

2013—2017 年，对海州湾海域 628 尾赤鼻棱鳀进行生物学测定，叉长范围为 55～

115 mm，平均叉长为75.80 mm，优势叉长为65～85 mm，占总尾数的73.07%（图5-37）。

春季，赤鼻棱鳀的叉长范围为63～115 mm，平均叉长为76.91 mm，优势叉长为65～85 mm，占春季总尾数的84.43%（图5-37，表5-32）。

秋季，赤鼻棱鳀的叉长范围为55～107 mm，平均叉长为73.01 mm，优势叉长为55～75 mm，占秋季总尾数的74.25%（图5-37，表5-32）。

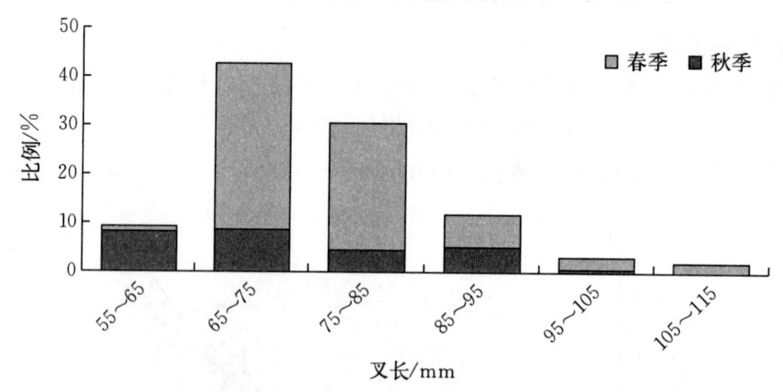

图5-37 海州湾赤鼻棱鳀叉长组成及其季节变化

表5-32 海州湾赤鼻棱鳀叉长组成及其季节变化

季节	叉长范围/mm	平均叉长/mm	优势叉长/mm	优势叉长所占比例/%	样品数量
春季	63～115	76.91	65～85	84.43	441
秋季	55～107	73.01	55～75	74.25	187

2. 体重组成

2013—2017年赤鼻棱鳀的体重范围为1.08～14.23 g，平均体重为4.66 g，优势体重为2～6 g，占总尾数的82.96%（图5-38）。

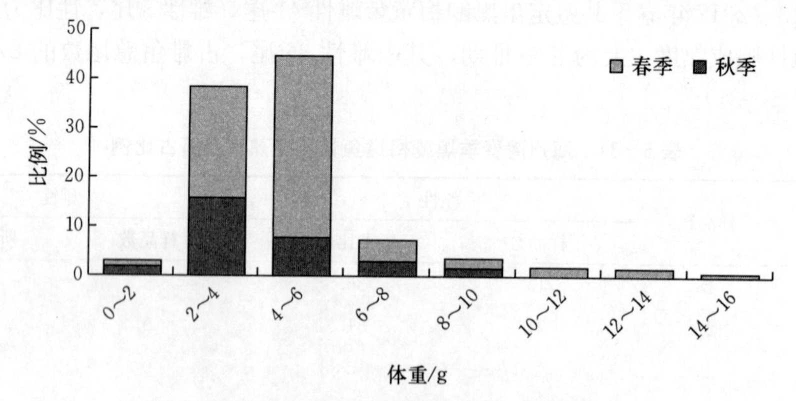

图5-38 海州湾赤鼻棱鳀体重组成及其季节变化

春季，赤鼻棱鳀的体重范围为1.42～14.23 g，平均体重为4.88 g，优势体重为2～6 g，占春季总尾数的84.80%（图5-38，表5-33）。

秋季，赤鼻棱鳀的体重范围为1.08～12.78 g，平均体重为4.13 g，优势体重为2～6 g，占秋季总尾数的78.58%（图5-38，表5-33）。

表 5-33　海州湾赤鼻棱鳀体重组成及其季节变化

季节	体重范围/g	平均体重/g	优势体重/g	优势体重所占比例/%	样品数量
春季	1.42～14.23	4.88	2～6	84.80	441
秋季	1.08～12.78	4.13	2～6	78.58	187

3. 体重-叉长关系

海州湾赤鼻棱鳀体重与叉长的关系如图 5-39 所示。其关系式为：

$$W=7\times10^{-5}L^{2.5612},\ R^2=0.7298$$

式中：W 为体重（g）；L 为叉长（mm）。

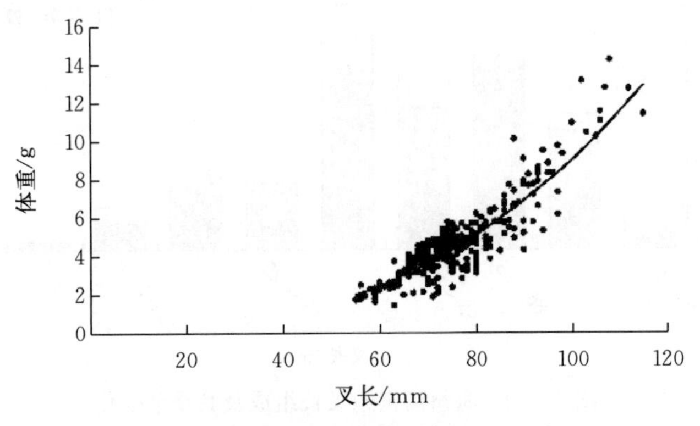

图 5-39　海州湾赤鼻棱鳀体重-叉长关系

4. 年龄组成

使用电子体长频率分析方法（ELEFAN）获取生长参数后，对 628 尾赤鼻棱鳀个体进行年龄换算。海州湾赤鼻棱鳀平均年龄为 0.62 龄。以当年生幼鱼为主，占全部个体的 95.54%；1 龄鱼占 4.46%。

春季，赤鼻棱鳀年龄组成为 0～1 龄，优势个体为当年生幼鱼，占 94.57%，平均年龄为 0.63 龄；秋季，赤鼻棱鳀年龄组成为 0～1 龄，优势个体为当年生幼鱼，占 96.79%，平均年龄为 0.60 龄。

5. 性比与性腺成熟度

赤鼻棱鳀是海州湾的优势鱼种之一，生长速度相对较快，性成熟早，1 龄即达性成熟（任一平等，2002）。2013—2017 年春季，共鉴定出赤鼻棱鳀雌性 32 尾，雄性 3 尾，性比为 10.67∶1（表 5-34）。

表 5-34　海州湾春季赤鼻棱鳀性腺成熟度及所占比例

成熟度	样品数	雌性		雄性	
		样品数	所占比例/%	样品数	所占比例/%
Ⅱ	11	10	31.24	1	33.33
Ⅲ	13	11	34.38	2	66.67
Ⅳ	11	11	34.38	0	0.00

十二、银鲳

1. 叉长组成

2013—2017 年，对海州湾海域 357 尾银鲳进行生物学测定，叉长范围为 65～162 mm，平均叉长为 100.02 mm，优势叉长为 105～115 mm，占总尾数的 21.96%（图 5-40）。

春季，银鲳的叉长范围为 65～137 mm，平均叉长为 99.50 mm，优势叉长为 95～115 mm，占春季总尾数的 70.37%（图 5-40，表 5-35）。

秋季，银鲳的叉长范围为 69～162 mm，平均叉长为 100.10 mm，优势叉长为 105～115 mm，占秋季总尾数的 23.69%（图 5-40，表 5-35）。

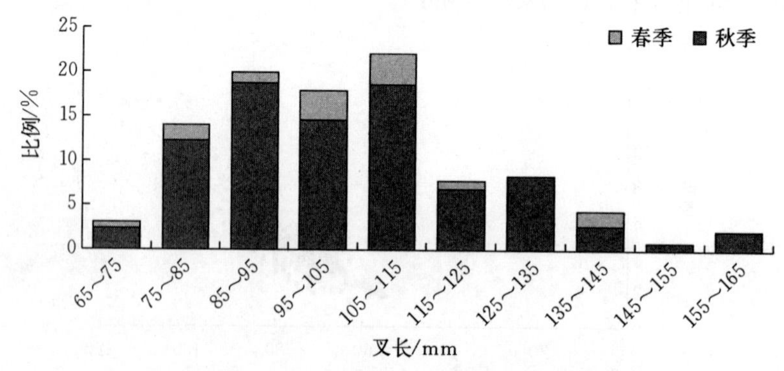

图 5-40 海州湾银鲳叉长组成及其季节变化

表 5-35 海州湾银鲳叉长组成及其季节变化

季节	叉长范围/mm	平均叉长/mm	优势叉长/mm	优势叉长所占比例/%	样品数量
春季	65～137	99.50	95～115	70.37	72
秋季	69～162	100.10	105～115	23.69	285

2. 体重组成

2013—2017 年银鲳的体重范围为 5.76～225.00 g，平均体重为 28.92 g，优势体重为 5～35 g，占总尾数的 72.54%（图 5-41）。

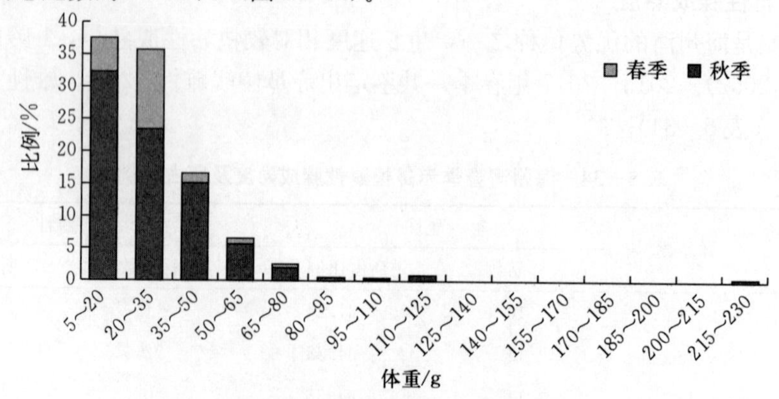

图 5-41 海州湾银鲳体重组成及其季节变化

春季，银鲳的体重范围为 6.68～74.33 g，平均体重为 27.06 g，优势体重为 20～35 g，占春季总尾数的 59.69%（图 5-41，表 5-36）。

秋季，银鲳的体重范围为 5.76～225.00 g，平均体重为 29.39 g，优势体重为 5～35 g，占秋季总尾数的 69.12%（图 5-41，表 5-36）。

表 5-36　海州湾银鲳体重组成及其季节变化

季节	体重范围/g	平均体重/g	优势体重/g	优势体重所占比例/%	样品数量
春季	6.68～74.33	27.06	20～35	59.69	72
秋季	5.76～225.00	29.39	5～35	69.12	285

3. 体重-叉长关系

海州湾银鲳体重与叉长的关系如图 5-42 所示。其关系式为：

$$W=9\times10^{-6}L^{3.1938},\ R^2=0.9229$$

式中：W 为体重（g）；L 为叉长（mm）。

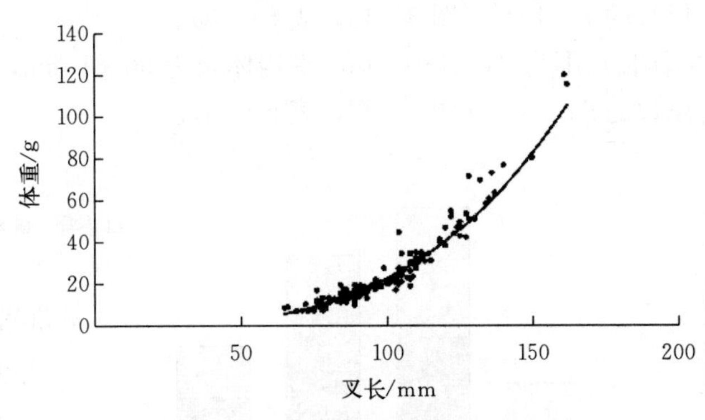

图 5-42　海州湾银鲳体重-叉长关系

4. 年龄组成

使用电子体长频率分析方法（ELEFAN）获取生长参数后，对 324 尾银鲳个体进行年龄换算。海州湾银鲳平均年龄为 0.92 龄。以当年生幼鱼为主，占全部个体的 60.49%；1 龄鱼占 38.89%；2 龄鱼占 0.62%。

春季，银鲳年龄组成为 0～1 龄，主要龄组为当年生幼鱼，占 64.71%，平均年龄为 0.93 龄；秋季，银鲳年龄组成为 0～2 龄，主要龄组为当年生幼鱼，占 59.37%，平均年龄为 0.92 龄。

5. 性比与性腺成熟度

银鲳是海州湾的优势鱼种之一，产卵期为每年的 4—6 月，各产卵场的主要产卵期随纬度的增高而推迟（郑元甲，2003）。2013—2017 年春季，随机取样的银鲳共鉴定出雌性 8 尾，雄性 6 尾，性比为 1.33∶1。性腺成熟度主要为Ⅱ～Ⅲ期，其中雌性共 6 尾，占雌鱼总尾数的 75.00%；雄性共 6 尾（表 5-37）。

表 5-37　海州湾春季银鲳性腺成熟度及所占比例

性腺成熟度	样品数	雌性		雄性	
		样品数	所占比例/%	样品数	所占比例/%
Ⅱ	6	2	25.00	4	66.67
Ⅲ	6	4	50.00	2	33.33
Ⅳ	2	2	25.00	0	0.00

第二节　甲 壳 类

一、口虾蛄

1. 体长组成

2013—2017 年，对海州湾海域 1 555 尾口虾蛄进行生物学测定，体长范围为 24～180 mm，平均体长为 96.1 mm，优势体长为 70～120 mm，占总尾数的 68.01%（图 5-43）。

春季，口虾蛄的体长范围为 37～164 mm，平均体长为 95.43 mm，优势体长为 70～120 mm，占春季总尾数的 71.49%（图 5-43，表 5-38）。

秋季，口虾蛄的体长范围为 24～180 mm，平均体长为 96.81 mm，优势体长为 70～120 mm，占秋季总尾数的 64.33%（图 5-43，表 5-38）。

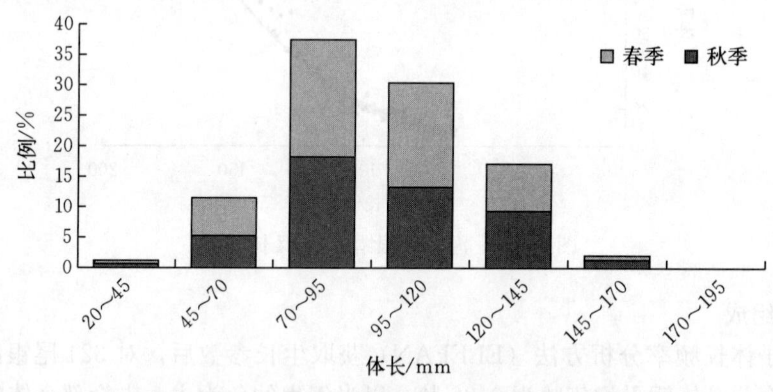

图 5-43　海州湾口虾蛄体长组成及其季节变化

表 5-38　海州湾口虾蛄体长组成及其季节变化

季节	体长范围/mm	平均体长/mm	优势体长/mm	优势体长所占比例/%	样品数量
春季	37～164	95.43	70～120	71.49	796
秋季	24～180	96.81	70～120	64.33	759

2. 体重组成

2013—2017 年口虾蛄的体重范围为 0.79～73.72 g，平均体重为 12.63 g，优势体重为 0～10 g，占总尾数的 49.51%（图 5-44）。

春季，口虾蛄的体重范围为0.91～73.72 g，平均体重为11.98 g，优势体重为0～10 g，占春季总尾数的50.49%（图5-44，表5-39）。

秋季，口虾蛄的体重范围为0.79～48.17 g，平均体重为17.31 g，优势体重为0～10 g，占秋季总尾数的48.47%（图5-44，表5-39）。

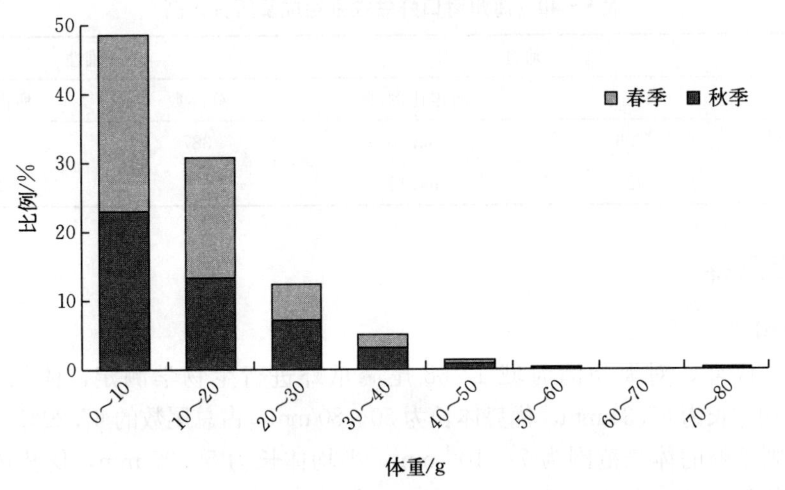

图5-44　海州湾口虾蛄体重组成及其季节变化

表5-39　海州湾口虾蛄体重组成及其季节变化

季节	体重范围/g	平均体重/g	优势体重/g	优势体重所占比例/%	样品数量
春季	0.91～73.72	11.98	0～10	50.49	796
秋季	0.79～48.17	17.31	0～10	48.47	759

3. 体重-体长关系

海州湾口虾蛄体重与体长的关系如图5-45所示。其关系式为：

$$W=8.0\times10^{-5}L^{2.5869}，R^2=0.8185$$

式中：W 为体重（g）；L 为体长（mm）。

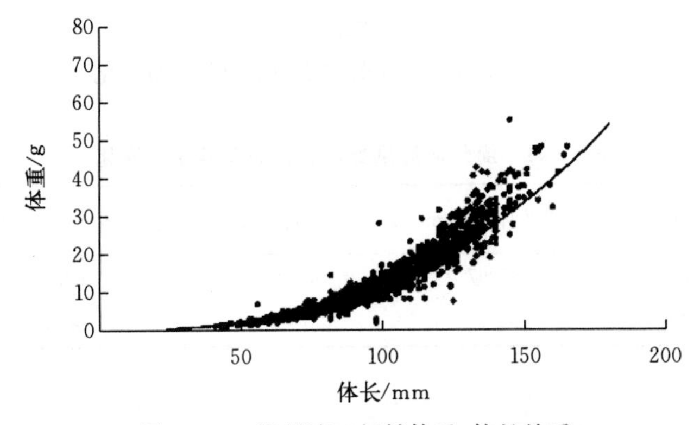

图5-45　海州湾口虾蛄体重-体长关系

4. 性别组成

2013—2017 年随机取 1 441 尾口虾蛄样品鉴别雌雄，其中雌性 819 尾，雄性 622 尾。春季，口虾蛄雌性 399 尾，雄性 387 尾，性比为 1.03∶1；秋季，口虾蛄雌性 420 尾，雄性 235 尾，性比为 1.79∶1。(表 5-40)。

表 5-40 海州湾口虾蛄性别组成及所占比例

季节	雌性		雄性	
	样品数	所占比例/%	样品数	所占比例/%
春季	399	50.76	387	49.24
秋季	420	64.12	235	35.88

二、鹰爪虾

1. 体长组成

2013—2017 年，对海州湾海域 1 268 尾鹰爪虾进行生物学测定，体长范围为 7～116 mm，平均体长为 67.34 mm，优势体长为 50～80 mm，占总尾数的 67.20%（图 5-46）。

春季，鹰爪虾的体长范围为 7～106 mm，平均体长为 59.97 mm，优势体长为 50～80 mm，占春季总尾数的 68.06%（图 5-46，表 5-41）。

秋季，鹰爪虾的体长范围为 15～116 mm，平均体长为 70.71 mm，优势体长为 50～80 mm，占秋季总尾数的 66.77%（图 5-46，表 5-41）。

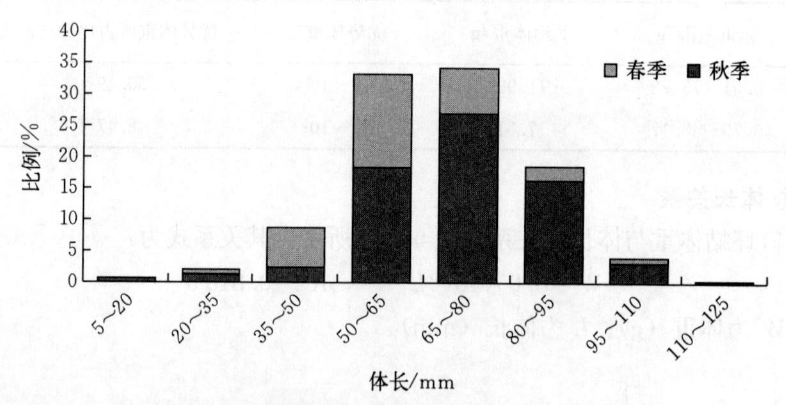

图 5-46 海州湾鹰爪虾体长组成及其季节变化

表 5-41 海州湾鹰爪虾体长组成及其季节变化

季节	体长范围/mm	平均体长/mm	优势体长/mm	优势体长所占比例/%	样品数量
春季	7～106	59.97	50～80	68.06	408
秋季	15～116	70.71	50～80	66.77	860

2. 体重组成

2013—2017 年鹰爪虾的体重范围为 0.18～35.62 g，平均体重为 3.75 g，优势体重为

0～4 g，占总尾数的 67.11%（图 5-47）。

春季，鹰爪虾的体重范围为 0.18～12.33 g，平均体重为 2.49 g，优势体重为 0～4 g，占春季总尾数的 86.02%（图 5-47，表 5-42）。

秋季，鹰爪虾的体重范围为 0.31～35.62 g，平均体重为 4.35 g，优势体重为 0～4 g，占秋季总尾数的 58.09%（图 5-47，表 5-42）。

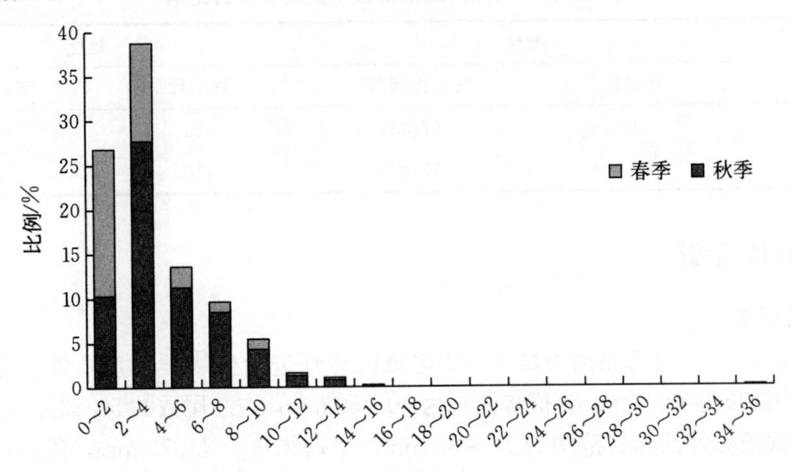

图 5-47　海州湾鹰爪虾体重组成及其季节变化

表 5-42　海州湾鹰爪虾体重组成及其季节变化

季节	体重范围/g	平均体重/g	优势体重/g	优势体重所占比例/%	样品数量
春季	0.18～12.33	2.49	0～4	86.02	408
秋季	0.31～35.62	4.35	0～4	58.09	860

3. 体重-体长关系

海州湾鹰爪虾体重与体长的关系如图 5-48 所示。其关系式为：

$$W=0.000\,2L^{2.252\,1},\ R^2=0.643\,1$$

式中：W 为体重（g）；L 为体长（mm）。

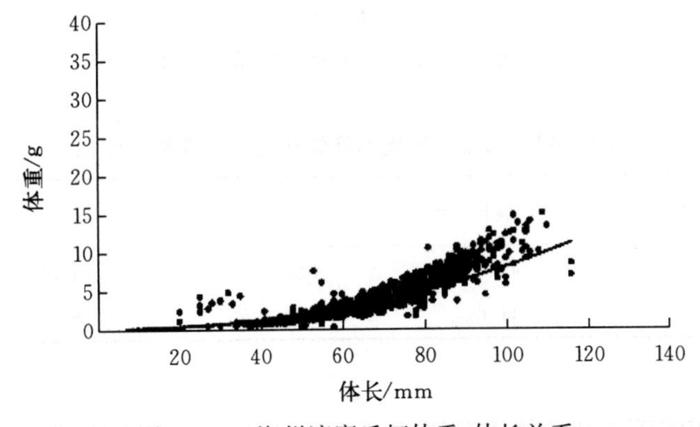

图 5-48　海州湾鹰爪虾体重-体长关系

4. 性别组成

2013—2017年随机取772尾鹰爪虾样品，共鉴定出雌性539尾，雄性233尾。其中春季雌性169尾，雄性123尾，性比为1.37∶1；秋季雌性370尾，雄性110尾，性比为3.36∶1（表5-43）。

表5-43 海州湾鹰爪虾性别组成及所占比例

季节	雌性		雄性	
	样品数	所占比例/%	样品数	所占比例/%
春季	169	57.88	123	42.12
秋季	370	77.08	110	22.92

三、戴氏赤虾

1. 体长组成

2013—2017年，对海州湾海域1 072尾戴氏赤虾进行生物学测定，体长范围为13～79 mm，平均体长为43.89 mm，优势体长为40～50 mm，占总尾数的50.80%（图5-49）。

春季，戴氏赤虾的体长范围为16～69 mm，平均体长为44.79 mm，优势体长为40～50 mm，占春季总尾数的49.62%（图5-49，表5-44）。

秋季，戴氏赤虾的体长范围为13～79 mm，平均体长为41.68 mm，优势体长为40～50 mm，占秋季总尾数的53.40%（图5-49，表5-44）。

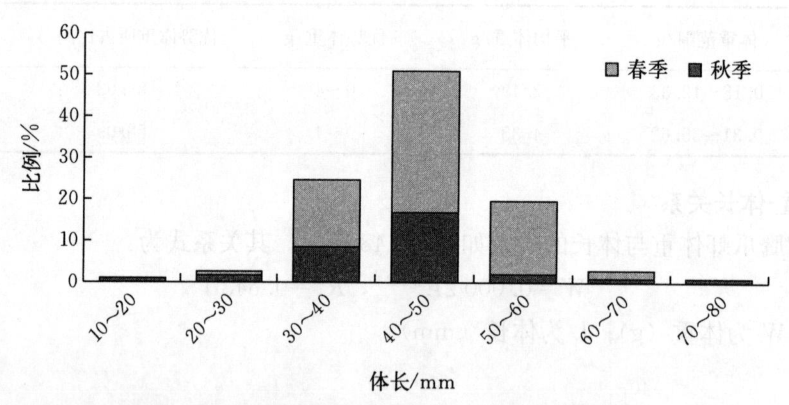

图5-49 海州湾戴氏赤虾体长组成及其季节变化

表5-44 海州湾戴氏赤虾体长组成及其季节变化

季节	体长范围/mm	平均体长/mm	优势体长/mm	优势体长所占比例/%	样品数量
春季	16～69	44.79	40～50	49.62	741
秋季	13～79	41.68	40～50	53.40	331

2. 体重组成

2013—2017年戴氏赤虾的体重范围为0.05～4.15 g，平均体重为0.80 g，优势体重为 0.5～1.0 g，占总尾数的 50.75%（图 5－50）。

春季，戴氏赤虾的体重范围为 0.05～3.00 g，平均体重为 0.87 g，优势体重为 0～1.0 g，占春季总尾数的 65.70%（图 5－50，表 5－45）。

秋季，戴氏赤虾的体重范围为 0.13～4.15 g，平均体重为 0.65 g，优势体重为 0.5～1.0 g，占秋季总尾数的 68.30%（图 5－50，表 5－45）。

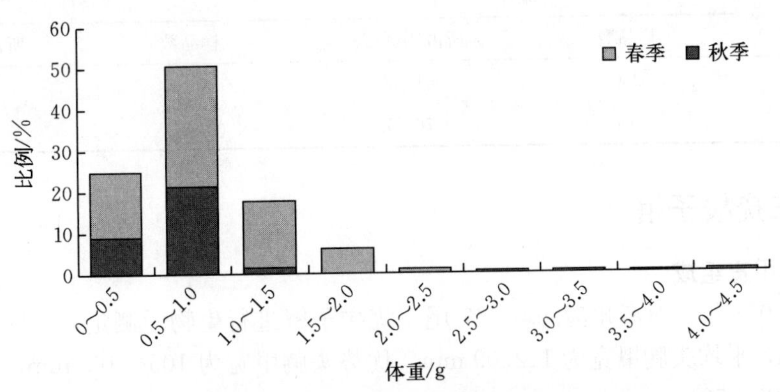

图 5－50　海州湾戴氏赤虾体重组成及其季节变化

表 5－45　海州湾戴氏赤虾体重组成及其季节变化

季节	体重范围/g	平均体重/g	优势体重/g	优势体重所占比例/%	样品数量
春季	0.05～3.00	0.87	0～1.00	65.70	741
秋季	0.13～4.15	0.65	0.5～1.00	68.30	331

3. 体重-体长关系

海州湾戴氏赤虾体重与体长的关系如图 5－51 所示。其关系式为：

$$W=6.0\times10^{-5}L^{2.4758},\ R^2=0.7259$$

式中：W 为体重（g）；L 为体长（mm）。

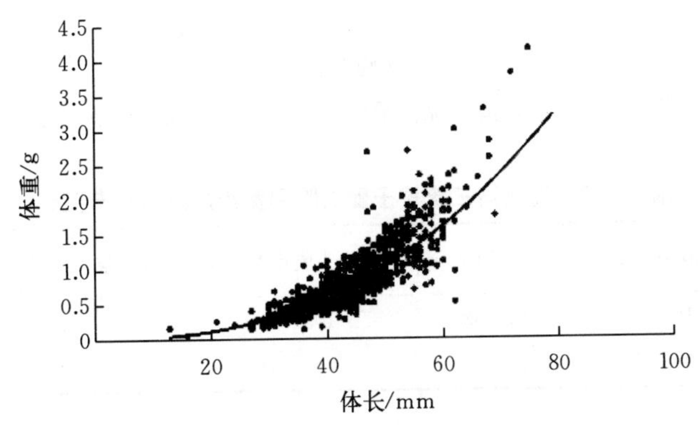

图 5－51　海州湾戴氏赤虾体重-体长关系

4. 性别组成

2013—2017年随机取421尾戴氏赤虾样品鉴别雌雄，其中雌性263尾，雄性158尾。春季，戴氏赤虾雌性250尾，雄性154尾，性比为1.62∶1；秋季，雌性13尾，雄性4尾，性比为3.25∶1（表5-46）。

表5-46　海州湾戴氏赤虾性别组成及所占比例

季节	雌性		雄性	
	样品数	所占比例/%	样品数	所占比例/%
春季	250	61.88	154	38.12
秋季	13	76.47	4	23.53

四、三疣梭子蟹

1. 头胸甲宽组成

2013—2017年，对海州湾海域547尾三疣梭子蟹进行生物学测定，头胸甲宽范围为26～208 mm，平均头胸甲宽为112.09 mm，优势头胸甲宽为105～165 mm，占总尾数的56.46%（图5-52）。

春季，三疣梭子蟹的头胸甲宽范围为29～193 mm，平均头胸甲宽为103.63 mm，优势头胸甲宽为105～165 mm，占春季总尾数的81.05%（图5-52，表5-47）。

秋季，三疣梭子蟹的头胸甲宽范围为26～208 mm，平均头胸甲宽为112.09 mm，优势头胸甲宽为105～145 mm，占秋季总尾数的41.82%（图5-52，表5-47）。

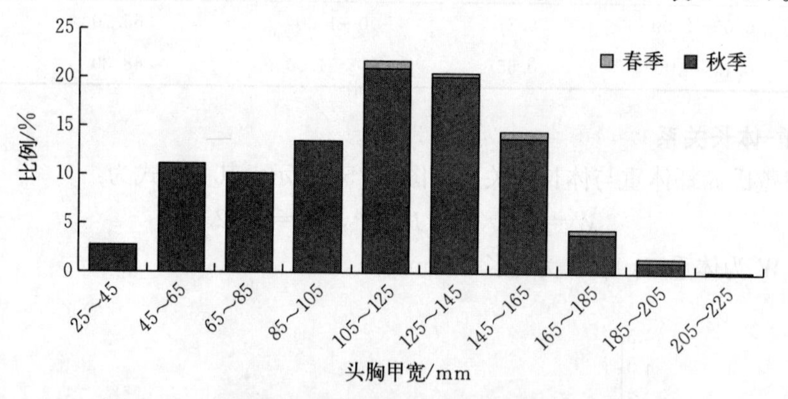

图5-52　海州湾三疣梭子蟹头胸甲宽组成及其季节变化

表5-47　海州湾三疣梭子蟹头胸甲宽组成及其季节变化

季节	头胸甲宽范围/mm	平均头胸甲宽/mm	优势头胸甲宽/mm	优势头胸甲宽所占比例/%	样品数量
春季	29～193	103.63	105～165	81.05	11
秋季	26～208	112.09	105～145	41.82	536

2. 体重组成

2013—2017年三疣梭子蟹的体重范围为1.56～449.87 g，平均体重为88.78 g，优势体重为 0～100 g，占总尾数的 64.16%（图 5-53）。

春季，三疣梭子蟹的体重范围为 1.56～441.50 g，平均体重为 74.12 g，优势体重为 50～150 g，占春季总尾数的 45.25%（图 5-53，表 5-48）。

秋季，三疣梭子蟹的体重范围为 1.56～449.87 g，平均体重为 0.65 g，优势体重为 0～100 g，占秋季总尾数的 64.73%（图 5-53，表 5-48）。

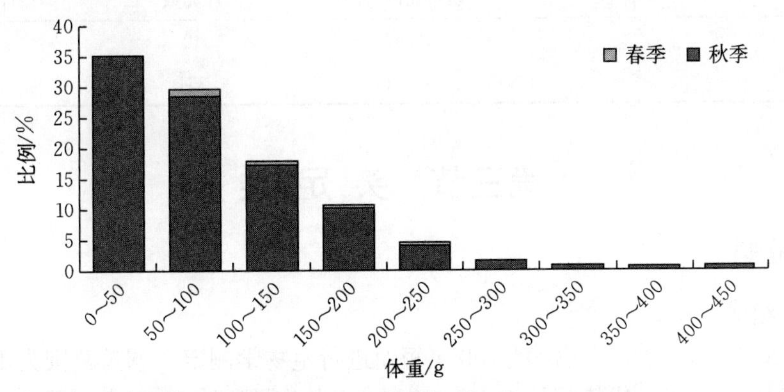

图 5-53　海州湾三疣梭子蟹体重组成及其季节组成

表 5-48　海州湾三疣梭子蟹体重组成及其季节变化

季节	体重范围/g	平均体重/g	优势体重/g	优势体重所占比例/%	样品数量
春季	1.56～441.50	74.12	50～150	45.25	11
秋季	1.56～449.87	0.65	0～100	64.73	536

3. 体重-头胸甲宽关系

海州湾三疣梭子蟹体重与头胸甲宽的关系如图 5-54 所示。其关系式为：

$$W=1.0\times10^{-4}L^{2.8311}, R^2=0.8965$$

式中：W 为体重（g）；L 为头胸甲宽（mm）。

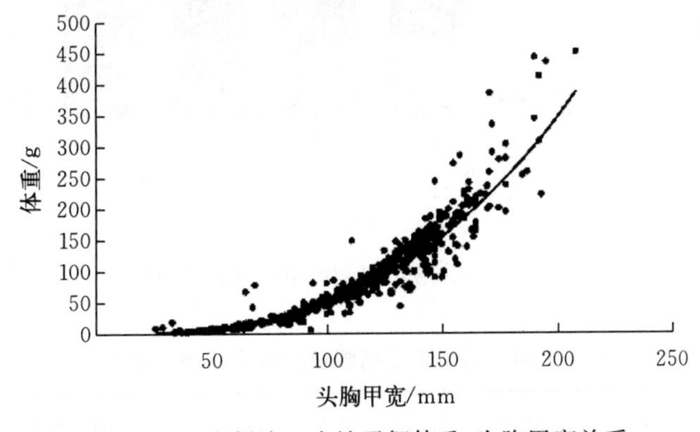

图 5-54　海州湾三疣梭子蟹体重-头胸甲宽关系

4. 性别组成

2013—2017 年随机取 558 尾三疣梭子蟹样品鉴别雌雄，其中雌性 197 尾，雄性 361

尾。春季，三疣梭子蟹雌性 2 尾，雄性 10 尾，性比为 1∶5；秋季，雌性 195 尾，雄性 351 尾，性比为 1∶1.8（表 5-49）。

表 5-49　海州湾三疣梭子蟹性别组成及所占比例

季节	雌性		雄性	
	样品数	所占比例/%	样品数	所占比例/%
春季	2	16.67	10	83.33
秋季	195	35.71	351	64.29

第三节　头 足 类

一、短蛸

1. 胴长组成

2013—2017 年，对海州湾海域 708 尾短蛸进行生物学测定，胴长范围为 10～80 mm，平均胴长为 46.10 mm，优势胴长为 40～60 mm，占总尾数的 60.59%（图 5-55）。

春季，短蛸的胴长范围为 14～80 mm，平均胴长为 49.71 mm，优势胴长为 40～70 mm，占春季总尾数的 71.87%（图 5-55，表 5-50）。

秋季，短蛸的胴长范围为 10～79 mm，平均胴长为 45.26 mm，优势胴长为 40～60 mm，占秋季总尾数的 64.03%（图 5-55，表 5-50）。

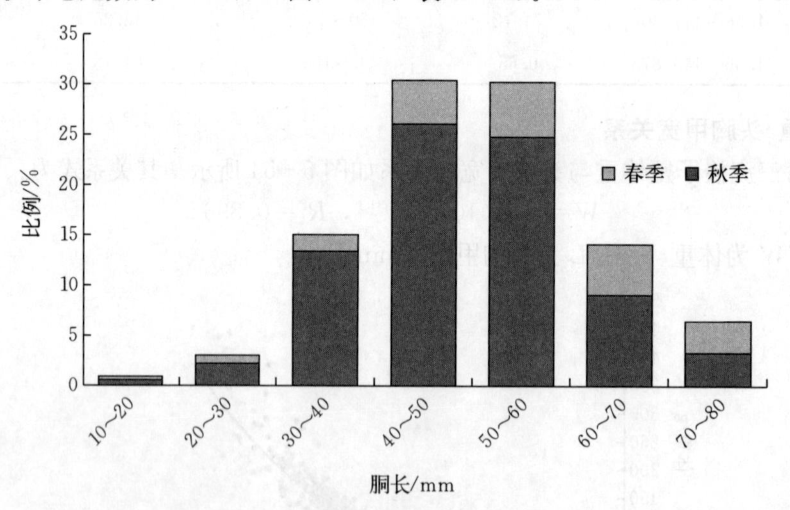

图 5-55　海州湾短蛸胴长组成及其季节变化

表 5-50　海州湾短蛸胴长组成及其季节变化

季节	胴长范围/mm	平均胴长/mm	优势胴长/mm	优势胴长所占比例/%	样品数量
春季	14～80	49.71	40～70	71.87	135
秋季	10～79	45.26	40～60	64.03	573

2. 体重组成

2013—2017 年短蛸的体重范围为 0.96～148.97 g，平均体重为 41.13 g，优势体重为 20～60 g，占总尾数的 64.80%（图 5-56）。

春季，短蛸的体重范围为 2.66～148.97 g，平均体重为 51.40 g，优势体重为 40～80 g，占春季总尾数的 52.19%（图 5-56，表 5-51）。

秋季，短蛸的体重范围为 0.96～122.86 g，平均体重为 38.71 g，优势体重为 20～60 g，占秋季总尾数的 72.98%（图 5-56，表 5-51）。

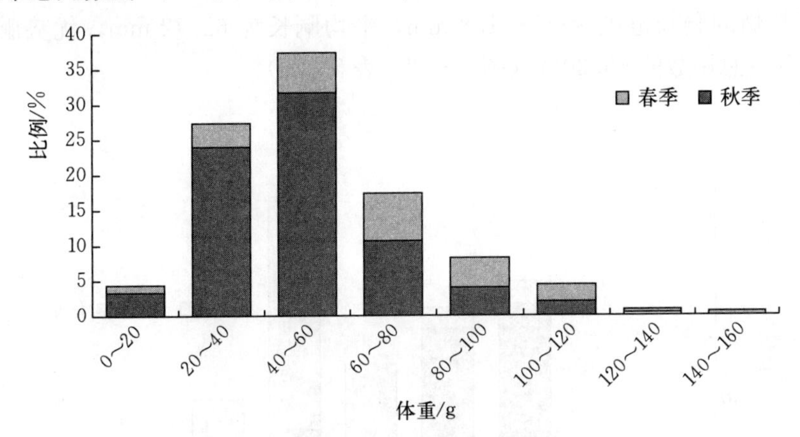

图 5-56　海州湾短蛸体重组成及其季节变化

表 5-51　海州湾短蛸体重组成及其季节变化

季节	体重范围/g	平均体重/g	优势体重/g	优势体重所占比例/%	样品数量
春季	2.66～148.97	51.40	40～80	52.19	135
秋季	0.96～122.86	38.71	20～60	72.98	573

3. 体重-胴长关系

海州湾短蛸体重与胴长的关系如图 5-57 所示。其关系式为：

$$W=0.0167L^{2.0088},\ R^2=0.7167$$

式中：W 为体重（g）；L 为胴长（mm）。

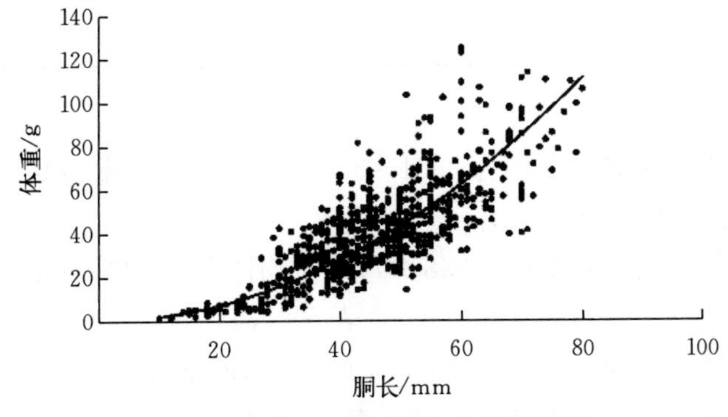

图 5-57　海州湾短蛸体重-胴长关系

二、长蛸

1. 胴长组成

2013—2017 年，对海州湾海域 102 尾长蛸进行生物学测定，胴长范围为 17～150 mm，平均胴长为 73.58 mm，优势胴长为 45～105 mm，占总尾数的 77.28%（图 5-58）。

春季，长蛸的胴长范围为 17～150 mm，平均胴长为 89.76 mm，优势胴长为 75～120 mm，占春季总尾数的 76.90%（图 5-58，表 5-52）。

秋季，长蛸的胴长范围为 35～138 mm，平均胴长为 62.72 mm，优势胴长为 30～75 mm，占秋季总尾数的 66.20%（图 5-58，表 5-52）。

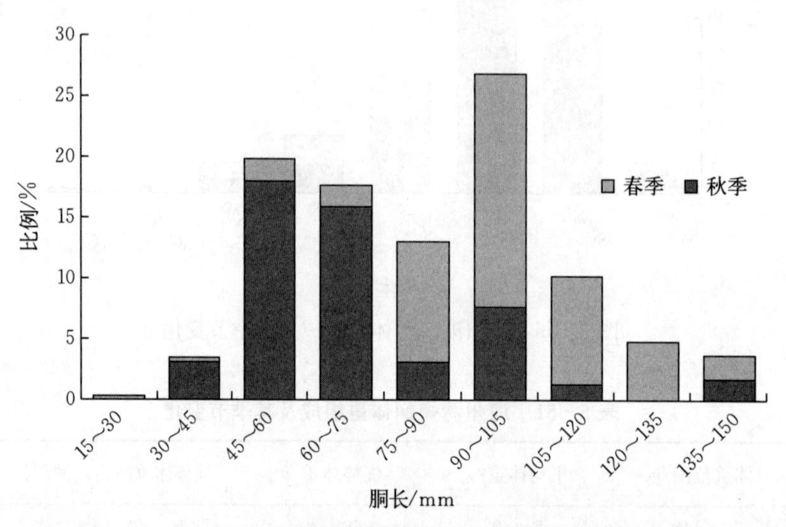

图 5-58　海州湾长蛸胴长组成及其季节变化

表 5-52　海州湾长蛸胴长组成及其季节变化

季节	胴长范围/mm	平均胴长/mm	优势胴长/mm	优势胴长所占比例/%	样品数量
春季	17～150	89.76	75～120	76.90	41
秋季	35～138	62.72	30～75	66.20	61

2. 体重组成

2013—2017 年长蛸的体重范围为 2.01～354.29 g，平均体重为 92.13 g，优势体重为 90～210 g，占总尾数的 53.58%（图 5-59）。

春季，长蛸的体重范围为 2.01～338.80 g，平均体重为 138.58 g，优势体重为 120～210 g，占春季总尾数的 59.53%（图 5-59，表 5-53）。

秋季，长蛸的体重范围为 8.48～354.29 g，平均体重为 60.92 g，优势体重为 30～90 g，占秋季总尾数的 52.37%（图 5-59，表 5-53）。

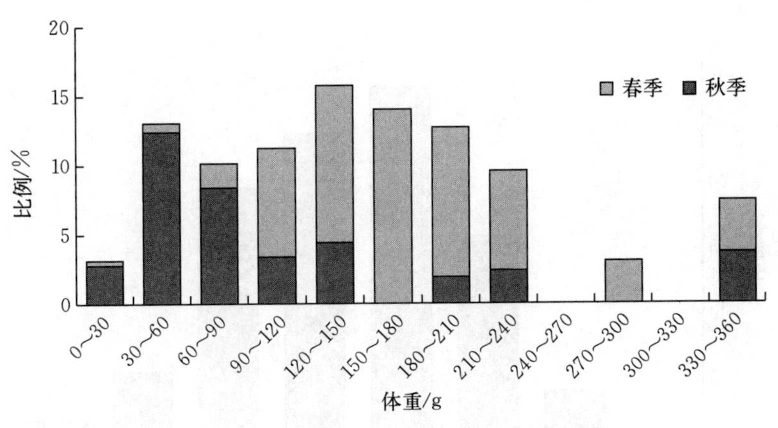

图 5-59　海州湾长蛸体重组成及其季节变化

表 5-53　海州湾长蛸体重组成及其季节变化

季节	体重范围/g	平均体重/g	优势体重/g	优势体重所占比例/%	样品数量
春季	2.01~338.80	138.58	120~210	59.53	41
秋季	8.48~354.29	60.92	30~90	52.37	61

3. 体重-胴长关系

海州湾长蛸体重与胴长的关系如图 5-60 所示。其关系式为：

$$W=0.004\,9L^{2.330\,9},\ R^2=0.662\,8$$

式中：W 为体重（g）；L 为胴长（mm）。

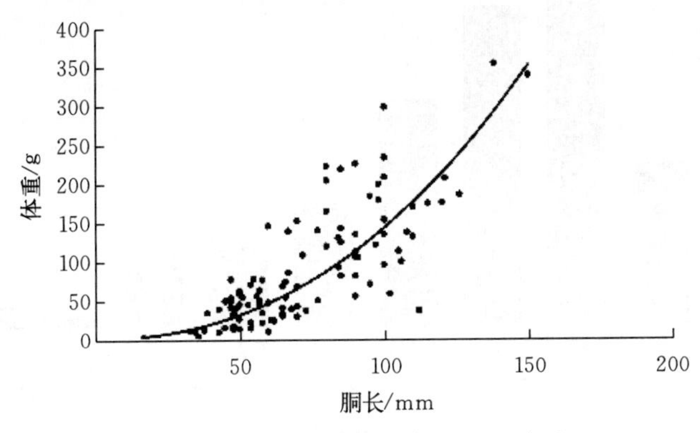

图 5-60　海州湾长蛸体重-胴长关系

三、金乌贼

1. 胴长组成

2013—2017 年秋季，对海州湾海域 600 尾金乌贼进行生物学测定，胴长范围为 15~130 mm，平均胴长为 69.99 mm，优势胴长为 60~90 mm，占总尾数的 51.38%（图 5-61）。

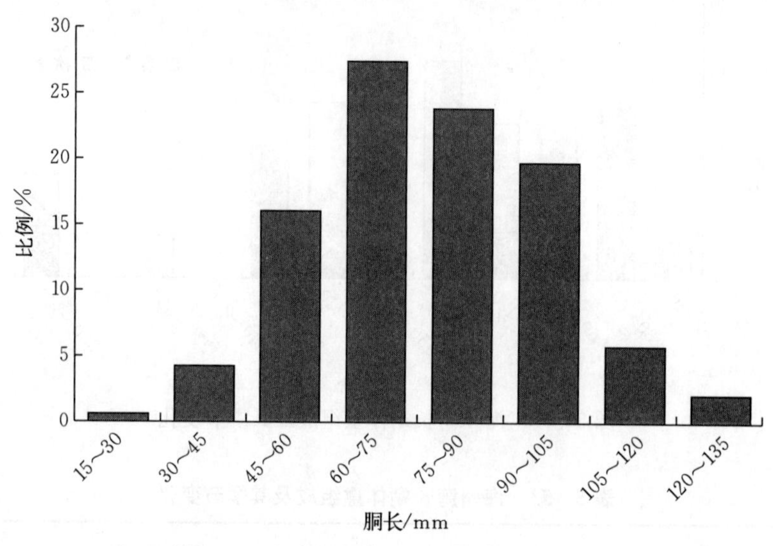

图 5-61　海州湾秋季金乌贼胴长组成

2. 体重组成

2013—2017 年秋季金乌贼的体重范围为 1.26～249.4 g，平均体重为 53.96 g，优势体重为 30～120 g，占总尾数的 65.41%（图 5-62）。

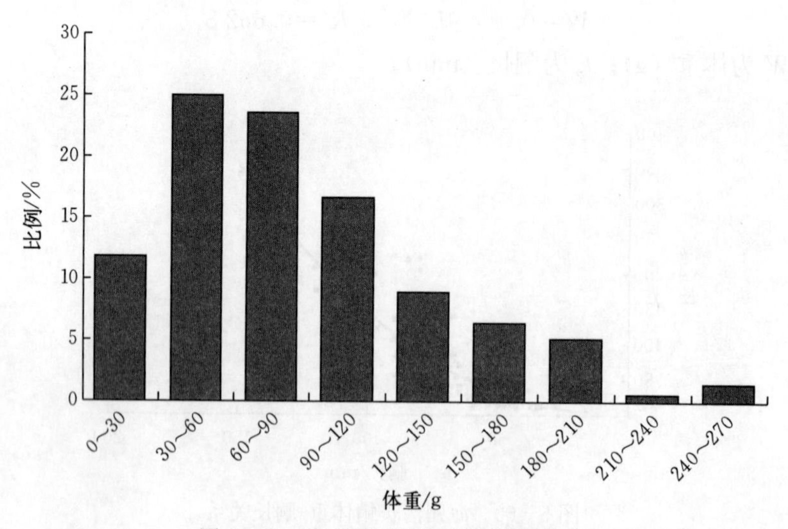

图 5-62　海州湾秋季金乌贼体重组成

3. 体重-胴长关系

海州湾金乌贼体重与胴长的关系如图 5-63 所示。其关系式为：

$$W=0.0017L^{2.3913}，R^2=0.8167$$

式中：W 为体重（g）；L 为胴长（mm）。

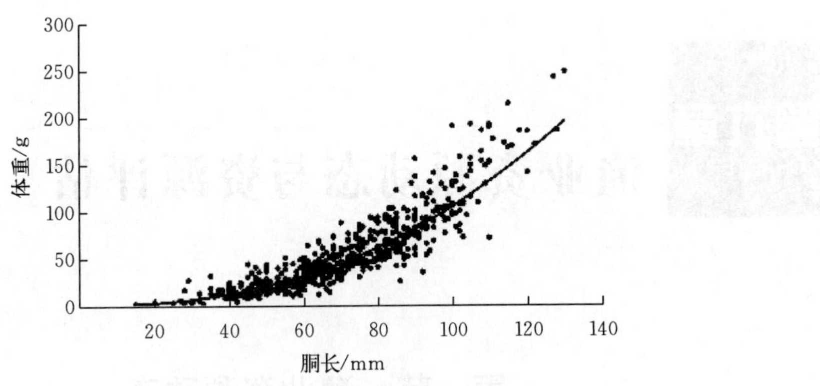

图 5-63　海州湾金乌贼体重-胴长关系

4. 性别组成

2013—2017 年秋季随机取 39 尾金乌贼样品鉴别雌雄，其中雌性 24 尾，雄性 15 尾，性比为 1.6∶1。

渔业资源动态与资源评估

第一节　渔业资源动态

一、采样与估算方法

本节采用扫海面积法研究了4个主要渔业资源类群（鱼类、虾类、蟹类和头足类）以及7种主要渔业物种（小黄鱼、方氏云鳚、大泷六线鱼、长蛇鲻、口虾蛄、银鲳、短吻红舌鳎）的资源量年际变化。样本来自海州湾海域（34°20′—35°40′N、119°20′—121°10′E）2013—2017年春秋季11个航次的底拖网调查，采样方法同第二章。采用分层随机抽样方法设计调查站位，每个航次调查18个站位。

各类群和物种的生物量计算采用基于分层随机抽样调查的扫海面积法（詹秉义，1995），计算公式为：

$$B = \sum \frac{A_i \times \overline{(C_w/a)}}{q} \tag{6-1}$$

式中：B为海域总生物量（t）；i为海区分层编号；A_i为该层海区面积（km^2）；C_w为该层调查所获总渔获量（t）；a为该层拖网的标准化扫海面积（km^2）；$\overline{C_w/a}$为该层多次拖网作业所得平均生物量密度（t/km^2）；q为各物种在底拖网调查中的捕获率。其中，标准化拖网扫海面积a由拖速、拖网时间以及拖网开口宽度确定，拖网开口宽度为25 m，标准化扫海所用参数为拖速2 kn、拖网时间1 h。

二、资源量变化趋势

1. 鱼类

根据式（6-1）计算海州湾主要鱼类的生物量，公式中使用的平均捕获率q为0.5。2013—2017年，海州湾主要鱼类总生物量的变动总体较为平稳，其变化趋势如图6-1所示。其中春季生物量在2013—2015年处于稳定水平，总量在4 000 t上下波动，2017年达到近年来的最低水平，仅有1 000余t。秋季生物量在2013—2015年较为稳定，2016年和2017年生物量呈上升趋势，2017年9月伏季休渔结束后，鱼类总生物量得到了一定的恢复，达到6 700余t，为五年内生物量的最高水平。

2. 虾类

2013—2017年，海州湾虾类的生物量波动较大，总体呈先增长后下跌的趋势，其变

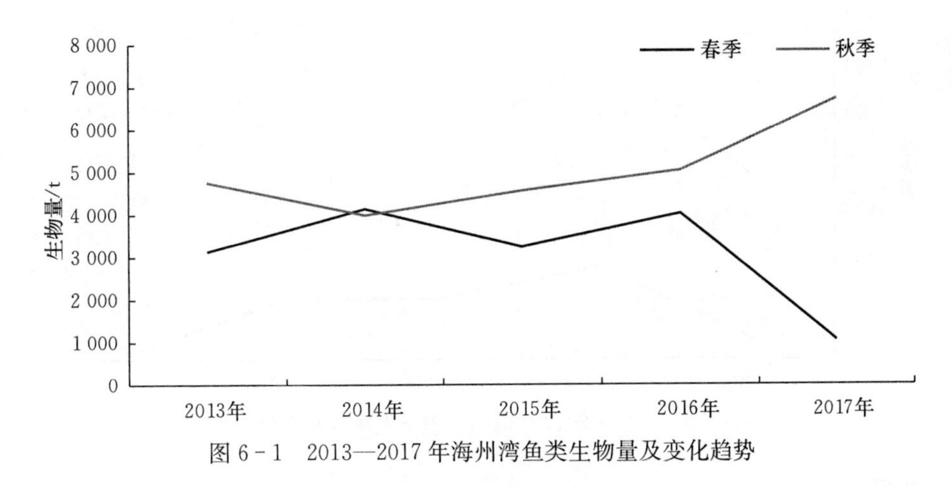

图 6-1　2013—2017 年海州湾鱼类生物量及变化趋势

化如图 6-2 所示。计算虾类生物量时使用的捕获率 q 为 0.5。2013 年海州湾虾类总生物量处于较低水平，为 700 t 左右。2014 年 5 月虾类生物量大幅上升至约 1 900 t，当年 10 月进一步增长至 2 500 余 t。2015 年春季，海州湾虾类生物量达到五年内同期最高水平，但 2015 年 10 月，迅速下跌至 500 t 左右。2016 年 5 月有所回升（达到 1 300 t），但之后海州湾虾类总生物量降至 600 t 以下，低于 2013 年水平。

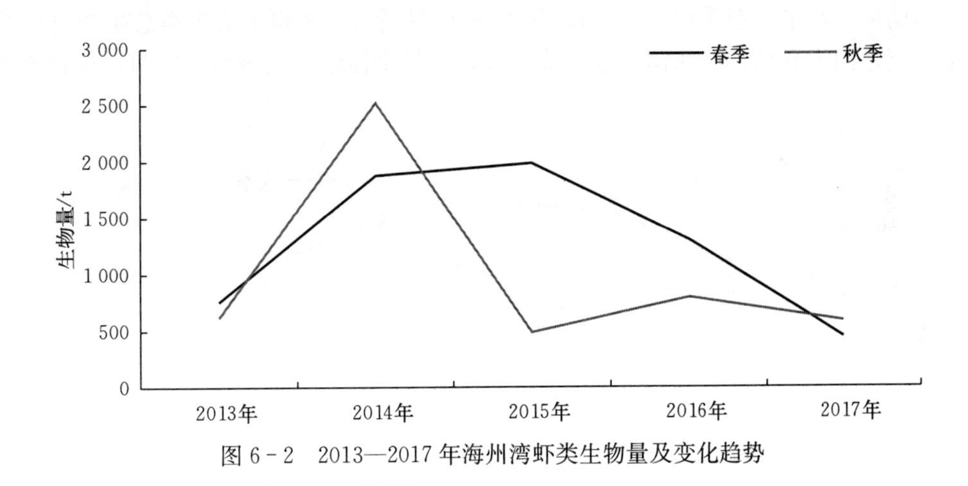

图 6-2　2013—2017 年海州湾虾类生物量及变化趋势

3. 蟹类

2013—2017 年，海州湾蟹类的生物量总体波动较大，季节性差异显著，其变化趋势如图 6-3 所示。计算蟹类生物量时使用的捕获率 q 为 0.8。海州湾蟹类秋季的总生物量均高于当年春季，其中 2014 年和 2016 年秋季蟹类总生物量水平最高，均超过 1 200 t，2013 年及 2015 年次之，总生物量均在 800 t 左右。2017 年蟹类总生物量为五年内同期最低水平，春季仅为 24.4 t，秋季仅为 580 t。海州湾蟹类总生物量的季节性波动可能由 2 个原因导致：夏季、秋季是多种蟹类在海州湾（尤其是北部）产卵的季节，因此季节性的生物量显著提高；此外，伏季休渔期使蟹类免受捕捞。

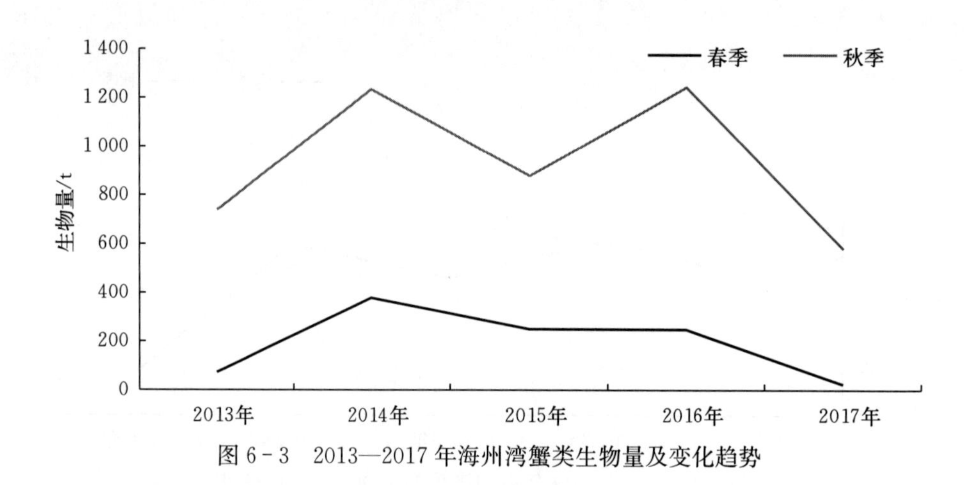

图 6-3　2013—2017 年海州湾蟹类生物量及变化趋势

4. 头足类

2013—2017 年，海州湾头足类的生物量总体波动相对较小，与蟹类一样具有明显的季节性，其变化趋势如图 6-4 所示。计算头足类生物量时使用的捕获率 q 为 0.3。五年内海州湾头足类秋季的总生物量均高于当年春季总生物量，除 2017 年外，总体年间差异不大。其中 2014 年和 2015 年秋季头足类总生物量水平最高，均超过 5 300 t，2013 年及 2016 年秋季次之，总生物量均在 4 000 t 以上。2017 年春季和秋季的头足类总生物量均为五年内同期最低水平，春季仅约 260 t，秋季为 2 110 余 t。海州湾头足类总生物量的季节性波动可能是因为夏秋季海州湾水温较为适宜，大量个体游动至该海域索饵，导致渔获量增大。

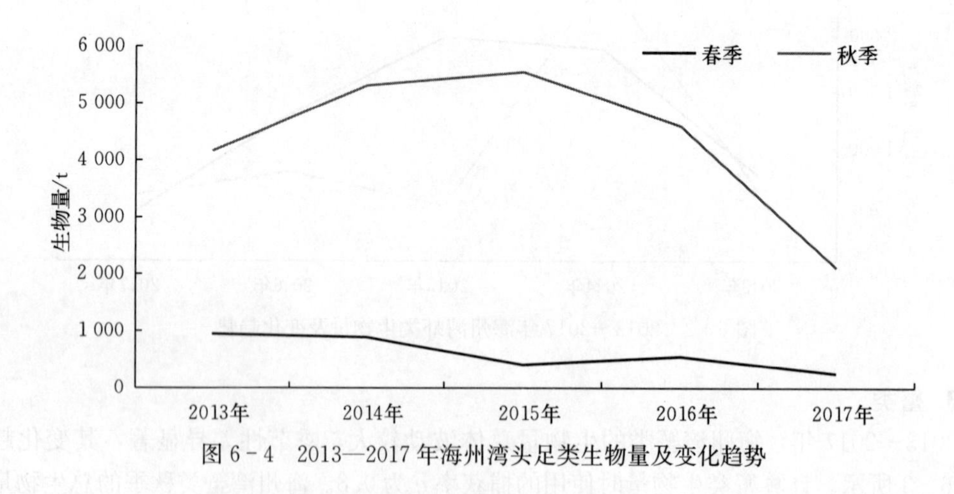

图 6-4　2013—2017 年海州湾头足类生物量及变化趋势

三、主要渔业种类生物量变化趋势

1. 小黄鱼

2013—2017 年，海州湾小黄鱼的生物量总体较为平稳，除 2017 年秋季外波动不大，其变化趋势如图 6-5 所示。计算小黄鱼生物量时使用的捕获率 q 为 0.5。2013 年至 2015

年春季，海州湾小黄鱼生物量呈现小幅波动，均在 100 t 以下。2015 年秋季至 2016 年，生物量由 170 t 左右增长至 282 t，之后下降至 100 t 左右。2017 年秋季，海州湾小黄鱼生物量有极大上升，达到五年内最高水平，为 1 461 t。

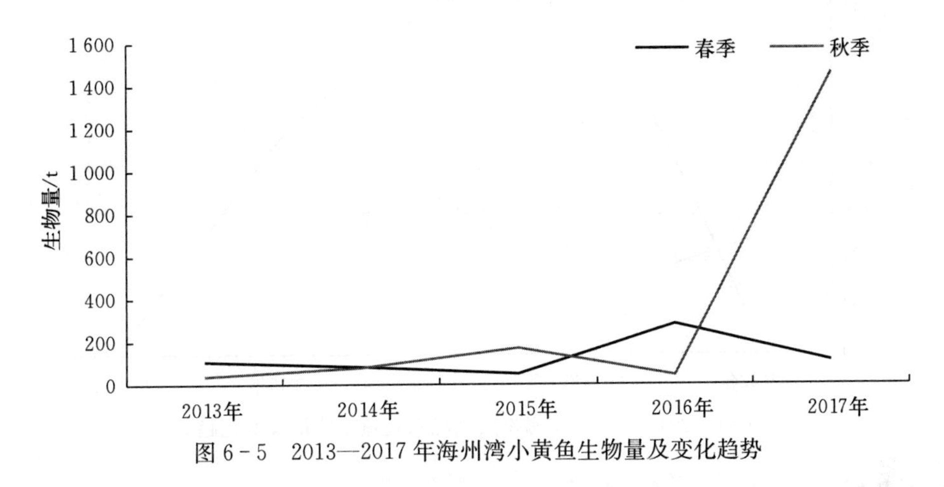

图 6-5　2013—2017 年海州湾小黄鱼生物量及变化趋势

2. 方氏云鳚

2013—2017 年，海州湾方氏云鳚的生物量总体呈现较大波动，其变化趋势如图 6-6 所示。计算方氏云鳚生物量时使用的捕获率 q 为 0.5。2013—2015 年，海州湾方氏云鳚生物量均呈现春季较高、秋季较低的趋势。2015 年秋季其生物量达到五年内最低值，仅为 42 t。2016 年春季生物量大幅增长，达到五年内峰值 1 665 t，2017 年春季又回落至 200 t 以下。2017 年海州湾方氏云鳚生物量总体较低，春秋季均未超过 500 t。

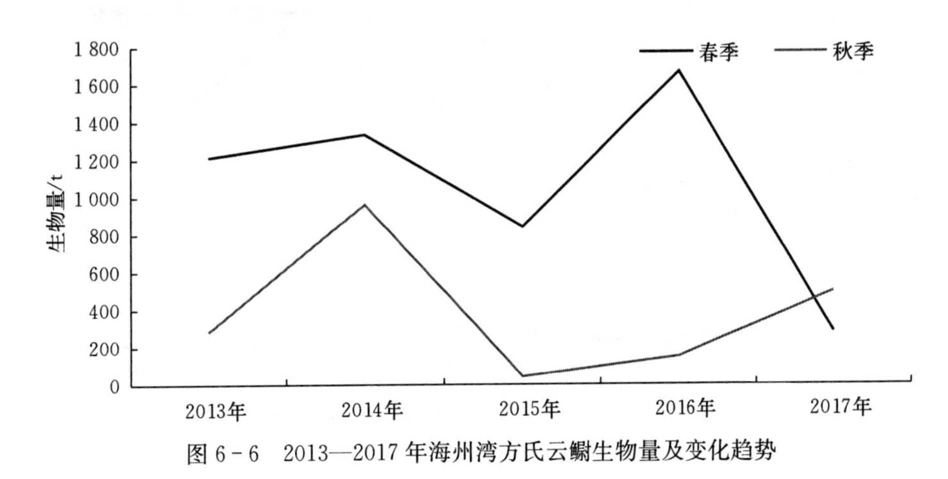

图 6-6　2013—2017 年海州湾方氏云鳚生物量及变化趋势

3. 大泷六线鱼

2013—2017 年，海州湾大泷六线鱼的生物量总体呈现较大波动，其变化趋势如图 6-7 所示。计算大泷六线鱼生物量时使用的捕获率 q 为 0.5。2014—2016 年海州湾大泷六线鱼生物量在春季高于秋季，其中 2014 年春季和 2015 年春季为五年内最高水平，均在 350 t 以上。2013 年及 2017 年则为春季低、秋季高，其中 2017 年春季海州湾大泷六线鱼生物量达到五年内最低值，仅为 18 t，秋季为 75 t。

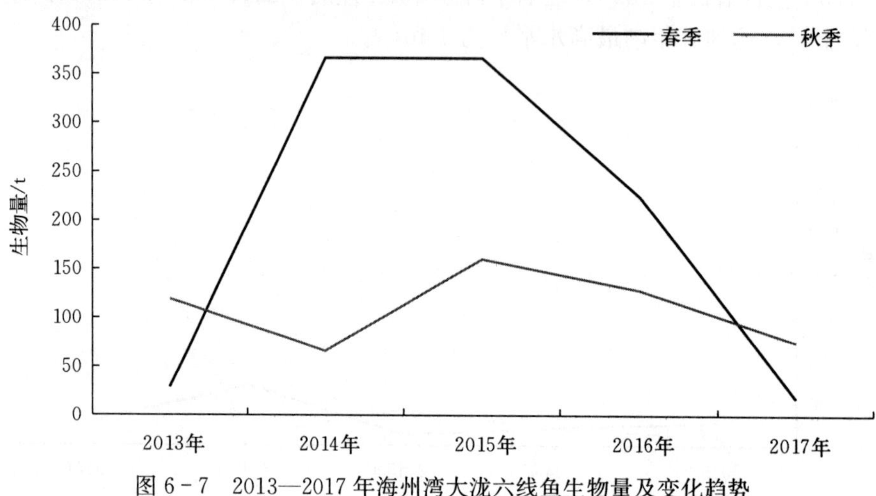

图 6-7　2013—2017 年海州湾大泷六线鱼生物量及变化趋势

4. 长蛇鲻

2013—2017 年，海州湾长蛇鲻的生物量总体波动不大，但具有明显的季节性差异，其变化趋势如图 6-8 所示。计算长蛇鲻生物量时使用的捕获率 q 为 0.5。海州湾长蛇鲻春季生物量均低于秋季，差值均在 10 倍以上。其中 2014 年春季生物量仅为不足 6 t，而 2017 年春季调查未捕获长蛇鲻个体。2013—2016 年秋季长蛇鲻生物量逐渐上升，2016 年秋季为五年内最高水平，生物量达 558 t。2017 年秋季生物量有所下降。

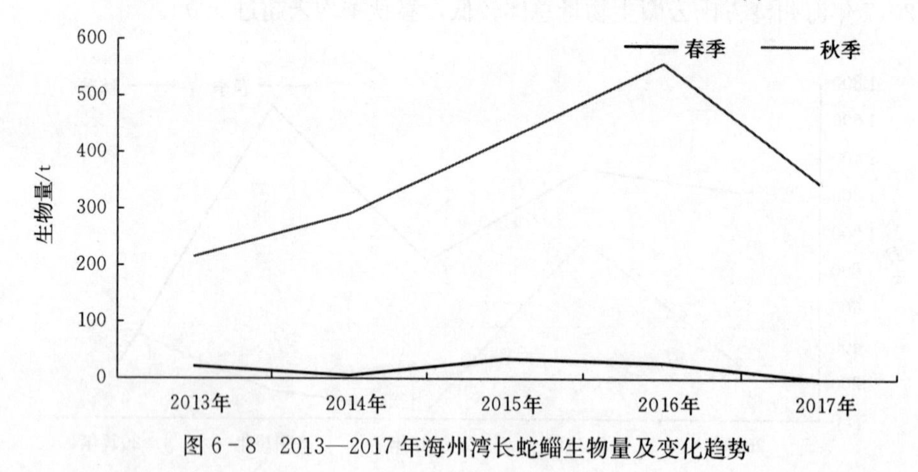

图 6-8　2013—2017 年海州湾长蛇鲻生物量及变化趋势

5. 口虾蛄

2013—2017 年，海州湾口虾蛄的生物量总体呈现波动下降趋势，季节间差异相对较小，其变化趋势如图 6-9 所示。计算口虾蛄生物量时使用的捕获率 q 为 0.5。海州湾口虾蛄春季生物量五年内总体呈下降趋势。2013 年春季和 2014 年秋季生物量为五年内最高水平，均在 500 t 左右。2015 年秋季口虾蛄生物量下降明显，其后有一定上升，在 2016 年和 2017 年秋季恢复到 300 t 左右。

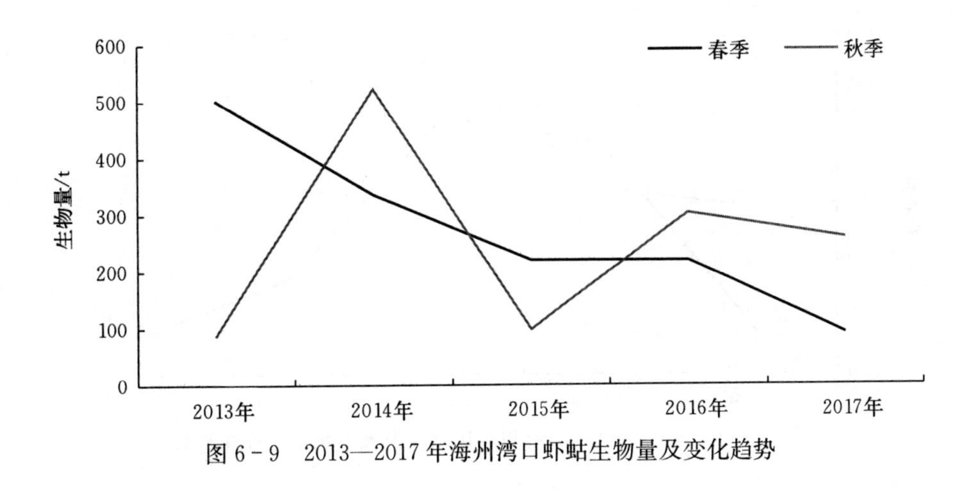

图 6-9　2013—2017 年海州湾口虾蛄生物量及变化趋势

6. 银鲳

2013—2017 年，海州湾银鲳的生物量总体呈现较大波动，具有一定季节性差异，其变化趋势如图 6-10 所示。计算银鲳生物量时使用的捕获率 q 为 0.25。五年内海州湾银鲳生物量总体呈现秋季较高、春季较低的趋势。春季生物量较为稳定，总体呈上升趋势，2016 年达到最大，为 70 t。秋季生物量波动较大，2015 年达到五年内峰值 615 t，之后迅速回落至 100 t 以下。2017 年秋季银鲳生物量再度接近峰值，达到 587 t。

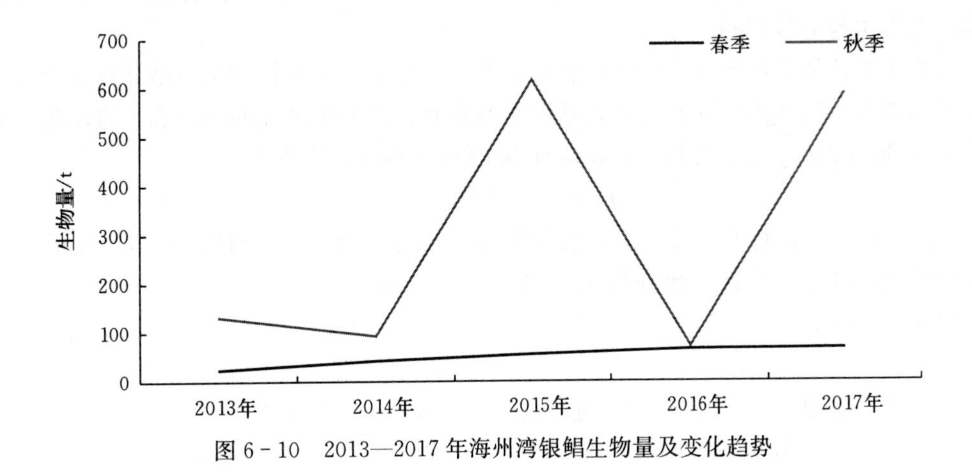

图 6-10　2013—2017 年海州湾银鲳生物量及变化趋势

7. 短吻红舌鳎

2013—2017 年，海州湾短吻红舌鳎的生物量总体呈现较大波动，而季节间差异较小，其变化趋势如图 6-11 所示。计算短吻红舌鳎生物量时使用的捕获率 q 为 0.8。五年内海州湾短吻红舌鳎生物量总体呈现先增加再下降趋势。2013 年至 2014 年春季，生物量由不足 15 t 增长至 81 t，之后进一步增长，并于 2015 年达到五年内春季峰值 90 t，其后生物量迅速下降。秋季生物量变化落后于春季，2015 年达到峰值，2016 年后短吻红舌鳎生物量大幅下降，2017 年仅为 12 t 左右。

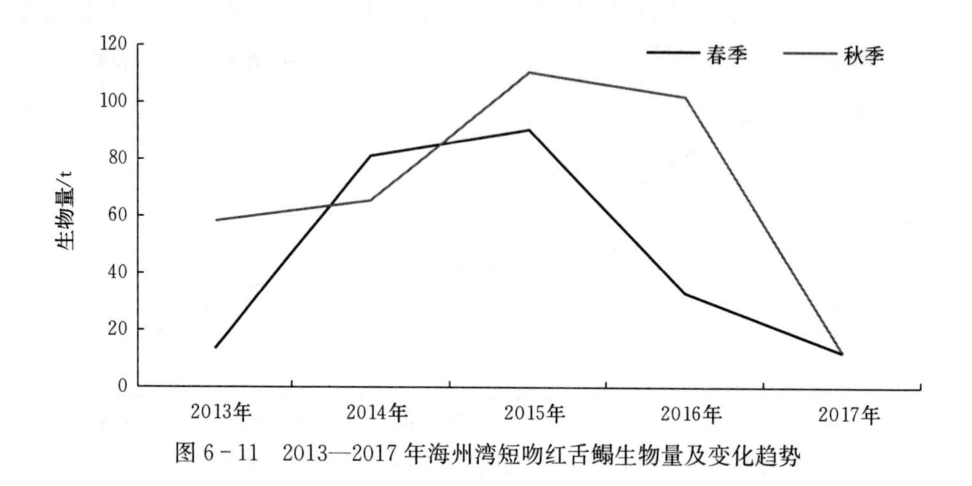

图 6-11　2013—2017 年海州湾短吻红舌鳎生物量及变化趋势

第二节　渔业资源评估

一、渔业资源评估方法

本节研究的 10 种主要渔业种群（小黄鱼、方氏云鳚、大泷六线鱼、长蛇鲻、口虾蛄、银鲳、短吻红舌鳎、皮氏叫姑鱼、小眼绿鳍鱼、六丝钝尾虾虎鱼）样品来自海州湾海域（34°20′—35°40′N、119°20′—121°10′E）2013—2017 年 11 个航次的底拖网调查，调查站位与调查方法与上节相同。

本节主要评估了这些种群的生长和死亡系数，并基于单位补充量模型计算其开发率和生物学参考点，以此评估其渔业开发状况，判断其是否处于过度捕捞状态。假设各种群均遵从 von Bertalanffy 生长方程（von Bertalanffy，1938），其公式为：

$$L_t = L_{\inf}\left[1-\mathrm{e}^{-k(t-t_0)}\right]$$

式中：L_t 为 t 龄体长；$L_{\inf}$ 为渐近体长；k 为生长系数；t_0 为理论零体长年龄。使用基于算法优化的电子体长频数分析法（ELEFAN optimized by genetic algorithm，Taylor 和 Mildenberger，2017）评估 $L_{\inf}$ 和 k，之后 t_0 由经验公式求得（Pauly，1983）：

$$\lg(-t_0) = -0.3922 - 0.275\lg(L_{\inf}) - 1.038\lg k$$

自然死亡系数（M）由 Pauly 经验公式（Pauly，1980）求得：

$$\ln M = -0.0066 - 0.279\ln L_{\infty} + 0.6543\ln K + 0.4634\ln T$$

总死亡系数（Z）由体长转换渔获曲线法求得（Pauly，1990），捕捞死亡系数（F）为 Z 和 M 的差，开发率（E）由 F/Z 求得。

基于单位补充量渔获量（yield per recruit，YPR）模型，计算种群的生物学参考点。YPR 模型基于 Beverton - Holt 动态综合模型，反映了补充量恒定条件下渔获量与捕捞强度的关系。考虑模型的稳健性，这里使用基于体长结构的 YPR 模型，其公式为：

$$\frac{Y}{R} = \sum_{j=1}^{n}\left\{\frac{W_j S_j F}{S_j F + M}\left[1-\mathrm{e}^{-(S_j F+M)\Delta T_j}\right]\mathrm{e}^{-\sum_{k=1}^{j-1}(S_k F+M)\Delta T_k}\right\}$$

式中：Y 为渔获量；R 为补充量；j 表示体长组；ΔT_j 表示 j 和（$j+1$）体长组间的生长间隔；S_j、W_j 分别表示 j 体长组的捕捞选择性和平均重量。基于上述模型，计算了 YPR 的最大值对应的捕捞死亡系数（F_{max}）以及 YPR 的增长率为初始 YPR 增长率（$F=0$）的 0.1 倍时对应的捕捞死亡系数（$F_{0.1}$），根据两种生物学参考点判断种群当前开发状况。

二、主要渔业种群资源评估

1. 小黄鱼

海州湾小黄鱼极限体长为 25.66 cm，生长参数为 $0.57a^{-1}$（图 6-12），理论零体长年龄为 $-0.30a$。小黄鱼总死亡系数估计为 $3.58a^{-1}$（图 6-13），自然死亡系数为 $0.97a^{-1}$，当前捕捞死亡系数为 $2.62a^{-1}$，开发率为 0.73。根据单位补充量渔获量模型计算出小黄

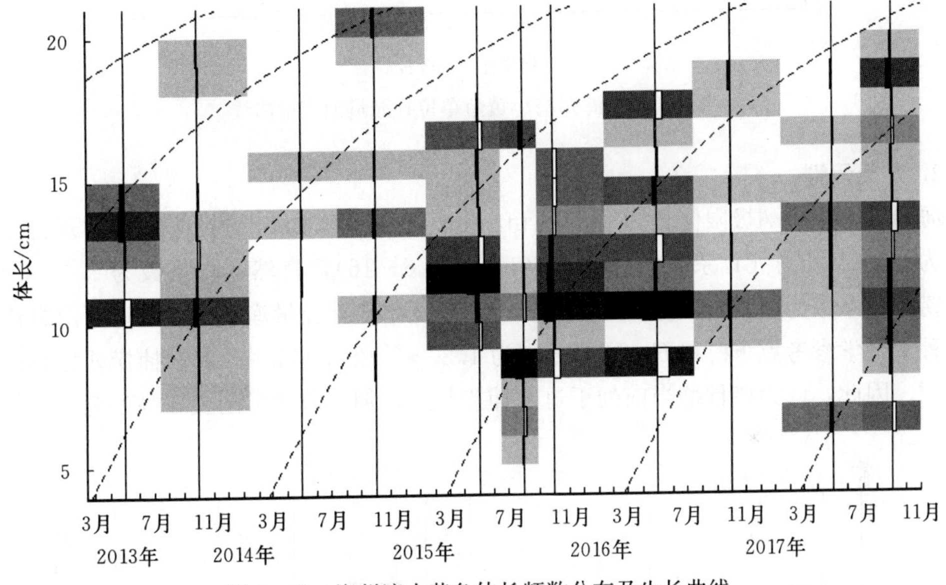

图 6-12　海州湾小黄鱼体长频数分布及生长曲线

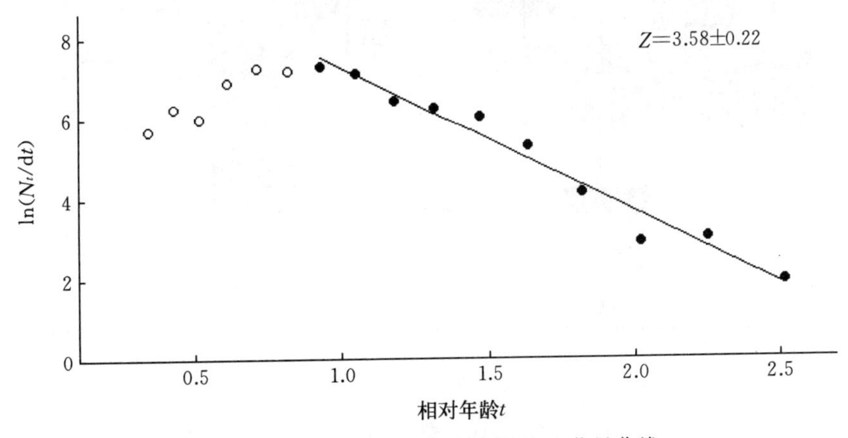

图 6-13　海州湾小黄鱼体长转换渔获量曲线

鱼的两种生物学参考点 $F_{0.1}$ 和 F_{max} 的值分别为 0.72 a^{-1} 和 1.40 a^{-1}，远低于当前捕捞死亡率，因此认为该种群已处于严重过度捕捞状态（图 6-14）。

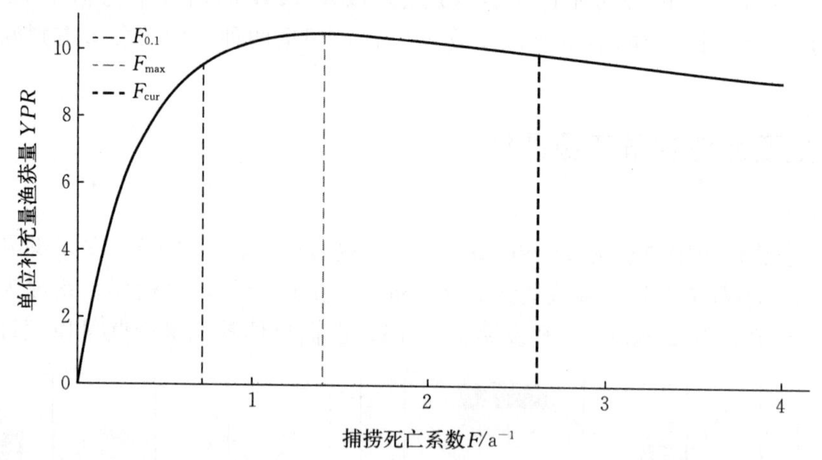

图 6-14 海州湾小黄鱼单位补充量渔获量曲线

2. 方氏云鳚

海州湾方氏云鳚极限体长为 21.71 cm，生长参数为 0.69a^{-1}（图 6-15），理论零体长年龄为−0.25a。总死亡系数估计为 4.46a^{-1}（图 6-16），自然死亡系数为 1.15 a^{-1}，当前捕捞死亡系数为 3.31a^{-1}，开发率为 0.74。根据单位补充量渔获量模型计算出方氏云鳚的两种生物学参考点 $F_{0.1}$ 和 F_{max} 的值分别为 1.27 a^{-1} 和 4.95 a^{-1}，当前捕捞死亡率位于二者之间。因此，认为该种群当前处于过度捕捞状态，但资源仍可耐受较高的捕捞压力（图 6-17）。

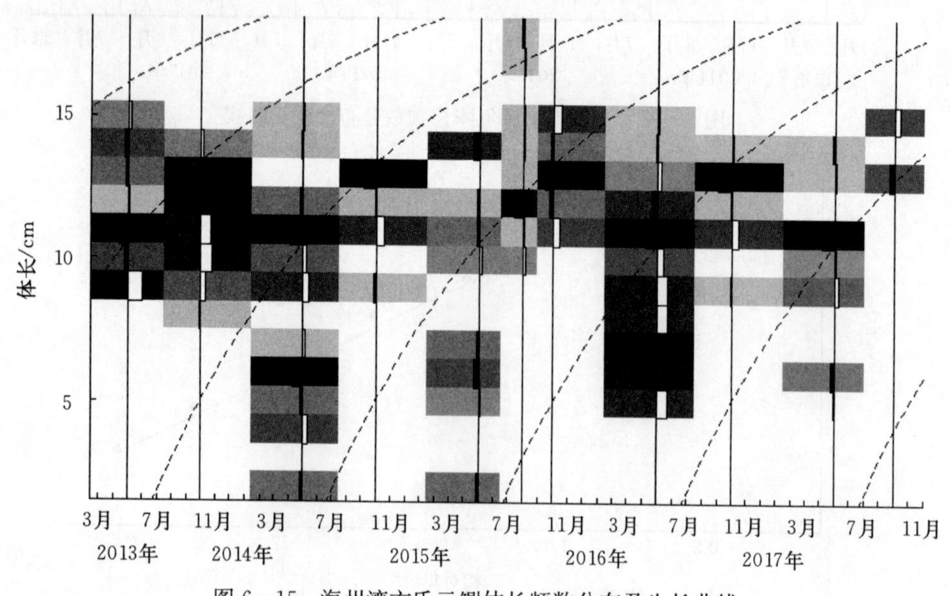

图 6-15 海州湾方氏云鳚体长频数分布及生长曲线

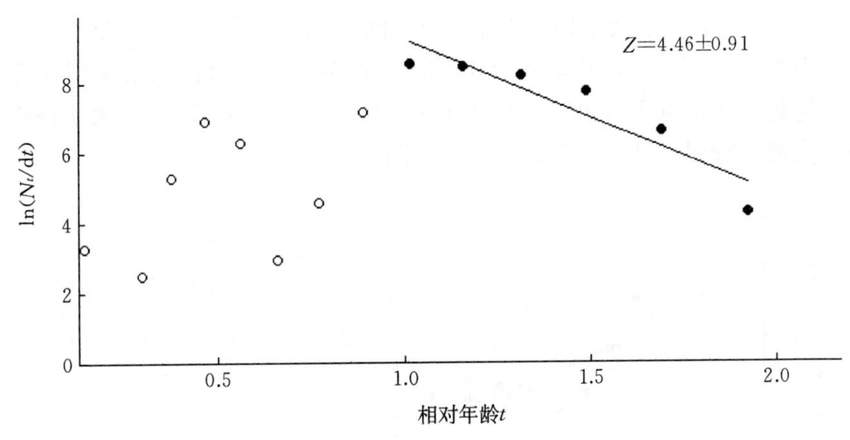

图 6-16　海州湾方氏云鳚体长转换渔获量曲线

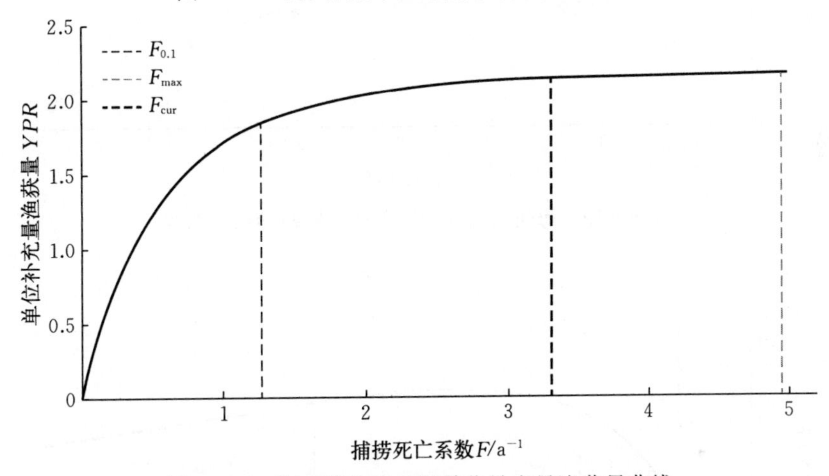

图 6-17　海州湾方氏云鳚单位补充量渔获量曲线

3. 大泷六线鱼

海州湾大泷六线鱼极限体长为 26.03 cm，生长参数为 0.33a^{-1}（图 6-18），理论零体长

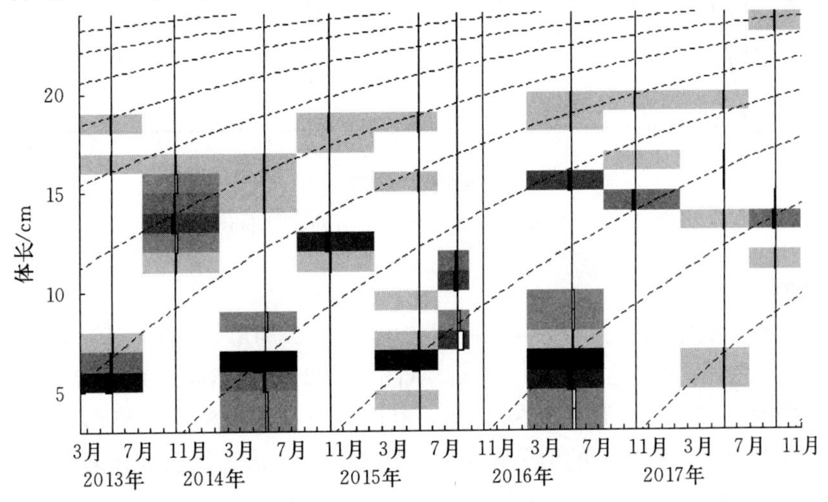

图 6-18　海州湾大泷六线鱼体长频数分布及生长曲线

年龄为−0.52 a。总死亡系数估计为 1.60 a^{-1}（图 6-19），自然死亡系数为 0.67 a^{-1}，当前捕捞死亡系数为 0.93 a^{-1}，开发率为 0.58。根据单位补充量渔获量模型计算出大泷六线鱼的两种生物学参考点 $F_{0.1}$和 F_{max}的值分别为 0.37 a^{-1}和 0.61 a^{-1}，表明该物种对于捕捞压力的耐受能力较弱，处于过度捕捞状态（图 6-20）。

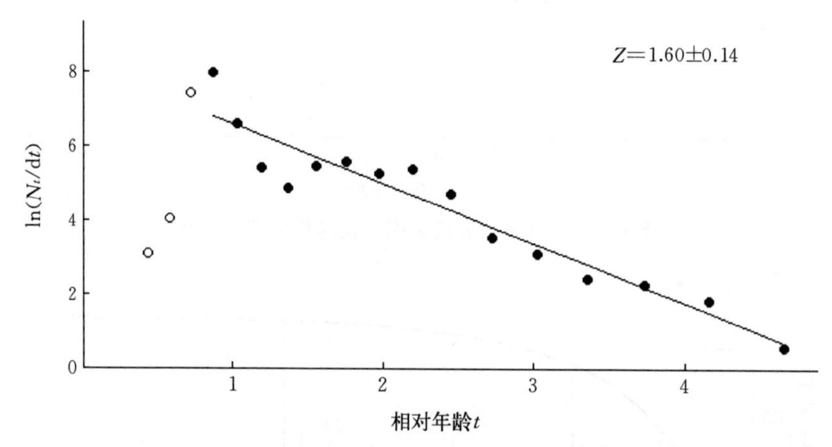

图 6-19　海州湾大泷六线鱼体长转换渔获量曲线

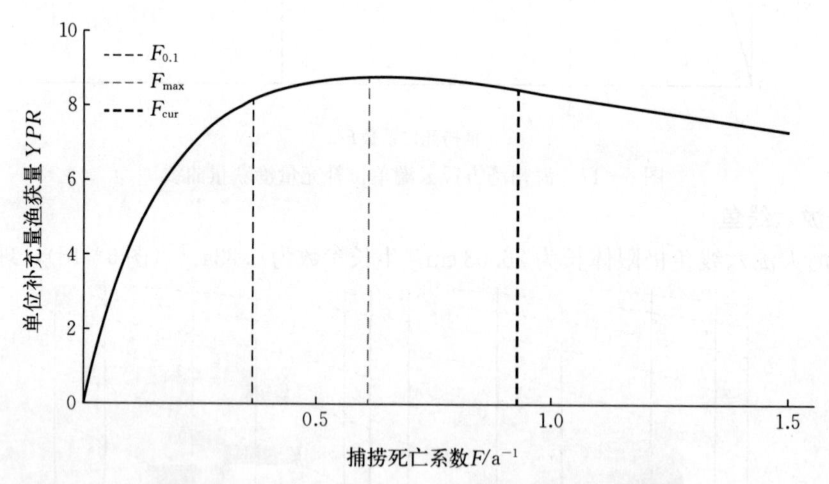

图 6-20　海州湾大泷六线鱼单位补充量渔获量曲线

4. 长蛇鲻

海州湾长蛇鲻极限叉长为 42.64 cm，生长参数为 0.34a^{-1}（图 6-21），理论零叉长年龄为−0.44 a。总死亡系数估计为 1.44 a^{-1}（图 6-22），自然死亡系数为 0.60 a^{-1}，当前捕捞死亡系数为 0.83 a^{-1}，开发率为 0.58。根据单位补充量渔获量模型计算出长蛇鲻的两种生物学参考点 $F_{0.1}$和 F_{max}的值分别为 0.32 和 0.51，该种群已处于较为严重的过度捕捞状态（图 6-23）。

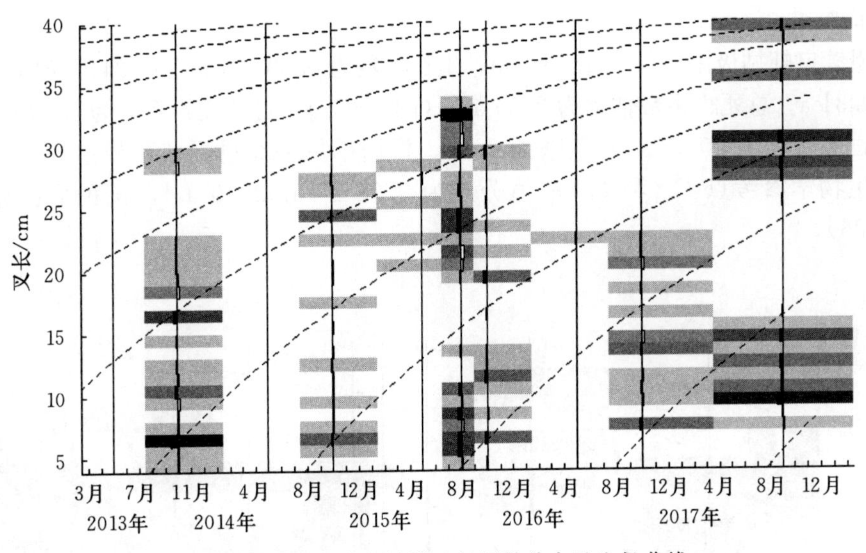

图 6-21　海州湾长蛇鲻叉长频数分布及生长曲线

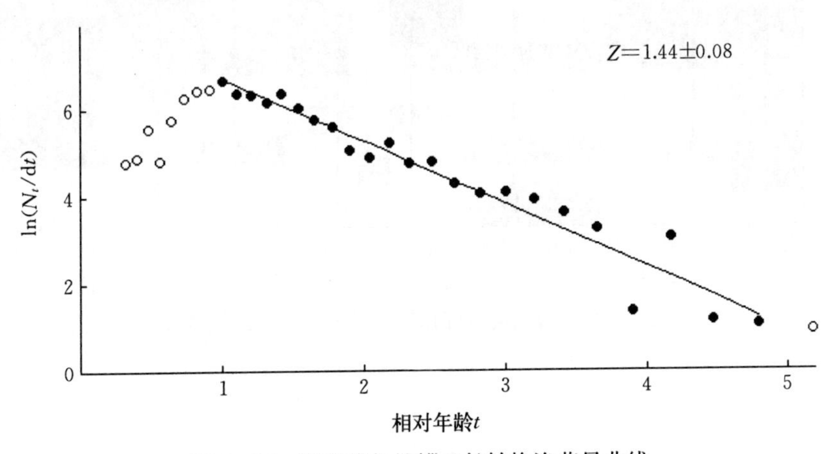

图 6-22　海州湾长蛇鲻叉长转换渔获量曲线

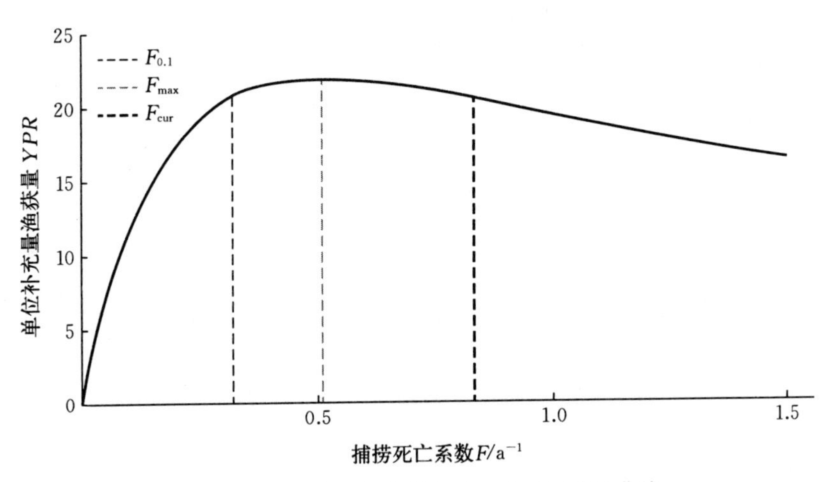

图 6-23　海州湾长蛇鲻单位补充量渔获量曲线

5. 口虾蛄

海州湾口虾蛄极限体长为 18.67 cm，生长参数为 0.60a^{-1}（图 6-24），理论零体长年龄为−0.31 a。总死亡系数估计为 2.39 a^{-1}（图 6-25），自然死亡系数为 1.09 a^{-1}，当前捕捞死亡系数为 1.30 a^{-1}，开发率为 0.54。根据单位补充量渔获量模型计算出口虾蛄的两种生物学参考点 $F_{0.1}$ 和 F_{max} 的值分别为 0.98 a^{-1} 和 2.40 a^{-1}，该种群已充分开发（图 6-26）。

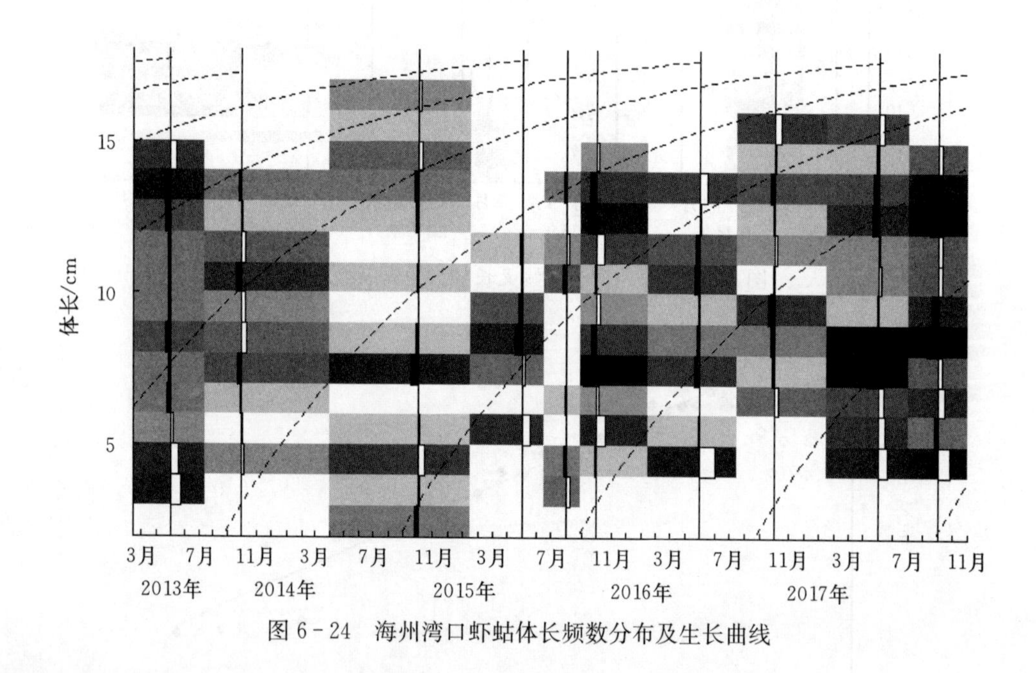

图 6-24　海州湾口虾蛄体长频数分布及生长曲线

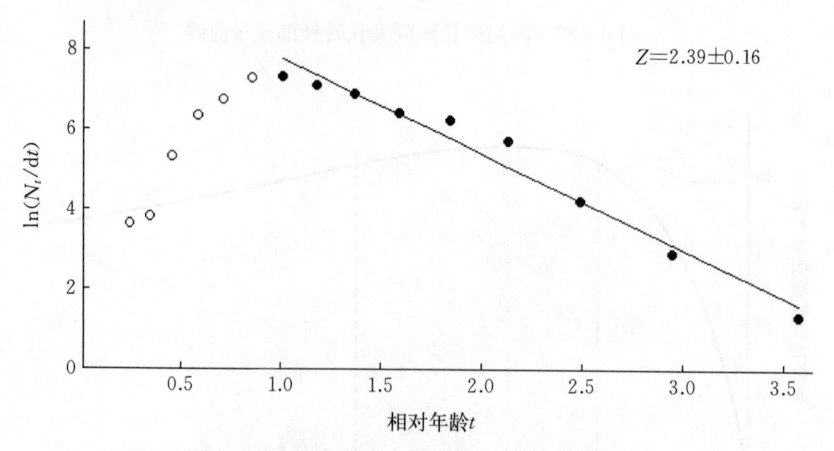

图 6-25　海州湾口虾蛄体长转换渔获量曲线

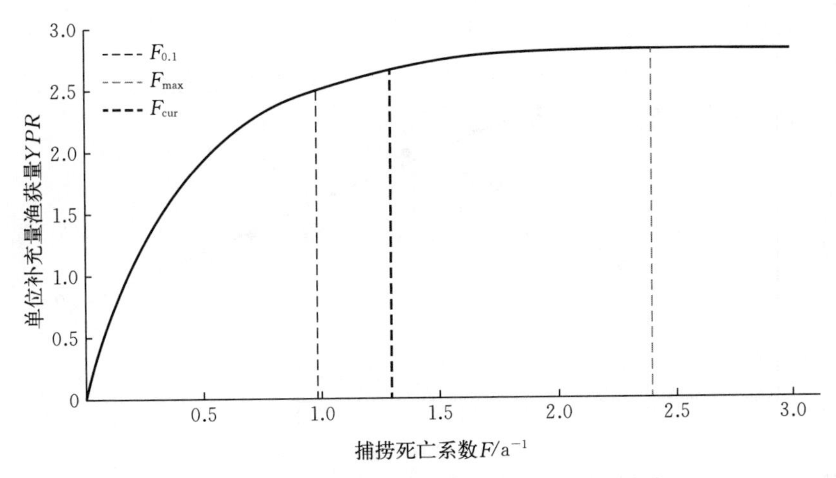

图 6-26　海州湾口虾蛄单位补充量渔获量曲线

6. 银鲳

海州湾银鲳极限叉长为 23.76 cm，生长参数为 0.42 a^{-1}（图 6-27），理论零叉长年龄为−0.42 a。总死亡系数估计为 3.29 a^{-1}（图 6-28），自然死亡系数为 0.81 a^{-1}，当前捕捞死亡系数为 2.48 a^{-1}，开发率为 0.75。根据单位补充量渔获量模型计算出银鲳的两种生物学参考点 $F_{0.1}$和 F_{max}的值分别为 0.59 a^{-1}和 1.19 a^{-1}，该种群已处于严重的过度捕捞状态（图 6-29）。

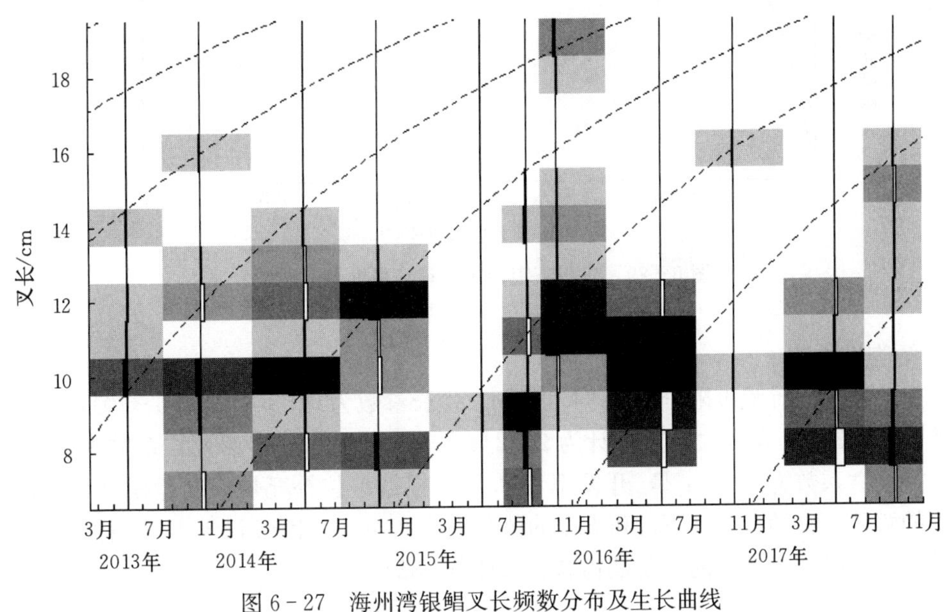

图 6-27　海州湾银鲳叉长频数分布及生长曲线

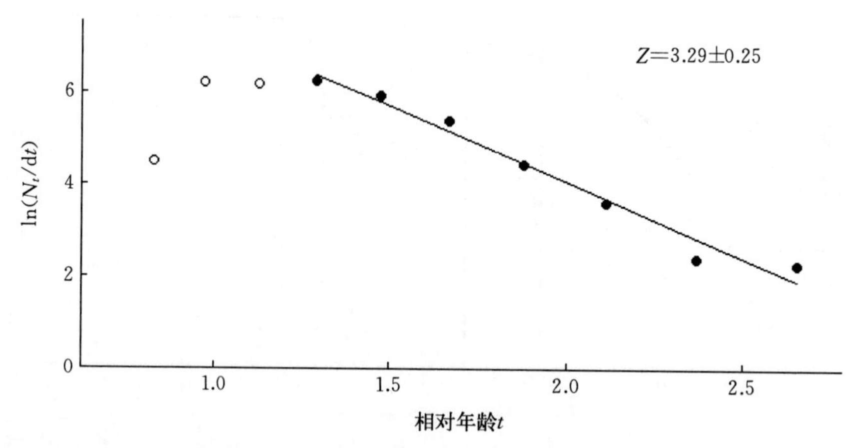

图 6-28　海州湾银鲳叉长转换渔获量曲线

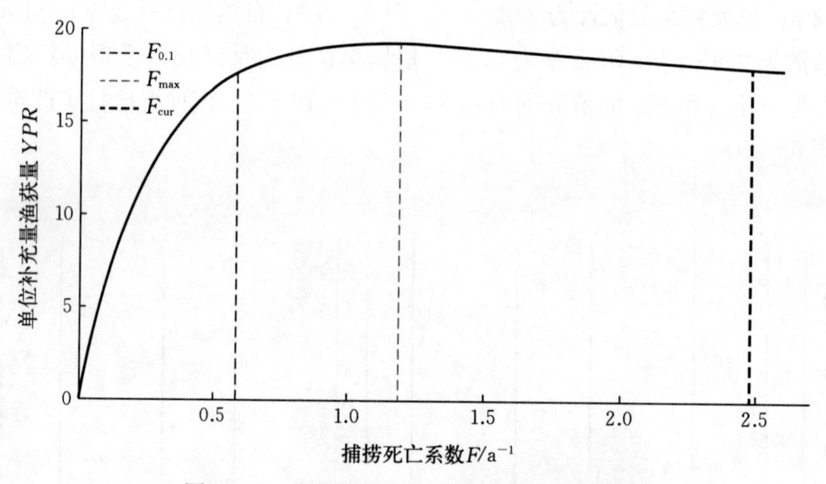

图 6-29　海州湾银鲳单位补充量渔获量曲线

7. 短吻红舌鳎

海州湾短吻红舌鳎极限全长为 34.13 cm，生长参数为 0.53a^{-1}（图 6-30），理论零全长年龄为−0.30 a。总死亡系数估计为 2.82 a^{-1}（图 6-31），自然死亡系数为 0.85 a^{-1}，当前捕捞死亡系数为 1.97 a^{-1}，开发率为 0.70。根据单位补充量渔获量模型计算出短吻红舌鳎的两种生物学参考点 $F_{0.1}$和 F_{max}的值分别为 0.46 a^{-1}和 0.74 a^{-1}，该种群捕捞耐受性较低，当前已处于严重的过度捕捞状态（图 6-32）。

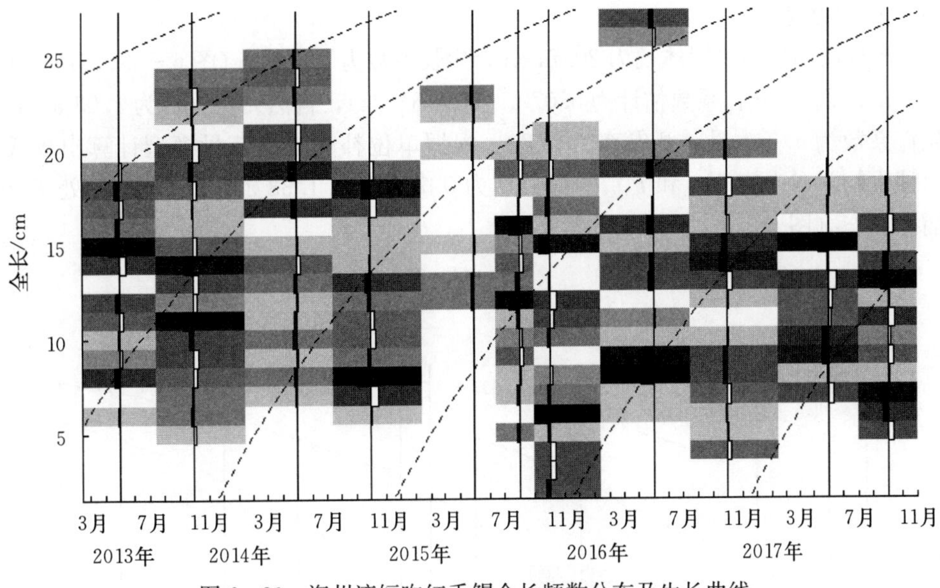

图 6-30 海州湾短吻红舌鳎全长频数分布及生长曲线

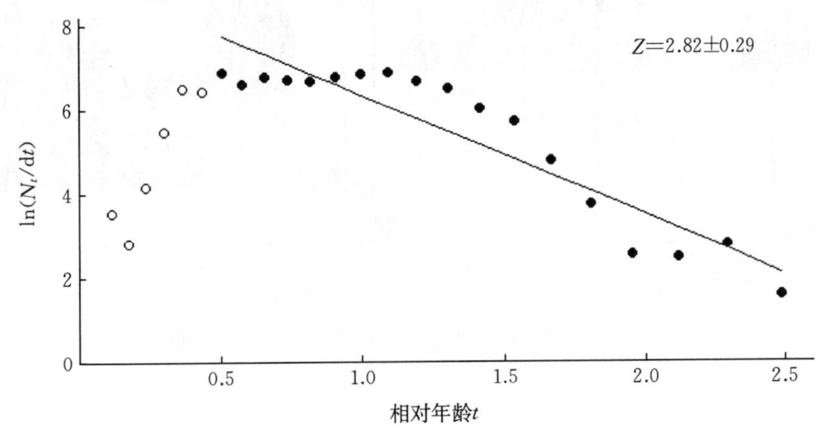

图 6-31 海州湾短吻红舌鳎全长转换渔获量曲线

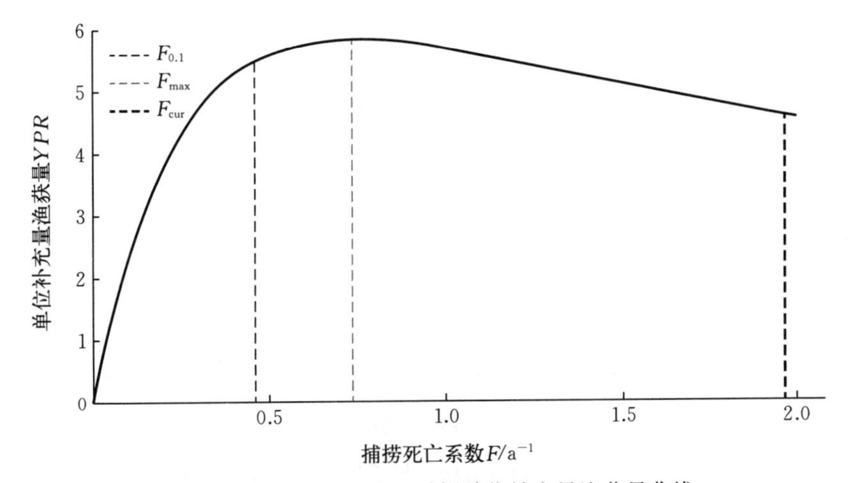

图 6-32 海州湾短吻红舌鳎单位补充量渔获量曲线

8. 皮氏叫姑鱼

海州湾皮氏叫姑鱼极限体长为 20.74 cm，生长参数为 $0.57a^{-1}$（图 6-33），理论零体长年龄为−0.31 a。总死亡系数估计为 5.07 a^{-1}（图 6-34），自然死亡系数为 1.03 a^{-1}，当前捕捞死亡系数为 4.04 a^{-1}，开发率为 0.80。根据单位补充量渔获量模型计算出皮氏叫姑鱼的两种生物学参考点 $F_{0.1}$ 和 F_{max} 的值分别为 0.72 a^{-1} 和 1.33 a^{-1}，该种群已处于严重的过度捕捞状态（图 6-35）。

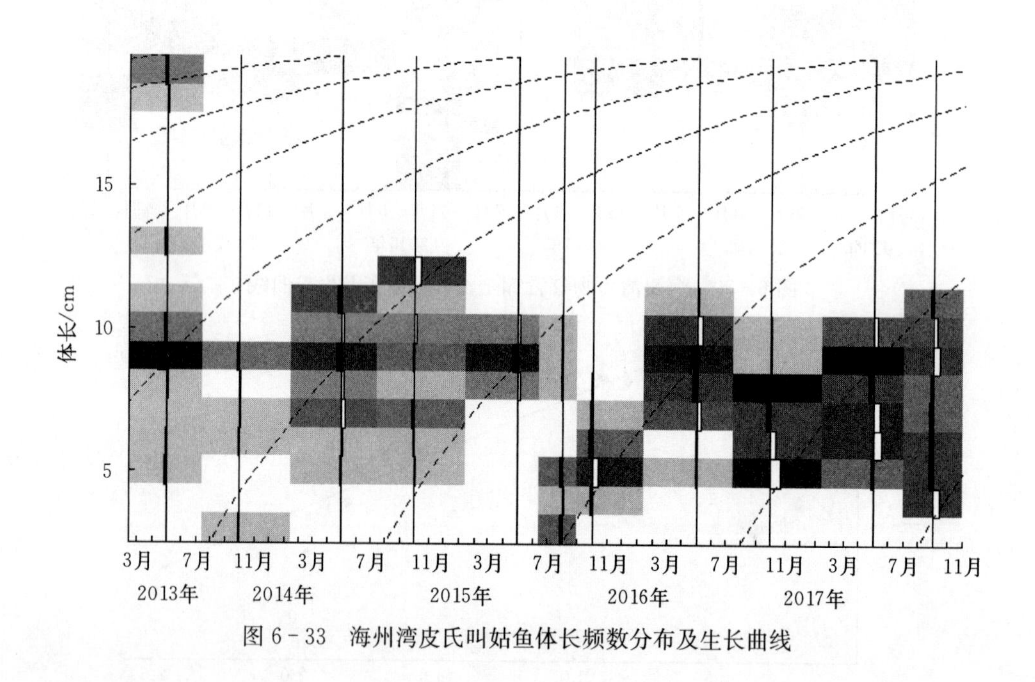

图 6-33　海州湾皮氏叫姑鱼体长频数分布及生长曲线

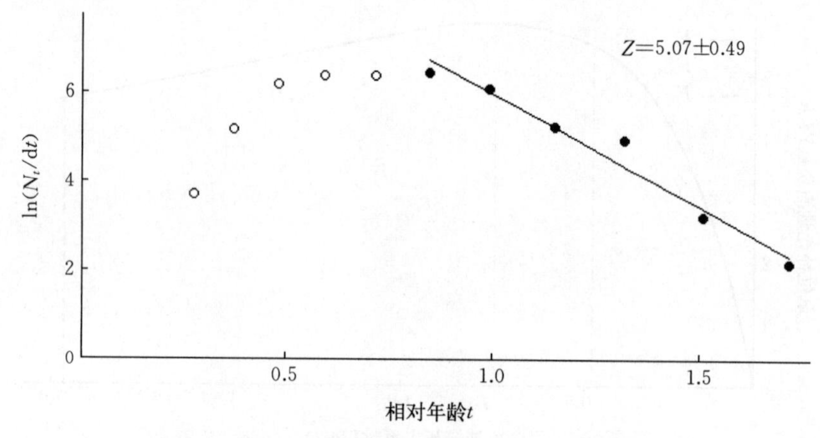

图 6-34　海州湾皮氏叫姑鱼体长转换渔获量曲线

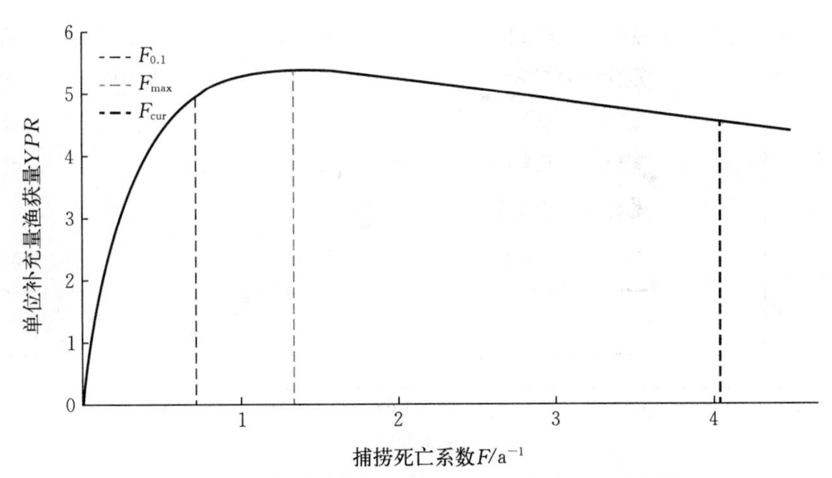

图 6 - 35　海州湾皮氏叫姑鱼单位补充量渔获量曲线

9. 小眼绿鳍鱼

海州湾小眼绿鳍鱼极限体长为 30.73 cm，生长参数为 0.62a^{-1}（图 6 - 36），理论零体长年龄为—0.26 a。总死亡系数估计为 5.16 a^{-1}（图 6 - 37），自然死亡系数为 0.96 a^{-1}，当前捕捞死亡系数为 4.20 a^{-1}，开发率为 0.81。根据单位补充量渔获量模型计算出小眼绿鳍鱼的两种生物学参考点 $F_{0.1}$ 和 F_{max} 的值分别为 0.80 a^{-1} 和 1.74 a^{-1}，该种群已处于严重的过度捕捞状态（图 6 - 38）。

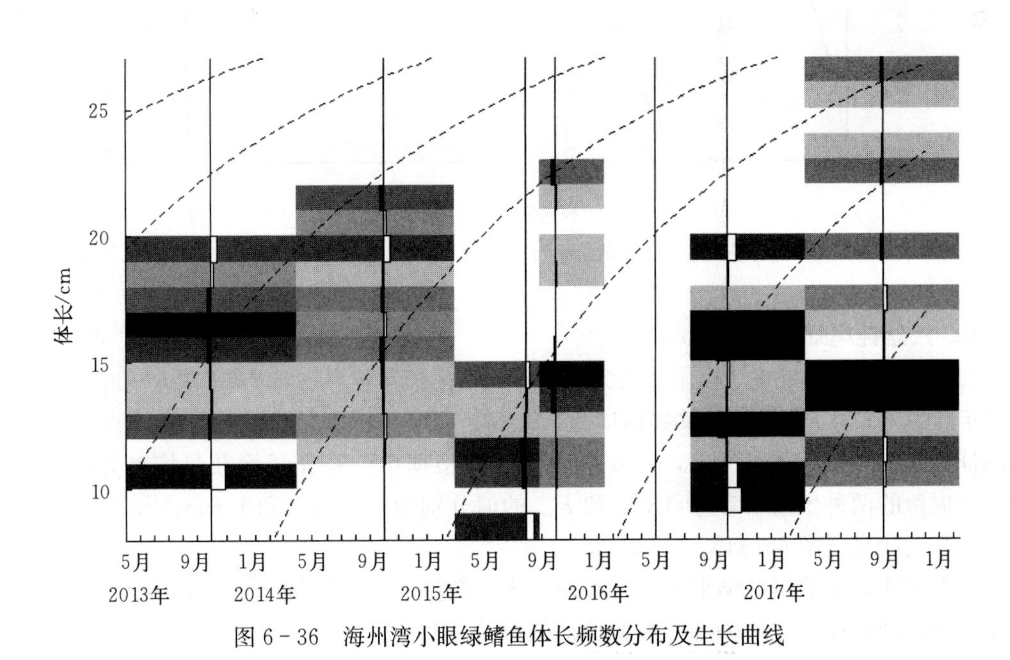

图 6 - 36　海州湾小眼绿鳍鱼体长频数分布及生长曲线

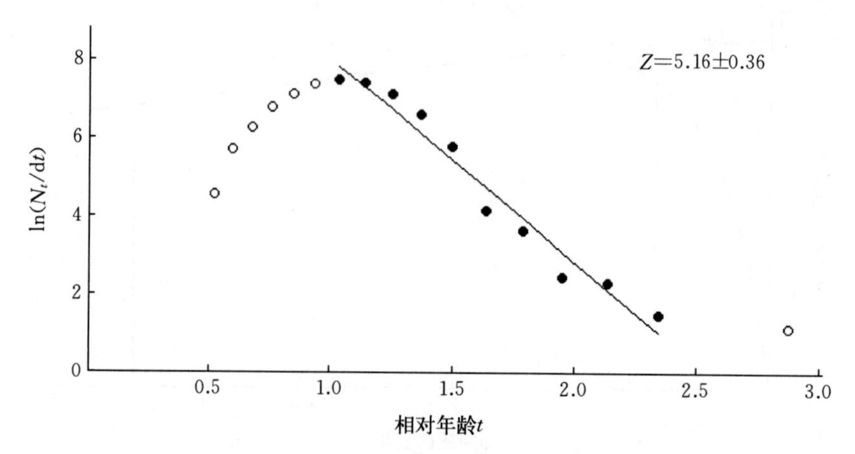

图 6-37 海州湾小眼绿鳍鱼体长转换渔获量曲线

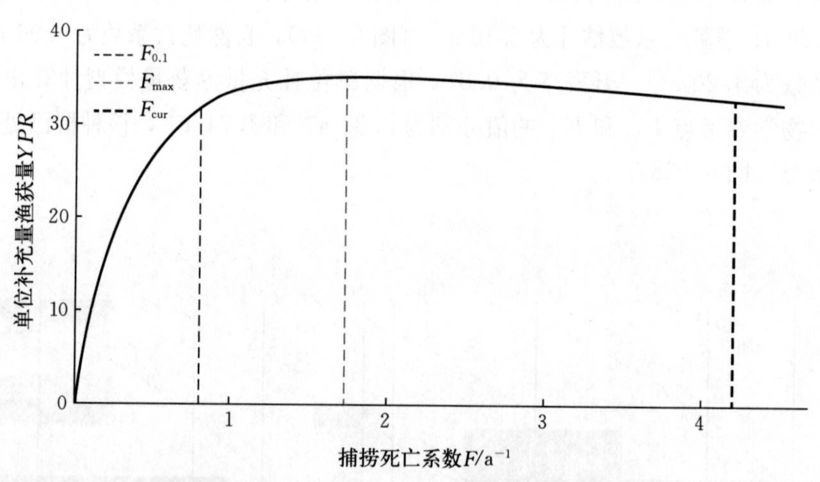

图 6-38 海州湾小眼绿鳍鱼单位补充量渔获量曲线

10. 六丝钝尾虾虎鱼

海州湾六丝钝尾虾虎鱼极限体长为 13.91 cm，生长参数为 0.60a^{-1}（图 6-39），理论零体长年龄为−0.34 a。总死亡系数估计为 2.35 a^{-1}（图 6-40），自然死亡系数为 1.18 a^{-1}，当前捕捞死亡系数为 1.17 a^{-1}，开发率为 0.50。根据单位补充量渔获量模型计算出六丝钝尾虾虎鱼的两种生物学参考点 $F_{0.1}$和 F_{max}的值分别为 0.86 a^{-1}和 1.64 a^{-1}，该种群已处于充分开发状态（图 6-41）。

综上所述，本节研究结果表明，海州湾大多数渔业物种均处于过度捕捞状态，应加强渔业管理，降低捕捞压力，维持资源种群的可持续利用。

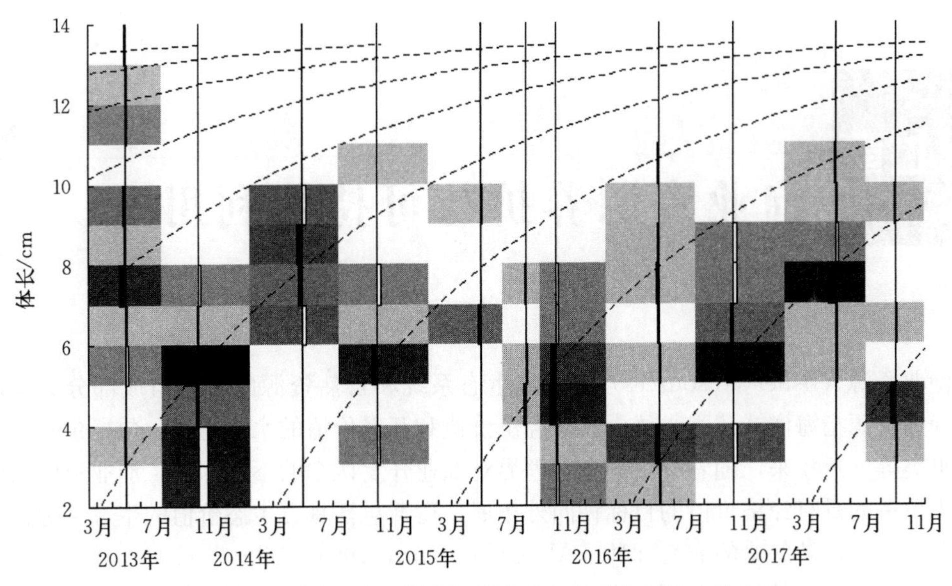

图 6-39　海州湾六丝钝尾虾虎鱼体长频数分布及生长曲线

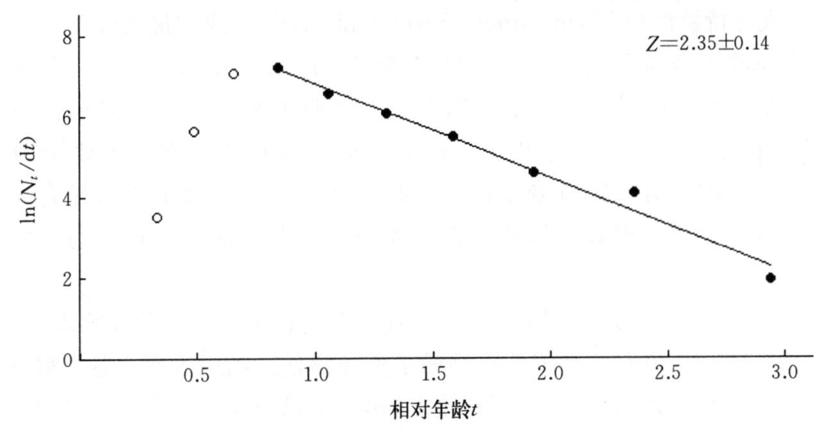

图 6-40　海州湾六丝钝尾虾虎鱼体长转换渔获量曲线

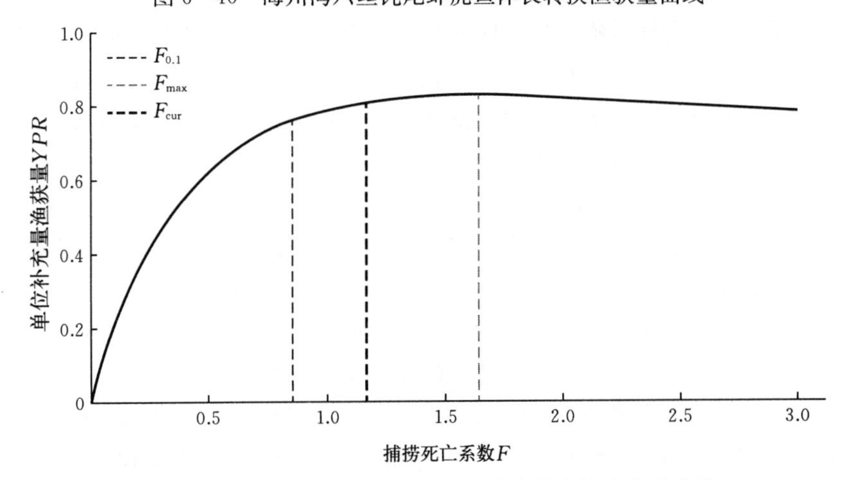

图 6-41　海州湾六丝钝尾虾虎鱼单位补充量渔获量曲线

渔业资源养护与可持续利用

渔业资源（fishery resources）是水域生态系统和自然资源的重要组成部分。长期以来，渔业资源指海洋或淡水水体中具有经济价值和开发价值的水生生物，包括鱼类、甲壳类、贝类等。近年来，随着科学界和管理界对渔业开发认知的不断深入，渔业资源的概念开始由单一的具有经济价值的目标种向外拓展，逐渐包括具有生态价值的生态关键种和极易被兼捕但长期被忽略的非目标种（Alverson et al.，1994；Pikitch et al.，2004）。与此同时，渔业管理的关注点从最初的单一追求高产量，逐渐向“可持续开发”这一目标迈进，并以“最大可持续产量”（maximum sustainable yield）或“最大经济产量”（maximum economic yield）作为更为合理的管理参考点（Punt et al.，2001）。具体地，最大可持续产量（最大经济产量）指的是可以在长期达到的最大的可持续的产量（经济价值）。为确定这类参考点，首先要开展基础的渔业资源调查，掌握重要资源的栖息环境、群落结构、生物学信息等背景知识。在此基础上，结合可用数据开展渔业资源评估工作，以确定与参考点相对应的捕捞强度和当前渔业资源的种群状态，作为管理的依据。

本书的第三至五章系统地介绍了海州湾渔业资源的相关信息，并在第六章对海州湾4个主要渔业资源类群和10种主要渔业物种做了资源评估。结果表明，各类群和主要种群的资源量的年间波动都较大，同时也存在较大的季节性差异，但总体上近年来有一定的回升趋势。种群状态方面，有8种鱼类资源已遭受过度捕捞（小黄鱼、方氏云鳚、大泷六线鱼、长蛇鲻、银鲳、短吻红舌鳎、皮氏叫姑鱼、小眼绿鳍鱼），仅有2种鱼类资源处于充分开发状态（口虾蛄、六丝钝尾虾虎鱼）。这表明近年来的渔业管理措施对海州湾的渔业资源产生了一定的积极影响，但是海州湾渔业资源的可持续开发总体面临较大挑战，资源开发和可持续利用之间的矛盾还较为突出。

海州湾渔场是我国黄海海域重要的渔场之一，经济品种繁多，渔业开发历史悠久。根据《2018中国渔业统计年鉴》，海州湾沿岸的山东省和江苏省海洋捕捞产值分列我国沿海省份的第三名和第四名，山东省海洋捕捞产量高居全国第二。截至2013年，海州湾沿岸的主要城市（日照和连云港）共有登记在册渔船约8 000艘，其中日照登记渔船4 200余艘，连云港登记渔船3 800余艘，总捕捞努力量较高。近年来，随着我国“双控”（海洋捕捞渔船船数和功率）制度的不断推行和深化，登记在册渔船数会有相应下降，但可能仍维持在较高水平。以下就海州湾渔业资源的利用现状及养护策略进行分析。

第一节　单拖网渔业资源利用分析

海洋捕捞业是我国海洋渔业的重要组成部分，新中国成立以来迅猛发展，取得了骄人的成绩。据国家海洋信息中心的数据统计：1978 年，我国海洋捕捞产量 314.5 万 t；1995 年，我国海洋捕捞产量突破 1 000 万 t，达到 1 026.8 万 t；2013 年，我国海洋捕捞产量达 1 399.6 万 t。然而，海洋渔业资源并非取之不尽用之不竭。20 世纪 90 年代，沿海各地过分强调发展海洋捕捞业，盲目增添渔船、网具，无节制捕捞，导致海洋渔业资源逐年衰退，我国海洋捕捞强度已远远超过渔业资源再生能力，并严重威胁着我国海洋渔业永续发展。作为曾是我国八大渔场之一的海州湾，横跨江苏省与山东省，海岸线长 87 km，海域面积 876 km^2（王文海等，1993）。近年来，与我国其他海域类似，海州湾也面临渔业资源过度捕捞和海域生态环境污染等问题，导致海州湾渔业资源持续衰退，渔业经济增长压力渐增。

随着我国经济管理体制的改革和社会主义市场经济体制的日趋完善，如何以提高经济效益为中心进行有效的决策，已经成为一个重要且迫切需要解决的课题。在渔业经济与管理中，如何增加产量、提高产品质量、提高劳动生产率、减少资金占用、节约成本开支、提高盈利水平都需要决策，而决策的正确无误或少误，必须有科学的理论及方法作依据（沈雪达，2014）。渔业技术效率（technical efficiency，TE）是评价渔业经济增长质量的重要指标，是在一定投入要素组合下获得最大产出的能力，或在一定的产出组合下使用最少投入要素的能力。Hannesson（1983）利用假设的单一投入产出函数估算渔业的技术效率。技术效率可显著影响渔业经济效益和渔业经济发展，技术效率的提高可显著提升产业市场竞争力。

本节以海州湾 70 艘单拖网渔船为样本，采用 DEA-Tobit 模型，分析海州湾单拖网渔船投入产出状况，探究其技术效率水平，界定其主要影响因素，以期为海州湾海域单拖网渔船合理有效地配置自然资源与经济资源、改变单拖网渔船生产结构提供决策依据，从而使单拖网渔船以较少的投入消耗取得较大的经济效益。

一、数据来源与分析方法

（一）数据来源

为保证样本渔船的代表性及调研方案的简便易行，本研究采用多次分层抽样法，分别按单拖网渔船主机功率和船籍（即渔船所属乡镇）进行分层抽样，共选取了常年在海州湾海域捕捞作业的 70 艘单拖网渔船进行问卷调查。在调查问卷中，投入指标包括渔船船体长度（m）、渔船主机功率（kW）、渔船年出海天数（天）及年出海总成本（万元），而产出指标选择了单拖网渔船渔民的年总纯收入（万元）。

（二）分析方法

1. 数据包络分析（data envelopment analysis，DEA）**法**

数据包络分析法是通过构建多个决策单元观测数据的非参数前沿面，来计算各个决策单元（decision making unites，DMU）效率的一种方法，是一种处理不含参数的前沿模型的有力工具。在计算过程中，DEA 法不进行所有数据的拟合，而仅对有效决策单元进行数据包络，其本质上是一种基于数学规划理论的最优解的求解法。该方法既能处理大样本量的数据，也可以分析较少样本量的数据，是一种极具灵活性的方法。在估计生产前沿面方面，尽管 DEA 法对样本量的要求较低，但分析效果往往较其他方法好，故其较适用于不易获得生产数据的海洋单拖网渔船技术效率分析，且得到粮农组织在全球范围内的重点推荐。

本节假设海州湾海域单拖网渔船捕捞生产为固定规模收益（constant returns to scale，CRS），故采用 DEA 法中的 CCR 模型，该模型以数学规划方法包络出一个确定的最优的海州湾海域单拖网渔船生产前沿面，然后据此测度每一艘单拖网渔船的相对效率。

设海州湾共有 K 艘单拖网渔船，每艘单拖网渔船均有 M 种投入要素和 N 种产出要素，则第 j 艘渔船的投入向量和产出向量分别为：

$$\text{投入向量：}\boldsymbol{X}_j=(x_{1j}, \cdots, x_{Mj})^{\mathrm{T}}>0 \qquad (j=1, 2, \cdots, K)$$

$$\text{产出向量：}\boldsymbol{Y}_j=(y_{1j}, \cdots, y_{Nj})^{\mathrm{T}}>0 \qquad (j=1, 2, \cdots, K)$$

由于海州湾海域单拖网渔船各种投入和产出的作用不同，在对不同单拖网渔船进行评价时，应对它的投入要素和产出要素进行标准化处理，即将其看作只有一个总体投入和一个总体产出的生产过程，这就需要给每种投入要素和产出要素赋予一定的权重，设投入要素和产出要素的权重向量分别为：

$$\text{投入权重向量：}\boldsymbol{W}=(w_1, w_2, \cdots, w_M)^{\mathrm{T}}$$

$$\text{产出权重向量：}\boldsymbol{Q}=(q_1, q_2, \cdots, q_N)^{\mathrm{T}}$$

通过数学规划，可以得到海州湾海域单拖网渔船的投入要素和产出要素的最佳的权重向量，即：

$$\max \frac{\sum_{m=1}^{N} q_m y_{mj}}{\sum_{i=1}^{M} w_i y_{ij}}, \text{s. t.} \begin{cases} \dfrac{\sum_{m=1}^{N} q_m y_{mj}}{\sum_{i=1}^{M} w_i y_{ij}} \leqslant 1 \\ q_m \geqslant 0 (m=1,2,\cdots,N) \\ w_i \geqslant 0 (i=1,2,\cdots,M) \end{cases}$$

$$\text{令：}\begin{cases} \boldsymbol{g}=\dfrac{1}{\boldsymbol{w}^{\mathrm{T}} X} \\ \alpha=\boldsymbol{g}\boldsymbol{W} \\ \beta=\boldsymbol{g}\boldsymbol{Q} \end{cases}$$

$$\text{则有：}\begin{cases} \beta^{\mathrm{T}} Y_0=\dfrac{\boldsymbol{Q}^{\mathrm{T}} Y_0}{\boldsymbol{W}^{\mathrm{T}} X_0} \\ \dfrac{\beta^{\mathrm{T}} Y_j}{\alpha^{\mathrm{T}} X_j}=\dfrac{q^{\mathrm{T}} Y_j}{w^{\mathrm{T}} X_j} \leqslant 1 \\ \alpha^{\mathrm{T}} X_0=1 \\ \alpha \geqslant 0 \\ \beta \geqslant 0 \end{cases}$$

于是，可将上式转化为如下的数学规划模型：

$$\max \beta^{\mathrm{T}} Y_0,\ \ \mathrm{s.t.} \begin{cases} \alpha^{\mathrm{T}} X_j - \beta^{\mathrm{T}} Y_j \geqslant 0 \\ \alpha^{\mathrm{T}} X_0 = 1 \end{cases}$$

上式的对偶规划为：

$$\min \theta_{\mathrm{C}}, \begin{cases} \theta_{\mathrm{C}} X_0 - \sum_{j=1}^{K} \lambda_j x_i \geqslant 0 \\ -Y_0 + \sum_{j=1}^{K} \lambda_j y_j \geqslant 0 \\ \lambda_j \geqslant 0 \quad (j = 1, 2, \cdots, K) \end{cases}$$

式中：$\boldsymbol{\lambda}$ 为常数向量；由于是在 CRS 模型中求的效率，故用下标 C 表示；θ_{C} 为一个标量，所得到的 θ_{C} 是 DMU 的效率值，其取值范围为 0～1；经过 K 次数学规划求解就可以分别得到每艘渔船的 θ_{C} 值。

根据以上公式可求出海州湾拖网渔船的最优生产前沿面（SS′），落在该前沿面上的渔船（如 A 渔船、B 渔船）称为 DEA 有效率，其效率值 θ_{C} 为 1，而其他未落在前沿面上的渔船（如 C 渔船、D 渔船）称为 DEA 无效率，其效率值 θ_{C} 介于 0 与 1 之间（图 7－1）。

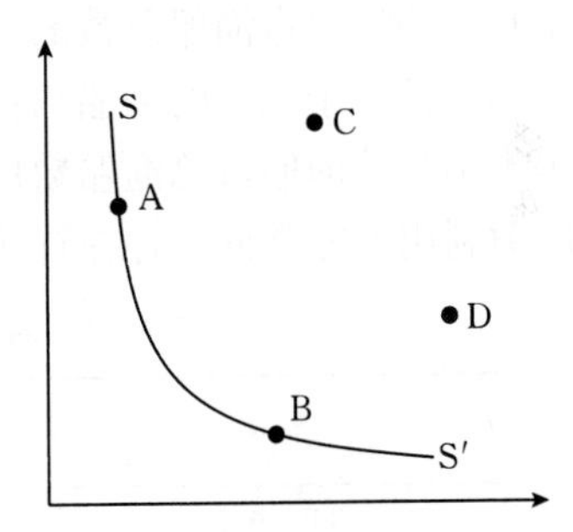

图 7－1　最优前沿面示意图

综上所述，运用 DEA 可求解海州湾海域单拖网渔船的相对效率值。就单艘渔船而言，可依据松弛变量获知提高其技术效率的路径，但无法从整体上界定海州湾海域单拖网渔船技术效率的主要影响因素。因此，需引入多元分析法，以界定影响海州湾海域单拖网渔船技术效率的主要因素。

2. Tobit 回归模型

由于由 DEA 法求得的海州湾单拖网渔船效率值不连续，且为 0～1，故若用普通最小二乘法（ordinary least squares，OLS）分析其回归系数，则参数估计值有偏差且不一致。为避免这一情况，1958 年 Tobin 提出了基于极大似然法（maximum likelihood，ML）的截取回归模型（censored regression model），即 Tobit 模型，故本节采用截面 Tobit 回归模型，界定影响海州湾海域单拖网渔船技术效率的主要因素，即

$$Y_i = \beta_0 + \sum \beta_j X_{ji} + \mu_i$$

式中：Y_i 为回归子，即每艘渔船的效率值；β_0 为常数项；β_j 为偏回归系数；X_{ji} 为回归元，即渔船效率的影响因素；μ_i 为干扰项，且服从标准正态分布。

二、单拖网渔船技术效率评价与分析

根据现场调查所获取的数据，分别对各变量进行描述性统计分析（表 7－1）。统计分析结果表明，样本数据较为离散，这主要是因为海州湾海域单拖网渔船主机功率大小不一。

表 7-1　海州湾单拖网渔船投入指标和产出指标的描述性统计分析

变量	极小值	极大值	均值	标准差
主机功率/kW	8.10	180.32	57.61	8.10
船体长度/m	8.00	32.00	17.16	8.00
年出海天数/天	70.00	270.00	178.50	70.00
年投入总成本/万元	2.45	117.60	25.98	2.45
年总纯收入/万元	0.14	12.65	3.66	0.14

根据上文DEA模型，对海州湾70艘单拖网样本渔船开展技术效率测度，并据此探究其最优投入成本及最大理论产出，以期阐明海州湾单拖网捕捞业捕捞能力利用状况及其发展潜力。

由表7-2可知，海州湾大部分单拖网渔船处于技术无效率状态。其中，技术效率值小于0.7的渔船占渔船总数的51.4%，技术效率值大于或等于0.7且小于0.8和大于或等于0.8且小于0.9的渔船均占渔船总数的14.3%，技术效率值大于或等于0.9且小于或等于1.0的渔船占总渔船数的比重仅为20.0%。因此，海州湾目前单拖网渔船总体捕捞能力利用度非常低，存在资源严重浪费问题。

表 7-2　海州湾海域单拖网渔船技术效率区间分布概况

范围	渔船数目	百分比
TE<0.7	36	51.4%
0.7≤TE<0.8	10	14.3%
0.8≤TE<0.9	10	14.3%
0.9≤TE≤1.0	14	20.0%

就投入角度而言，在维持当前产出不变的前提下，通过减少单拖网渔船投入量可有效提高渔船技术效率。如表7-3所示，以DMU1为例（其他渔船类似），技术效率值为0.554，处于技术无效率状态。因此，若维持该渔船产出不变，其投入总成本可由7.46万元降至4.14万元，降幅达44.50%；从单拖网渔船整体来看，样本渔船平均投入成本可由25.98万元降至17.51万元，降幅高达32.60%。

表 7-3　海州湾海域单拖网渔船实际成本与最优成本

单位：万元

编号	实际成本	最优成本	编号	实际成本	最优成本
DMU1	7.46	4.14	DMU6	5.12	5.12
DMU2	9.06	3.90	DMU7	7.85	2.59
DMU3	5.39	1.93	DMU8	2.45	2.45
DMU4	4.52	3.06	DMU9	4.52	2.95
DMU5	27.97	27.97	DMU10	3.15	2.60

（续）

编号	实际成本	最优成本	编号	实际成本	最优成本
DMU11	36.67	36.67	DMU42	54.32	36.81
DMU12	10.39	7.73	DMU43	29.69	24.28
DMU13	27.55	21.51	DMU44	21.41	8.56
DMU14	8.75	1.37	DMU45	15.36	1.55
DMU15	5.70	3.78	DMU46	34.90	34.90
DMU16	12.28	10.42	DMU47	30.50	24.94
DMU17	14.97	13.31	DMU48	31.95	18.22
DMU18	8.83	6.53	DMU49	38.27	5.16
DMU19	19.88	11.74	DMU50	31.40	11.58
DMU20	6.42	2.45	DMU51	30.29	20.13
DMU21	32.40	24.97	DMU52	24.29	17.60
DMU22	5.01	3.59	DMU53	19.29	8.17
DMU23	8.42	8.42	DMU54	14.09	14.09
DMU24	8.40	3.84	DMU55	17.14	9.43
DMU25	7.92	1.40	DMU56	25.08	25.08
DMU26	19.57	19.57	DMU57	78.02	53.64
DMU27	19.52	19.52	DMU58	44.70	36.21
DMU28	19.39	15.84	DMU59	28.15	13.88
DMU29	9.32	3.87	DMU60	27.05	20.93
DMU30	9.52	0.29	DMU61	27.70	9.03
DMU31	12.00	2.05	DMU62	29.85	7.59
DMU32	18.61	10.44	DMU63	22.15	11.04
DMU33	11.04	10.27	DMU64	42.30	35.33
DMU34	17.39	13.21	DMU65	117.60	117.60
DMU35	13.30	6.95	DMU66	53.80	27.62
DMU36	15.80	7.84	DMU67	67.65	23.09
DMU37	7.90	3.04	DMU68	90.10	77.02
DMU38	26.48	11.15	DMU69	77.48	44.07
DMU39	30.64	22.90	DMU70	109.94	71.79
DMU40	30.44	25.22	平均值	25.98	17.51
DMU41	32.44	29.68			

就产出角度而言，若保持当前投入不变，可通过优化资源配置，有效提高渔船技术效率。如表7-4所示，以DMU1为例（其他渔船情况类似），以现有资源投入，理论产出为2.26万元，与实际产出相比增幅近1倍；从单拖网渔船整体来看，以现有资源投入，样本渔船平均总纯收入可从3.66万元升至5.64万元，增幅54.10%。

表 7-4 海州湾海域单拖网渔船实际产出与理论产出

单位：万元

编号	实际产出	理论产出	编号	实际产出	理论产出
DMU1	1.25	2.26	DMU37	1.56	4.05
DMU2	0.89	2.07	DMU38	2.70	6.41
DMU3	0.74	2.07	DMU39	4.51	6.04
DMU4	1.37	2.03	DMU40	5.32	6.42
DMU5	3.27	3.27	DMU41	5.68	6.21
DMU6	2.49	2.49	DMU42	5.86	7.33
DMU7	0.84	2.55	DMU43	5.48	6.70
DMU8	2.71	2.71	DMU44	2.15	5.38
DMU9	1.69	2.59	DMU45	0.54	5.34
DMU10	1.97	2.39	DMU46	7.27	7.27
DMU11	3.14	3.14	DMU47	5.18	6.34
DMU12	2.82	3.79	DMU48	3.52	6.17
DMU13	3.03	3.69	DMU49	0.91	6.75
DMU14	0.61	3.89	DMU50	2.77	7.51
DMU15	2.11	3.18	DMU51	4.97	7.48
DMU16	3.44	4.05	DMU52	4.52	6.24
DMU17	4.11	4.62	DMU53	2.63	6.21
DMU18	3.04	4.11	DMU54	6.07	6.07
DMU19	2.58	4.37	DMU55	4.40	8.00
DMU20	1.50	3.93	DMU56	6.19	6.19
DMU21	4.02	5.21	DMU57	7.11	10.34
DMU22	2.22	3.10	DMU58	6.57	8.11
DMU23	4.04	4.04	DMU59	4.01	8.13
DMU24	1.75	3.83	DMU60	6.98	9.02
DMU25	0.69	3.90	DMU61	2.55	7.82
DMU26	4.79	4.79	DMU62	2.09	8.22
DMU27	5.35	5.35	DMU63	4.19	8.41
DMU28	4.36	5.34	DMU64	6.21	7.15
DMU29	1.97	4.74	DMU65	12.65	12.65
DMU30	0.14	4.67	DMU66	4.84	9.43
DMU31	0.84	4.93	DMU67	3.61	10.58
DMU32	3.10	5.53	DMU68	8.65	8.76
DMU33	4.09	4.40	DMU69	5.97	8.99
DMU34	4.13	5.44	DMU70	8.52	10.67
DMU35	2.51	4.80	平均值	3.66	5.64
DMU36	2.51	5.06			

三、单拖网渔船技术效率影响因素分析

由于海州湾单拖网渔船主机功率大小不一，技术效率值亦参差不齐，下文运用解释变量受限的截面 Tobit 回归模型，探究各影响因素与技术效率间的关系。根据海州湾单拖网渔业的基本情况，本节选取单拖网渔船主机功率、船体长度、船龄、船长从业时间、年出海天数、年投入总成本及燃油补贴作为其技术效率的影响因素加以分析，故 Tobit 模型可表示为：

$$Y_i=\beta_0+\beta_1X_{1i}+\beta_2X_{2i}+\beta_3X_{3i}+\beta_4X_{4i}+\beta_5X_{5i}+\beta_6X_{6i}+\beta_7X_{7i}+\mu_i \quad (7-1)$$

式中：Y_i 为单拖网渔船的技术效率；X_{1i}为单拖网渔船的主机功率（kW）；X_{2i}为单拖网渔船的船体长度（m）；X_{3i}为单拖网渔船的船龄（年）；X_{4i}为单拖网渔船的船长的从业时间（年）；X_{5i}为单拖网渔船年出海天数（天）；X_{6i}为单拖网渔船的年投入总成本（万元）；X_{7i}为单拖网渔船的燃油补贴（万元）；β_i 为各解释变量对单拖网渔船技术效率的影响系数；μ_i 为随机干扰项（变量描述见表 7－5）。

表 7－5　海州湾单拖网渔船技术效率的解释变量描述性统计分析

变量	极小值	极大值	均值	标准差
主机功率（X_1）	8.10	180.32	57.61	39.48
船体长度（X_2）	8.00	32.00	17.16	5.08
船龄（X_3）	1.00	35.00	9.36	5.05
船长从业时间（X_4）	6.00	45.00	22.27	8.21
年出海天数（X_5）	70.00	270.00	178.50	54.36
年投入总成本（X_6）	2.45	117.60	25.98	23.73
燃油补贴（X_7）	1.03	22.84	7.30	5.00

通过绘制标准化残差直方图（图 7－2）和累积概率密度图（图 7－3）可以看出，残差服从正态分布，因此可以利用 Tobit 模型进行以下分析。

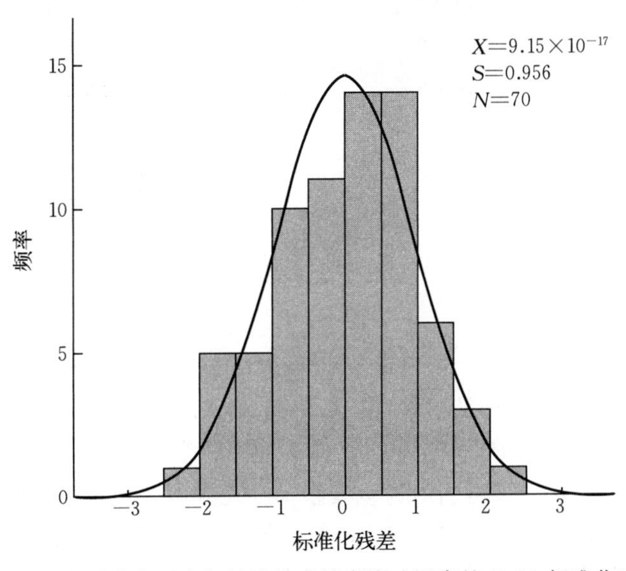

图 7－2　海州湾海域单拖网渔船捕捞技术效率影响因素的 Tobit 标准化残差直方图

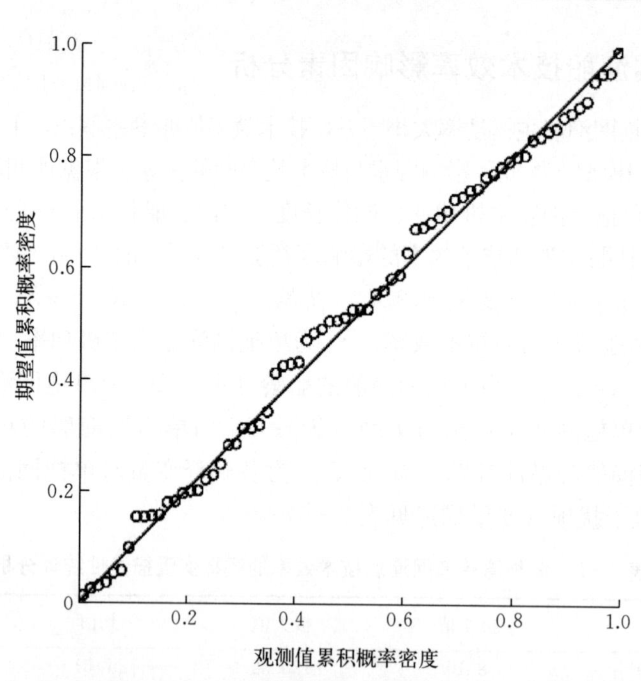

图 7-3　海州湾海域单拖网渔船捕捞技术效率影响因素的 Tobit 累积概率密度图

根据式（7-1），求解本节中 70 艘单拖网渔船技术效率的影响因素，结果如表 7-6 所示。

表 7-6　海州湾海域单拖网渔船捕捞技术效率影响因素的 Tobit 回归结果

变量	系数	标准差	t	P
常数项（X_0）	0.902 9	0.233 3	3.87	0.000 0
主机功率（X_1）	−1.298 4	1.483 1	−0.88	0.385 0
船体长度（X_2）	−0.010 2	0.012 4	−0.83	0.412 0
船龄（X_3）	−0.000 8	0.006 8	−0.11	0.912 0
船长从业时间（X_4）	0.010 3	0.004 1	2.48	0.016 0
年出海天数（X_5）	−0.001 8	0.000 7	−2.68	0.009 0
年投入总成本（X_6）	0.008 8	0.002 4	3.65	0.001 0
燃油补贴（X_7）	10.225 1	11.705 7	0.87	0.386 0
Log likelihood	−15.327 7			0.002 9
怀特一般性检验	30.535 9			0.590 4

从表 7-6 可知，该模型怀特一般性检验的统计量为 30.535 9，服从自由度为 33 的卡方分布，统计量的伴随概率 P 为 0.590 4，在 5%的显著水平下不显著，因此尚不能拒绝不存在异方差的假设，进一步可引申为该模型不存在异方差现象。回归分析的结果可以看出此回归模型的极大似然比为−15.327 7，对应的 P 为 0.002 9，说明该回归模型总体显著，该回归分析有意义，对结果的具体解释如下：

主机功率、船体长度和船龄的回归系数分别为−1.298 4、−0.010 2和−0.000 8，均为负值，表明其与单拖网渔船的技术效率呈负相关；燃油补贴的回归系数为10.225 1，为正值，说明其与单拖网渔船的技术效率呈正相关。然而，模型中主机功率、船体长度、船龄及燃油补贴的P分别为0.385 0、0.412 0、0.912 0及0.386 0，均大于0.05，表明其在5%的显著水平下均不显著。换言之，主机功率、船体长度、船龄及燃油补贴不是海州湾单拖网捕捞业技术效率高低的主要影响因素。

海州湾海域单拖网渔船的船长从业时间与单拖网渔船的技术效率呈显著正相关（回归系数为0.010 3，$P<0.05$）。具体而言，若其他因素保持不变，船长从业时间每增加一年，单拖网渔船技术效率即提高0.010 3。这主要是因为随着从业时间的增长，船长的捕鱼经验不断丰富，对海州湾渔业资源的分布及变动规律掌握程度愈加深入，从而有助于选定捕捞作业渔区和把握捕捞作业时机，以较少投入获得较大产出，使得技术效率相对较高。

海州湾海域单拖网渔船的年出海天数与其技术效率呈显著负相关（回归系数为−0.001 8，$P<0.05$）。具体而言，假设其他因素保持不变，渔船年出海天数在当前出海天数的基础上每增加一天，其技术效率将下降0.001 8。通过伏季休渔、增殖放流、人工鱼礁建设及海洋生态环境保护等诸多手段，海州湾渔业资源状况得以较大改善，但由于面临着较大捕捞压力，海州湾渔业资源承载力愈发脆弱，故随着捕捞天数的增加，其技术效率趋向逐步降低。

海州湾海域单拖网渔船的年投入总成本与其技术效率呈显著正相关（回归系数为0.008 8，$P<0.05$）。具体而言，假设其他因素保持不变，渔船年投入总成本在当前年度总成本的基础上每增加1万元，其技术效率将增加0.008 8。调研发现，海州湾海域单拖网渔船的年总成本除燃油费外主要包括船员工资和渔船维修费等，无论哪一部分费用的增加都将有助于提高单拖网渔船的技术效率。例如，提高船员工资将增加其工作积极性，从而间接提高单拖网渔船的技术效率；渔船维修费用的增加将使渔船在出故障后得到迅速维修，从而使渔船保持良好的生产状态，进而有助于提高渔船的作业效率。

目前，关于渔船技术效率测度的方法主要有4种：最小二乘法（least squares，LS）的计量经济生产模型法、全要素生产效率（total factor productivity，TFP）指数法、随机前沿分析（stochastic frontier analysis，SFA）法和DEA法。DEA法由于其客观性强、使用方便、经济意义明显，而且分析效果大大优于生产函数方法，已经成为管理科学、系统工程、决策分析和评价技术等领域的一种重要分析工具和手段。因此，自产生就受到广泛关注。其广泛应用在文化、经济、科技等不同社会领域，取得了大量理论研究与实践应用成果。本节采用了DEA法中固定规模报酬（constant return to scale，CRS）的CCR模型对海州湾海域单拖网渔船的技术效率进行评价，而后通过Tobit模型对其影响因素进行了界定。研究结果对指导海州湾渔业健康发展具有重要现实意义。然而，由于渔业是一个复杂的、具有适应性和动态变化的系统，海州海域单拖网渔船并非一直处于固定规模报酬的状态，影响其技术效率水平的因素不仅包括单拖网渔船自身的诸多因素，还包括与之相关的社会、经济等其他因素，故应在动态的、开放性的及更大的系统视角下，进一步研究其技术效率及其影响因素。

在研究捕捞技术效率时，多数学者从宏观视角，运用年度数据，以各地区为决策单元，研究各地区的技术效率年度变化趋势，借此来分析不同年份、不同地区的捕捞技术效率情况。另外，亦有学者直接以年度为决策单元，以历年各种总投入和总产出作为决策单元的投入和产出指标，通过对相应时间序列数据的包络分析，求解各年度的捕捞技术效率值。本节从微观视角，以单艘单拖网渔船为决策单元，运用DEA法计算单艘渔船的效率值，进而探究影响渔船技术效率的主要因素，这有利于决策者从微观视角，审视不同主机功率渔船的技术效率水平，剖析相应影响因素，从而有助于决策者进一步掌握不同类型渔船的实际状况，使得所制定的政策更具针对性和可行性，实现“对症下药”。与上述现有相关研究相比较，不难发现，本节数据并非如其他研究中的面板数据，而是截面数据，故本节研究是一静态研究，而非动态研究，无法反映海州湾单拖网渔船技术效率及其影响因素的年度变化情况。因此，后续研究应弥补这一不足之处，以期研究结果更能全面地反映渔业实际动态。

渔业生产效率的提高有赖于渔业技术的进步及渔业技术效率的提高，而渔业技术效率的提高可以增进渔业经济效益，促进渔业经济永续增长。在采取的众多措施中，不仅需要政府和部门的正确决策，还需要种种科技的有力支持，如延伸服务形式的技术支持，提高生产率的研究技术及保护生态环境的技术研发。然而，由于资源匮乏及环境污染问题，愈发难以通过技术改革或技术进步提高渔业生产效率和促进渔业经济增长，故技术效率的提高对其生产率的提高和渔业经济的增长至关重要。换言之，在渔业资源衰退无法遏制的大背景下，提高技术效率比引进新的捕捞技术更有效率。因此，通过改进科技利用水平，改善现有资源利用效率，从而实现以同样的投入带来更多的产出。通过统筹考虑影响技术效率的因素，综合利用现有资源，可有助于提高渔业技术效率和经济效益，进而提高资源利用效率和渔民收入水平，最终提高渔业竞争力，促进其永续发展。目前，海州湾大部分单拖网渔船处于技术无效状态，渔船总体技术效率较低，存在资源配置不合理及严重资源浪费的情况。就提高单艘单拖网渔船技术效率而言，从投入角度看，维持现有产出不变，可通过合理减少单渔船投入，避免资源浪费。就当前海州湾单拖网渔业总体现状而言，可通过减少渔船年出海天数和增加年总成本投入，例如实施伏季休渔、减少渔业资源状况较差季节的出海天数及增加相应的成本投入，有效提高海州湾单拖网渔船总体技术效率。

第二节　双拖网渔业资源利用分析

渔业资源衰退已引起全球各沿海渔业国家、地区及相关国际组织的高度重视。加强海洋捕捞能力管理，开展负责任捕捞，促进海洋捕捞业经济发展，是目前乃至今后相当长时间内世界海洋渔业永续发展的必然要求，也是渔业管理的一项重要任务（郑奕等，2009）。如何提高渔船技术效率、实现渔业资源合理配置是渔业学术界长期以来所探究的重要命题。对于我国这样一个近海渔业资源衰退，渔业资源利用质量、效率、效益“三低”的重要渔业国家来说，这一问题的研究就更加重要（袁于飞，2014）。作为曾是我国八大渔场之一的海州湾，近年来亦面临相同问题。海州湾海域的主要经济鱼类，如小黄鱼和带鱼等数量逐渐减少并出现个体小型化现象，而一些小型低价值鱼类逐渐成为优势种，这主要是过度捕捞和资源衰退的结果（唐峰华，2011）。本节以海州湾37艘双拖网渔船为样本，采用DEA－Tobit模型，分析海州湾双拖网渔船投入产出，探究其技术效率水平，界定其主要影响因素，以期为提高海州湾双拖网渔船技术效率及优化资源配置提供决策依据。

一、数据来源与分析方法

（一）数据来源

为保证样本渔船的代表性及调研方案的简便易行，本研究采用多次分层抽样法，分别按双拖网渔船主机功率和船籍（即渔船所属乡镇）进行分层抽样，共选取了常年在海州湾海域捕捞作业的37艘双拖网渔船进行问卷调查。在调查问卷中，投入指标包括渔船船体长度（m）、渔船主机功率（kW）、渔船年出海天数（天）及年投入总成本（万元），而产出指标选择了双拖网渔船渔民的年总纯收入（万元）。为进一步分析海州湾双拖网渔船技术效率的影响因素，本节还采用了渔船船龄（年）、船长从业时间（年）及燃油补贴（万元）等指标。

（二）分析方法

1. 数据包络分析法

数据包络分析是利用线性规划方法构建多个决策单元观测数据的非参数前沿面，并据此前沿面来计算各个决策单元效率的一种方法，是处理不含参数的前沿模型的一种有力工具。DEA法既能处理大样本量的数据，也能分析较少样本量的数据，是一种极具灵活性的方法。在估计生产前沿面方面，尽管DEA法对样本量的要求较低，但分析效果往往较其他方法好，故其较适用于不易获得生产数据的海洋双拖网渔船技术效率分析，且得到粮农组织在全球范围内的重点推荐（FAO，1999）。设定海州湾双拖网渔船捕捞为固定规模收益（郑奕等，2009），故本节采用DEA法中的CCR模型，具体方法上一节已介绍，在此不做赘述。

2. Tobit回归模型

本节采用截面Tobit回归模型，界定影响海州湾双拖网渔船技术效率的主要因素，具体方法上一节已介绍，在此不做赘述。

二、海州湾双拖网渔船技术效率评价与分析

根据现场调查所获取的数据，分别对各变量进行描述性统计分析（表7－7）。结果说明，样本数据较为离散，这主要是因为海州湾双拖网渔船主机功率大小不一。

表7－7 海州湾双拖网渔船投入指标和产出指标的描述性统计分析

变量	极小值	极大值	均值	标准差
主机功率/kW	88.32	350.34	199.99	75.45
船体长度/m	10.00	34.80	28.13	5.23
年出海天数/天	90.00	240.00	187.57	48.66
年投入总成本/万元	32.40	420.60	142.67	111.70
年总纯收入/万元	2.08	21.53	7.57	5.18

根据上一节DEA模型，对海州湾37艘双拖网样本渔船开展技术效率测度，并据此

探究其最优投入成本及最大理论产出，以期阐明海州湾双拖网捕捞业捕捞能力利用状况及其发展潜力。

目前，海州湾大部分双拖网渔船处于技术无效率状态（表 7－8）。其中，技术效率值小于 0.7 的渔船占渔船总数的 78.4%，技术效率值大于或等于 0.7 且小于 0.8 和大于或等于 0.8 且小于 0.9 的渔船均占渔船总数的 2.7%，技术效率值大于或等于 0.9 且小于或等于 1.0 的渔船占总渔船数的比重仅为 16.2%。因此，海州湾目前双拖网渔船总体捕捞能力利用度非常低，存在资源严重浪费问题。

表 7－8　海州湾双拖网渔船技术效率区间分布概况

范围	渔船数目	百分比
TE<0.7	29	78.4%
0.7≤TE<0.8	1	2.7%
0.8≤TE<0.9	1	2.7%
0.9≤TE≤1.0	6	16.2%

就投入角度而言，在维持当前产出不变的前提下，通过减少双拖网渔船投入量可有效提高渔船技术效率。如表 7－9 所示，以 DMU1 为例（其他渔船类似），技术效率值为 0.589，处于技术无效率状态。因此，若维持该渔船产出不变，其投入总成本可由 66.74 万元降至 39.3 万元，降幅达 41.11%；从双拖网渔船整体来看，样本渔船平均投入成本可由 142.67 万元降至 83.3 万元，降幅高达 41.61%。

表 7－9　海州湾双拖网渔船实际成本与最优成本

单位：万元

编号	实际成本	最优成本	编号	实际成本	最优成本
DMU1	66.74	39.3	DMU15	96.78	35.1
DMU2	39.40	11.0	DMU16	256.00	56.0
DMU3	420.60	420.6	DMU17	61.11	34.8
DMU4	59.00	29.8	DMU18	53.98	24.2
DMU5	50.00	32.7	DMU19	62.68	22.9
DMU6	32.40	16.3	DMU20	41.98	14.3
DMU7	78.7	45.6	DMU21	78.48	11.4
DMU8	93.75	35.0	DMU22	97.33	39.8
DMU9	47.20	47.2	DMU23	256.90	256.9
DMU10	83.25	40.7	DMU24	253.35	198.4
DMU11	60.10	18.3	DMU25	325.30	63.8
DMU12	61.68	13.6	DMU26	355.15	244.4
DMU13	44.01	15.9	DMU27	108.55	28.5
DMU14	93.20	33.2	DMU28	116.10	33.7

（续）

编号	实际成本	最优成本	编号	实际成本	最优成本
DMU29	139.00	37.5	DMU34	306.60	77.3
DMU30	248.50	156.3	DMU35	363.90	363.9
DMU31	104.10	29.1	DMU36	82.50	51.5
DMU32	120.75	115.6	DMU37	310.50	310.5
DMU33	209.10	78.1	平均值	142.67	83.3

就产出角度而言，若保持当前投入不变，可通过优化资源配置，有效提高渔船技术效率。如表7-10所示，以DMU1为例（其他渔船情况类似），以现有资源投入，理论产出为5.93万元，与实际产出相比增幅达69.91%；从双拖网渔船整体来看，以现有资源投入，样本渔船平均总纯收入可从7.57万元升至14.51万元，增幅近1倍。

表7-10 海州湾双拖网渔船实际产出与理论产出

单位：万元

编号	实际产出	理论产出	编号	实际产出	理论产出
DMU1	3.49	5.93	DMU20	3.88	11.40
DMU2	2.83	10.15	DMU21	2.08	14.31
DMU3	14.67	14.67	DMU22	6.43	15.71
DMU4	5.25	10.38	DMU23	18.28	18.28
DMU5	6.71	10.27	DMU24	14.24	18.18
DMU6	4.42	8.80	DMU25	4.19	18.91
DMU7	6.64	11.45	DMU26	15.34	18.51
DMU8	4.56	12.20	DMU27	4.26	16.25
DMU9	12.82	12.82	DMU28	4.75	16.38
DMU10	6.47	13.25	DMU29	4.02	14.89
DMU11	3.95	12.97	DMU30	11.65	18.52
DMU12	2.76	12.56	DMU31	4.65	16.66
DMU13	4.33	11.95	DMU32	11.26	11.76
DMU14	4.50	12.63	DMU33	7.42	19.86
DMU15	5.53	15.25	DMU34	5.41	21.46
DMU16	3.83	15.49	DMU35	21.53	21.53
DMU17	7.15	12.57	DMU36	9.56	15.33
DMU18	5.37	11.97	DMU37	21.07	21.07
DMU19	4.61	12.60	平均值	7.57	14.51

三、海州湾双拖网渔船技术效率影响因素分析

由于海州湾双拖网渔船主机功率大小不一，技术效率值亦参差不齐，下文运用解释变

量受限的截面 Tobit 回归模型，探究各影响因素与技术效率间的关系。根据海州湾双拖网渔业的基本情况，本节选取双拖网渔船主机功率、船体长度、船龄、船长从业时间、年出海天数、年投入总成本及燃油补贴作为其技术效率的影响因素加以分析，故 Tobit 模型可表示为：

$$Y_i=\beta_0+\beta_1 X_{1i}+\beta_2 X_{2i}+\beta_3 X_{3i}+\beta_4 X_{4i}+\beta_5 X_{5i}+\beta_6 X_{6i}+\beta_7 X_{7i}+\mu_i \quad (7-2)$$

式中：Y_i 为双拖网渔船的技术效率；X_{1i}为双拖网渔船的主机功率（kW）、X_{2i}为双拖网渔船的船体长度（m）；X_{3i}为双拖网渔船的船龄（年）、X_{4i}为双拖网渔船的船长的从业时间（年）；X_{5i}为双拖网渔船年出海天数（天）；X_{6i}为双拖网渔船的年投入总成本（万元）；X_{7i} 为双拖网渔船的燃油补贴（万元）；β_i 为各解释变量对双拖网渔船技术效率的影响系数；μ_i 为随机干扰项（变量描述见表 7 - 11）。

表 7 - 11　海州湾双拖网渔船技术效率的解释变量描述性统计分析

变量	极小值	极大值	均值	标准差
主机功率（X_1）	88.32	350.34	199.99	75.45
船体长度（X_2）	10.00	34.80	28.13	5.23
船龄（X_3）	1.00	16.00	7.38	4.28
船长从业时间（X_4）	5.00	43.00	23.59	8.03
年出海天数（X_5）	90.00	240.00	187.57	48.66
年投入总成本（X_6）	32.40	420.60	142.67	111.70
燃油补贴（X_7）	11.19	44.38	25.34	9.59

首先对 Tobit 模型进行残差正态分布检验，残差服从正态分布（图 7 - 4 至图 7 - 6），因此可以利用该模型进行下一步分析。

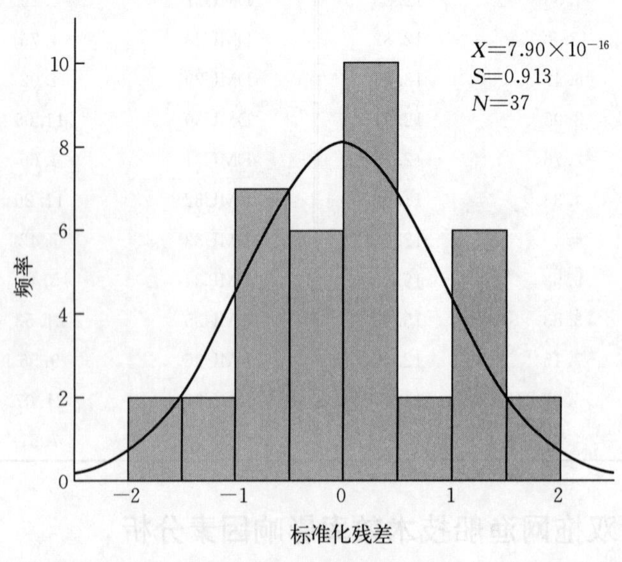

图 7 - 4　海州湾海域双拖网渔船捕捞技术效率影响因素的 Tobit 标准化残差直方图

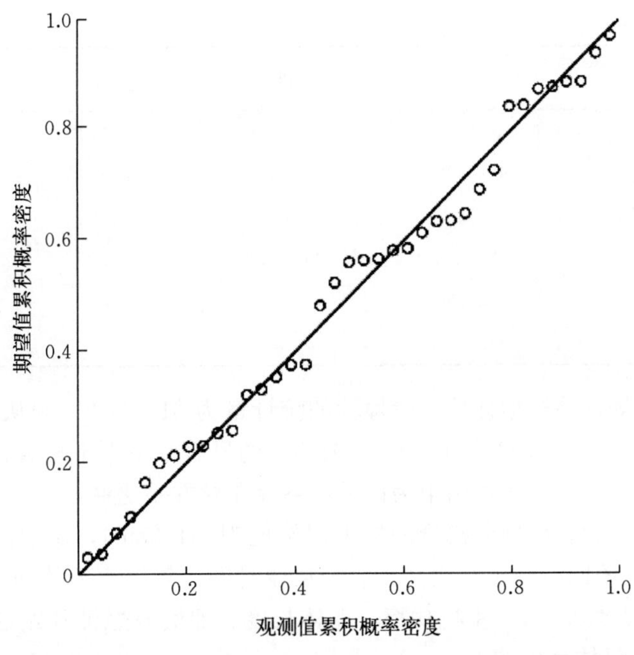

图 7-5　海州湾海域双拖网渔船捕捞技术效率影响因素的 Tobit 累积概率密度分布图

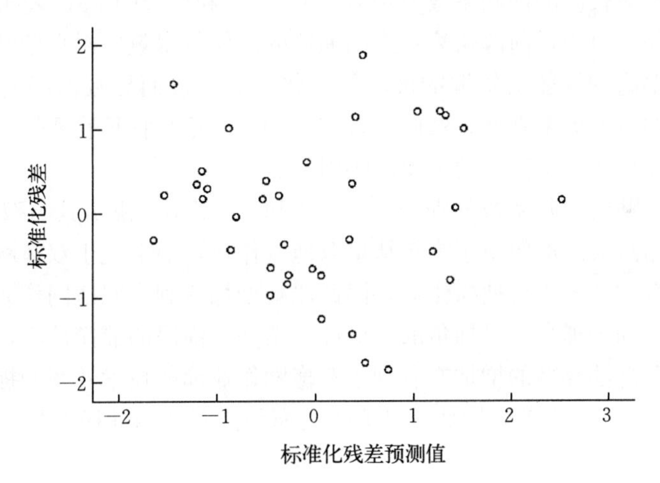

图 7-6　海州湾海域双拖网渔船捕捞技术效率影响因素的 Tobit 标准化残差与标准化残差预测值的散点图

根据式（7-2），求解本节中 37 艘双拖网渔船技术效率的影响因素，结果如表 7-12 所示。

表 7-12　海州湾海域双拖网渔船捕捞技术效率影响因素的 Tobit 回归结果

变量	系数	标准差	t	P
常数项（X_0）	1.439 9	0.335 8	4.29	0.000 0
主机功率（X_1）	−0.434 3	1.503 0	−0.29	0.775 0
船体长度（X_2）	−0.013 0	0.011 5	−1.13	0.268 0
船龄（X_3）	0.002 3	0.009 7	0.23	0.817 0

（续）

变量	系数	标准差	t	P
船长从业时间（X_4）	0.011 2	0.005 3	−2.10	0.044 0
年出海天数（X_5）	−0.002 6	0.000 8	−3.10	0.004 0
年投入总成本（X_6）	−0.001 4	0.000 5	3.04	0.005 0
燃油补贴（X_7）	3.427 8	11.864 0	0.29	0.775 0
Log likelihood	−1.386 4			0.001 3
怀特一般检验	31.547 9			0.340 1

从表 7－12 可知，该模型怀特一般检验的统计量为 31.547 9，服从自由度为 29 的卡方分布，统计量的伴随概率 P 为 0.340 1，在 5%的显著水平下不显著，因此尚不能拒绝不存在异方差的假设，进一步可引申为该模型不存在异方差现象。

回归分析结果表明，此回归模型的极大似然比为－1.386 4，说明该回归模型总体显著（P=0.001 3），该回归分析有意义。船长从业时间、年出海天数和年投入总成本这 3 个解释变量显著（$P<0.05$），主机功率、船体长度、船龄及燃油补贴这 4 个解释变量不显著（$P>0.05$），具体分析如下：

主机功率和船体长度的回归系数分别为－0.434 3 和－0.013 0，表明其与双拖网渔船技术效率呈负相关。由于目前海州湾双拖网渔船的总体技术效率水平较低，因此，船体长度过长或主机功率高的渔船对资源的破坏幅度将增大，进而导致渔船捕获更多的渔业资源，从而使渔船的技术效率降低。然而二者在 5%的显著水平下不显著，因此，其不是海州湾双拖网捕捞业技术效率高低的主要影响因素。

船龄及燃油补贴的回归系数分别为 0.002 3 和 3.427 8，说明其与双拖网渔船的技术效率呈正相关。船龄大的渔船由于常年从事双拖网作业，船上关于双拖网作业的设备匹配度较高，能够更有效率地进行捕捞作业，因此船龄增加有利于双拖网作业渔船技术效率的增加；燃油补贴有助于提高渔民捕鱼的积极性，增加了渔民的捕捞信心，从而提高了捕捞作业的效率，因此燃油补贴的增加亦有利于双拖网作业渔船技术效率的提高。然而，二者在 5%的显著水平下亦不显著，因此，其亦不是海州湾双拖网捕捞业技术效率高低的主要影响因素。

海州湾双拖网渔船的船长从业时间与双拖网渔船的技术效率呈显著正相关（回归系数为 0.011 2，$P<0.05$）。具体而言，若其他因素保持不变，船长从业时间每增加一年，双拖网渔船技术效率即提高 0.011 2。随着船长从业时间的增长，对海州湾渔业资源分布及变动规律掌握程度愈加深入，从而有助于选定捕捞作业渔区和把握捕捞作业时机，以较少投入获得较大产出，使得技术效率相对较高。

海州湾双拖网渔船的年出海天数与其技术效率呈显著负相关（回归系数为－0.002 6，$P<0.05$）。具体而言，假设其他因素保持不变，渔船年出海天数在当前出海天数的基础上每增加一天，其技术效率将下降 0.002 6。通过伏季休渔、增殖放流、人工鱼礁建设及海洋生态环境保护等诸多手段，海州湾渔业资源状况得以较大改善，但由于面临着较大捕捞压力，海州湾渔业资源承载力愈发脆弱，故随着捕捞天数的增加，其技术效率趋向逐步降低。

海州湾双拖网渔船的年投入总成本与其技术效率呈显著负相关（回归系数为-0.0014，$P<0.05$）。具体而言，假设其他因素保持不变，渔船年投入总成本在当前年度总成本的基础上每增加1万元，其技术效率将下降0.0014。上文研究表明，在维持双拖网渔船技术效率不变的情况下，实际成本远高于最优成本，实际产出远低于最优产出，故适当降低当前海州湾双拖网渔船的年度总成本投入，不仅可维持现有技术效率水平，甚至可提高其技术效率水平。

在渔业生产过程中，由于投入产出指标及影响技术效率的因素众多，如何选取适合的指标和因素，成为分析其技术效率及界定影响因素的首要问题。本节从封闭的渔业投入产出系统角度，选取渔船主机功率、渔船船体长度、年出海天数、年投入总成本及年总纯收入等作为投入产出指标，测算海州湾双拖网渔船的技术效率水平。研究结果显示，海州湾双拖网渔船整体技术效率水平较低，与现实中捕捞能力利用度不高、捕捞能力存在严重过剩等现象较为一致。其次，亦从较为封闭的渔业系统角度，选取双拖网渔船主机功率、船体长度、船龄、船长从业时间、年出海天数、年总成本及燃油补贴等因素，探究影响其技术效率水平的主要因素。研究结果表明，渔船主机功率、船体长度、船龄以及燃油补贴对其技术效率的影响不显著，年出海天数、船长从业时间和年总成本对其技术效率有显著影响。上述研究结果对指导海州湾渔业健康发展具有重要现实意义。然而，由于渔业是一个复杂的、具有适应性和动态变化的系统（朱福庆，1999），影响其技术效率水平的因素不仅包括渔业自身的诸多因素，还包括与之相关的社会、经济等其他因素，故应在开放性的更大系统视角下，进一步研究其技术效率及其影响因素。

在研究捕捞技术效率时，多数学者从宏观视角，运用年度数据，以各地区为决策单元，研究各地区的技术效率年度变化趋势，借此来分析不同年份、不同地区的捕捞技术效率情况（张彤，2007；方水美等，2009；于淑华等，2012；李磊等，2013）。另外，亦有学者直接以年度为决策单元，以历年各种总投入和总产出作为决策单元的投入和产出指标，通过对相应时间序列数据的包络分析，求解各年度的捕捞技术效率值（郑奕等，2009）。本节从微观视角，以单艘双拖网渔船为决策单元，运用DEA法计算单艘渔船的效率值，进而探究影响渔船技术效率的主要因素，这有利于决策者从微观视角，审视不同主机功率渔船的技术效率水平，剖析相应影响因素，从而有助于决策者进一步掌握不同类型渔船的实际状况，使得所制定的政策更具针对性和可行性，实现“对症下药”。与上述现有相关研究相比较，不难发现，本节数据并非如其他研究中的面板数据，而是截面数据，故本节研究是一静态研究，而非动态研究，无法反映海州湾双拖网渔船技术效率及其影响因素的年度变化情况。因此，后续研究应弥补这一不足之处，以期研究结果更能全面地反映渔业实际动态。

渔业生产率的提高有赖于渔业技术的进步及渔业技术效率的提高，而渔业技术效率的提高可以增进渔业经济效益，促进渔业经济可持续增长。在采取的众多措施中，不仅需要政府和部门的正确决策，还需要种种科技的有力支持，如延伸服务形式的技术支持、提高生产率的研究技术及保护生态环境的技术研发。然而，由于资源匮乏及环境污染问题，愈发难以通过技术改革或技术进步提高渔业生产率和促进渔业经济增长，故技术效率的提高对其生产率的提高和渔业经济的增长至关重要。换言之，在渔业资源衰退无法遏制的大背景下，提高技术效率比引进新的捕捞技术更有效率。因此，应通过改进科技利用水平，改善现有资源利用效率，从而实现以同样的投入带来更多的产出。通过统筹考虑影响技术效率的因素，综合利用现有资源，有助于提高渔业技术效率和经济效益，进而提高资源利用效率和渔民收入水平，最终提高渔业竞争力，促进其永续发展。目前，海州湾大部分双拖网渔船处于技术无效状态，渔船总体技术效率较低，存在资源配置不合理及严重资源浪费的情况。就提高单艘渔船技术效率而言，从投入角度看，维持现有产出不变，可通过合理减少渔船投入，以避免资源浪费。就当前海州湾双拖网渔业总体现状而言，可通过减少渔船年出海天数和年总成本投入，例如实施伏季休渔、减少渔业资源状况较差季节的出海天数及相应的成本投入，有效提高海州湾双拖网渔船总体技术效率。

第三节　定置网渔业资源利用分析

经济学中效率是指社会能从稀缺资源中得到的最大利益（曼昆，2013）。换言之，经济学中的效率是以资源的稀缺性为前提，在一定的技术水平和投入条件下，经济活动对社会资源的最大利用程度。由于社会资源是稀缺的，因此，对社会资源的管理显得尤为重要。渔业资源作为社会资源的一种，具有社会资源的所有特性。近年来，随着过度捕捞及环境污染等问题的日益突出，我国近海渔业资源严重衰退，渔业资源的稀缺性日趋明显。随着我国经济管理体制的改革和社会主义市场经济体制的逐步完善，在我国经济管理和投资项目的建设中，如何以提高经济效益为中心进行有效的决策，已经成为一个重要且迫切需要解决的课题。在渔业经济管理中，如何增加产量、提高产品质量、提高劳动生产率、减少资金占用、节约成本开支、提高盈利水平都需要决策，而决策的正确无误或少误，必须有科学的理论及方法做依据。本节以常年在海州湾作业的定置网渔船为研究对象，探究在当前技术水平和现有渔业资源情况下的定置网渔船生产效率水平及其影响因素。

国内学者对渔船生产效率问题开展了较多研究。例如，方水美等（2005）根据1981—2003年福建省渔业统计及相关调查资料，应用数据包络分析（DEA）法，分析了福建省海洋捕捞作业及5种主要作业类型捕捞技术效率的年间变化。冯春雷等（2007）利用基于CD函数的随机前沿分析（SFA）法，以年渔获量为产出，海洋捕捞专业劳动力和渔船数为投入，计算浙江省1996—2004年的海洋捕捞能力。颜云榕等（2009）根据2008年渔港抽样调查数据，应用SFA法和方差分析对中沙、西沙海域作业的灯光围网船和灯光罩网船的捕捞能力进行了研究。然而，上述研究未能剔除环境和随机误差对渔船效率的影响，不能客观体现决策单元的效率水平，且未从渔船角度界定其效率主要影响因素。为此，本节基于2011年海州湾海域定置网的相关数据，借助三阶段DEA模型，以期更为准确地测算海州湾定置网渔船的生产效率，并探究影响其生产效率的主要因素，为政府渔业管理者及定置网渔业从业者的正确决策提供科学依据。

一、数据来源与分析方法

（一）数据来源和指标选择

1. 数据来源

为保证样本渔船的代表性及调研方案的简便易行，本研究采用多次分层抽样法，分别按定置网渔船主机功率和船籍（即渔船所属乡镇）进行分层抽样，共选取常年在海州湾捕捞作业的37艘定置网渔船进行问卷调查。在调查问卷中，投入指标包括渔船船体长度（m）、渔船主机功率（kW）、渔船年出海天数（天）及年出海总成本（万元），而产出指标选择了定置网渔船渔民的年总纯收入（万元）。

2. 指标选择

（1）投入与产出指标的选择

根据我国捕捞业的特点与现状、数据的可获得性及对模型的适合性，本节选取的投入指标为渔船长度、渔船主机功率和渔船投入总成本，产出指标为渔民总纯收入，如表7-13所示。对各指标进行描述性统计分析，如表7-14所示。

表7-13　海州湾定置网渔船投入指标和产出指标说明

指标	说明
渔民总纯收入/万元	此为年纯收入，即渔民的年总收入与年投入总成本之差
渔船投入总成本/万元	主要包括渔船折旧费（渔船寿命按20年计算）、维修费、燃油费、渔民工资、保险费、冰块购买费及渔需物资购买费等
渔船长度/m	渔船船舶登记证上的船体长度
渔船主机功率/kW	渔船船舶登记证上的主机功率

表7-14　海州湾定置网渔船投入变量和产出变量描述性统计分析

指标	极小值	极大值	均值	标准差
渔民总纯收入/万元	4.08	98.12	19.90	19.93
渔船投入总成本/万元	2.78	85.00	16.80	18.18
渔船长度/m	8.40	30.00	13.62	5.29
渔船主机功率/kW	8.83	220.80	35.21	45.04

利用DEA模型进行效率测算时需满足投入量与产出量同向性这一假设条件，即投入量逐渐增加时候，产出量至少不会下降。用R 3.1软件对投入与产出指标利用皮尔逊相关系数检验，对两个变量进行相关分析，结果如表7-15所示。

表7-15　海州湾定置网渔船投入与产出指标的皮尔逊相关系数

指标	渔船长度	渔船主机功率	渔船投入总成本
渔民总收入	0.912** (0.000)	0.906** (0.000)	0.996** (0.000)

注：采用双尾检验，**表示在5%显著水平上显著；括号内的数值为检验的P。

（2）环境变量的选择

环境变量应选择对渔船技术效率产生影响但不在样本主观可控范围的因素，这主要包括渔船的客观性质、人力资源因素及政府的渔业相关政策。本节选择渔船船龄、船长从业时间、年出海天数及燃油补贴为环境变量，需要特别说明的是，由于年出海天数受伏季休渔的影响，因此本节将其视为相关政策导致的环境变量。

（二）分析方法

渔船生产效率可分解为纯技术效率和规模效率两部分。其中，规模效率是指渔船生产规模影响的效率，纯技术效率是指渔船技术及管理生产方面影响的效率。对于渔船生产效率的测量主要有两种方法：一种是参数方法，通常采用 SFA 法进行分析；另一种方法是非参数方法，通常采用 DEA 法进行分析。

渔业是一个复杂的、具有适应性和动态变化的系统。因此，在研究影响海州湾定置网渔船技术效率水平的因素时，不仅要考虑渔船自身的诸多因素，还要考虑与之相关的社会、经济等环境因素及统计噪音，故应在开放性的更大系统视角下，研究其技术效率及影响因素。三阶段 DEA 模型是由传统 DEA 模型演变而来，该方法将环境因素和统计噪音纳入渔船技术效率的测度过程中，以期消除环境因素和统计噪音对技术效率的影响。该模型是由 Fried 等于 2002 年提出的，该方法的最大特点是能够去除非管理因素对效率的影响，使得计算出来的效率值能更真实地反映 DMU 的内部管理水平，之后该研究方法被广泛应用于众多领域，如文化、金融、能源等领域。三阶段 DEA 模型的构建与运行包括以下三个阶段：

第一阶段：利用原始数据对生产者效率评估。该阶段采用规模报酬可变（variable returns to scale，VRS）的传统 DEA 模型对原始数据进行分析。Fried 指出，本阶段投入方向或产出方向的 DEA 模型都适用。本节采用投入方向（input orientation，IO）BCC 模型进行分析。假定 j 个 DMU，每个 DMU 都有 m 个投入量和 n 个产出量，对于任一 DMU 的效率，都可用下列线性规划方程式表示：

$$\begin{cases} \min\limits_{\theta,\lambda} \theta^j \\ \text{s.t. } \theta^j x_{m,j} \geqslant \sum\limits_{j=1}^{j} \lambda_j x_{m,j} (m = 1,2,\cdots,M) \\ y_{n,j} \leqslant \sum\limits_{j=1}^{j} \lambda_j y_{n,j} (n = 1,2,\cdots,N) \\ \sum\limits_{j=1}^{j} \lambda_j = 1 \\ \lambda_j \geqslant 0 (j = 1,2,\cdots,J) \end{cases}$$

式中：θ^j 表示第 j 个 DMU 的效率值；$x_{m,j}$，$y_{n,j}$ 和 λ_j 分别表示第 j 个 DMU 的第 m 项投入向量集合、产出向量集合及权重系数集合。

第二阶段：利用随机前沿方法将第一阶段得到的松弛变量（slacks）分解。通过第一阶段 BCC 模型的计算，可得出 DMU 的原始效率值及其相应的松弛变量值。松弛变量是反映最优投入与实际投入之间差异的变量，用 $d_{m,j}$ 表示。通过 BCC 模型计算得到的松弛变量主要由三个方面因素（管理、环境及随机噪音）引起，为了排除环境因素和随机噪音对松弛变量的影响或对效率值的影响，通过构建 SFA 模型，对环境因素和随机噪音进行分解。依据上文分析，本节定义松弛变量 $d_{m,j} = x_{m,j} - \lambda x_{m,j}$，并构建环境变量和松弛变量之间的 SFA 模型：

$$d_{m,j} = f^m(z_j;\beta^m) + v_{m,j} + \mu_{m,j} \quad (m=1,2,\cdots,M;j=1,2,\cdots,J)$$

式中：z_j、β^m 分别表示可观测环境变量及其待估参数；f^m（z_j；β^m）为确定性的可行前沿；$v_{m,j}$是随机干扰项，$\mu_{m,j}$表示管理无效率的随机变量。利用 SFA 模型回归后得出各待估参数，并调整 DMU 的投入项，以消除环境变量对效率值的影响。基于最有效的 DMU，以其投入量为基础，对其他各样本增加投入量，具体公式为：

$$\widehat{x_{m,j}}=x_{m,j}+[\max_j\{z_j\widehat{\beta^m}\}-z_k\widehat{\beta^m}]+[\max_j(\widehat{v_{m,j}})-v_{m,j}] \qquad (7-3)$$

第三阶段：利用调整后数据进行 DEA 分析。实际上，第三阶段是第一阶段的重复，将调整后的投入量$\widehat{x_{m,j}}$代替第一阶段传统 DEA 模型中所使用的投入量 $x_{m,j}$，再次利用 BCC 模型进行计算，所得到的效率值即为不包含环境因素和随机噪音的效率值。

二、第一阶段传统 DEA 模型实证结果与分析

在不考虑环境因素和统计噪音的前提下，使用 DEA 法中传统的 BBC 模型，利用 DEAP 2.1 软件对 2011 年海州湾 37 艘定置网渔船的技术效率水平、纯技术效率水平、规模效率水平以及规模报酬所处状态进行测度和分析，同时，通过对实际效率值和技术效率最优前沿面的比较测算出各渔船各投入的松弛变量（表 7－16）。具体而言，海州湾定置网

表 7－16　第一阶段 DEA 评价结果

渔船	TE_1	PTE_1	SE_1	RTS	渔船	TE_1	PTE_1	SE_1	RTS
DMU1	1.000	1.000	1.000	—	DMU20	0.547	0.773	0.708	irs
DMU2	1.000	1.000	1.000	—	DMU21	0.781	0.834	0.937	drs
DMU3	0.834	1.000	0.834	drs	DMU22	0.801	0.841	0.953	drs
DMU4	0.761	1.000	0.761	drs	DMU23	0.950	1.000	0.95	irs
DMU5	0.927	1.000	0.927	irs	DMU24	0.924	0.957	0.965	drs
DMU6	1.000	1.000	1.000	—	DMU25	0.894	0.923	0.969	drs
DMU7	1.000	1.000	1.000	—	DMU26	0.796	0.797	0.999	irs
DMU8	0.896	1.000	0.896	drs	DMU27	0.824	0.847	0.973	drs
DMU9	0.739	1.000	0.739	irs	DMU28	0.895	0.935	0.957	drs
DMU10	0.644	0.899	0.716	drs	DMU29	0.670	0.712	0.941	irs
DMU11	0.852	0.960	0.887	irs	DMU30	0.709	0.715	0.992	drs
DMU12	0.717	0.922	0.778	drs	DMU31	0.840	0.898	0.935	drs
DMU13	0.701	0.862	0.814	drs	DMU32	0.812	0.876	0.927	irs
DMU14	0.723	0.861	0.840	drs	DMU33	0.881	0.915	0.963	drs
DMU15	0.849	1.000	0.849	irs	DMU34	0.919	0.921	0.997	drs
DMU16	1.000	1.000	1.000	—	DMU35	0.935	0.962	0.972	irs
DMU17	0.661	0.859	0.770	drs	DMU36	1.000	1.000	1.000	—
DMU18	0.776	0.854	0.908	irs	DMU37	0.903	0.911	0.990	drs
DMU19	0.821	0.895	0.917	drs	平均值	0.837	0.917	0.913	

注：DMU1 至 DMU37 按功率的大小排列；“RTS”表示规模报酬，“drs”表示规模报酬递减，“irs”表示规模报酬递增，“—”表示规模报酬不变；“TE_1”“PTE_1”“SE_1”分别表示第一阶段渔船的技术效率、纯技术效率和规模效率。

渔船技术效率平均值为 0.837，纯技术效率平均值为 0.917，规模效率平均值为 0.913。其中有 6 艘定置网渔船（DMU1、DMU2、DMU6、DMU7、DMU16 和 DMU36）的规模效率为 1，处于技术前沿面上，为技术有效状态，占样本渔船总数的百分比为 16.22%；规模效率没有达到技术前沿面的渔船有 31 艘，占样本渔船总数的百分比为 83.78%。这表明在不考虑环境因素和统计噪音的前提下，影响海州湾定置网渔船技术效率的主要因素是生产规模。

三、第二阶段 SFA 模型实证结果与分析

将第一阶段测算出的各投入的松弛变量取对数后作为因变量，4 项环境变量（船龄、船长从业时间、年出海天数、燃油补贴）作为自变量，构建 SFA 回归模型，利用 Stata 软件进行回归计算，所得结果如表 7－17 所示。

表 7－17　第二阶段 SFA 回归分析结果

项目	渔船长度松弛变量	渔船主机功率松弛变量	渔船投入总成本松弛变量
船龄	0.018 9** (0.035)	0.030 7*** (0.000)	0.494 8*** (0.000)
船长从业时间	−0.001 1* (0.084)	−0.011 7** (0.039)	−0.203 9** (0.046)
年出海天数	0.001 7** (0.038)	0.000 9* (0.087)	0.027 3** (0.063)
燃油补贴	0.027 3*** (0.000)	0.036 4* (0.086)	2.149 6*** (0.000)
常数项	0.083 5** (0.016)	0.806 5* (0.086)	1.409 0* (0.073)
σ^2	0.073 7* (0.063)	0.555 1** (0.043)	52.228 1* (0.087)
γ	0.005 4** (0.028)	0.006 6* (0.089)	0.989 7* (0.097)
对数似然函数	−124.259 2	−71.610 3	−125.678 6
单边似然比检验 LR	6.207 1** (0.042)	5.624 5* (0.017)	8.756 2** (0.026)
$\sigma^2_{\mu,m}$	0.001 5	0.004 9	0.070 4
$\sigma^2_{v,m}$	0.271 5	0.745 0	7.226 6

注：*、**和***分别表示在 10%、5%和 1%显著水平上显著；括号内的数值为检验的 P。

从模型的适应性看，4 个回归方程单边似然比检验在 10%的显著水平上显著，而表示管理无效率方差占总方差比率的 γ 也可以在 1%显著水平上通过检验，说明 SFA 模型适

宜对当前数据进行分析。表7-17表明，4个环境变量的系数全部通过显著性检验，这说明除了管理因素外，环境因素和统计噪音确实对海州湾定置网渔船的技术效率存在一定影响。具体而言，渔船长度松弛变量和渔船主机功率松弛变量的γ为0.0054和0.0066，接近0，这表明随机误差的影响占主要地位。渔船投入总成本松弛变量的γ为0.9897，这说明管理因素影响占主导。以上结果表明，管理因素和随机噪音对海州湾定置网渔船技术效率有着显著影响，使用SFA回归进行管理因素和随机噪音对效率影响的分解分析是非常有必要的。

船龄对3种投入松弛变量的系数均为正，并且在5%的显著水平上显著，这说明随着船龄的增加，3种投入松弛变量的值也增加，进而导致渔船技术效率降低（表7-17）。随着渔船年龄的增加，渔船上设备不断老化，渔船的平均无故障时间缩短，而维修费用不断增加，这导致额外资源投入增加，而产出却未同步增加。因此，随着渔船年龄的不断增加，定置网渔船的技术效率逐渐下降。

船长从业时间对3种投入松弛变量的系数为负，且均能通过10%的显著性检验，这说明随着船长从业时间的增加，3种投入松弛变量的值将减少，从而导致渔船的技术效率增加（表7-17）。随着船长从业时间的增长，对海州湾渔业资源分布及变动规律掌握程度愈加深入，能在较准确的捕鱼时段将定置网放置在较合适的海域，从而捕获更多的渔获物。换言之，从业时间长的船长，能以较少投入获得较大产出，使得技术效率相对较高。

年出海天数对3种投入松弛变量的系数为正，并且在10%的显著水平上显著，这说明随着年出海天数的增加，3种投入松弛变量的值将增加，从而导致渔船的技术效率降低（表7-17）。通过伏季休渔、增殖放流、人工鱼礁建设及海洋生态环境保护等诸多手段，海州湾渔业资源状况得以较大改善，但由于面临着较大捕捞能力和捕捞强度，海州湾渔业资源承载力愈发脆弱，故随着捕捞天数的增加，其技术效率逐步降低。

燃油补贴对3种投入松弛变量的系数为正，且均能通过10%的显著性检验，这说明随着国家燃油补贴的增加，3种投入松弛变量的值也增加，从而导致渔船的技术效率下降（表7-17）。现行的国家燃油补贴政策是根据渔船主机功率执行的，大功率渔船会得到更多补贴。与其他流动性作业渔船（如拖网）不同，定置网渔船作业时只需选择合适海域后将定置网安置即可，在作业时不需要再开动主机。因此，增大定置网渔船的主机功率较其他作业方式渔船相比，渔民将获得更多的利益。然而，大功率的定置网渔船造成了更大的资源破坏，使得定置网渔船渔获量减少，进而使其技术效率降低。

四、调整后的DEA模型实证结果与分析

将第二阶段算出的各变量待估参数带入式（7-3），得到调整后的投入变量$\widehat{x_{m,j}}$，最后把$\widehat{x_{m,j}}$与原始产出变量再次带入到BCC模型中进行分析，得出各渔船调整后的规模报酬和效率值（表7-18）。

通过对比表7-16和表7-18可知，在剔除环境因素和统计噪音之后，海州湾各定置网渔船的技术效率和纯技术效率分别出现了不同程度的下降，2种效率值的平均数分别由原来的0.837和0.917下降到0.814和0.898，这说明环境因素和统计噪音的存在导致技

表 7-18 第三阶段 DEA 评价结果

渔船	TE_3	PTE_3	SE_3	RTS	渔船	TE_3	PTE_3	SE_3	RTS
DMU1	1.000	1.000	1.000	—	DMU20	0.516	0.773	0.708	irs
DMU2	1.000	1.000	1.000	—	DMU21	0.778	0.834	0.937	drs
DMU3	0.819	0.926	0.834	irs	DMU22	0.701	0.841	0.953	drs
DMU4	0.761	0.871	0.761	irs	DMU23	0.914	0.913	0.950	drs
DMU5	0.857	0.934	0.927	irs	DMU24	0.913	0.921	0.965	drs
DMU6	1.000	1.000	1.000	—	DMU25	0.834	0.923	0.969	drs
DMU7	1.000	1.000	1.000	—	DMU26	0.776	0.797	0.999	irs
DMU8	0.839	0.909	0.896	irs	DMU27	0.814	0.847	0.973	drs
DMU9	0.713	0.947	0.739	irs	DMU28	0.835	0.893	0.957	drs
DMU10	0.612	0.899	0.716	irs	DMU29	0.631	0.712	0.941	irs
DMU11	0.819	0.921	0.887	irs	DMU30	0.702	0.715	0.992	irs
DMU12	0.713	0.922	0.778	irs	DMU31	0.816	0.898	0.935	drs
DMU13	0.698	0.862	0.814	irs	DMU32	0.813	0.876	0.927	drs
DMU14	0.701	0.861	0.840	irs	DMU33	0.831	0.905	0.963	drs
DMU15	0.834	0.953	0.849	irs	DMU34	0.891	0.921	0.997	drs
DMU16	1.000	1.000	1.000	—	DMU35	0.915	0.932	0.972	drs
DMU17	0.639	0.859	0.770	irs	DMU36	1.000	1.000	1.000	—
DMU18	0.727	0.854	0.908	irs	DMU37	0.903	0.911	0.990	drs
DMU19	0.817	0.895	0.917	irs	平均值	0.814	0.898	0.913	

注：DMU1 至 DMU37 按功率的大小排列；"RTS" 表示规模报酬，"drs" 表示规模报酬递减，"irs" 表示规模报酬递增，"—" 表示规模报酬不变；"TE_3""PTE_3""SE_3" 分别表示第三阶段渔船的技术效率、纯技术效率和规模效率。

术效率值变大。从整体来看，海州湾定置网渔船经调整后的规模报酬有一定规律，小功率定置网渔船处于规模效益递增状态，而大功率定置网渔船处于规模效益递减状态，故建议今后政府在定置网渔船主机功率调控方面，在维持一定数量主机功率适中的定置网渔船的同时，注重淘汰较大功率的定置网渔船，从而使得海州湾定置网渔船总体处于较高效益水平。

本节基于三阶段 DEA 模型，利用 2011 年海州湾 37 艘定置网渔船的相关统计数据进行生产效率及其影响因素研究并得出以下结论：①由于传统 DEA 模型无法排除环境变量和随机噪音对生产效率的影响，所以结果并不能完全反映 DMU 真实的效率情况。②通过 SFA 模型分析得出，船长从业时间越长，定置网渔船的效率越高；而船龄增加、渔船年出海天数增加和燃油补贴的增加都将导致定置网渔船的技术效率下降。③利用调整后数据进行 DEA 分析得出的效率值能更准确反映海州湾各定置网渔船的效率水平，研究表明现阶段海州湾定置网渔船规模效率和纯技术效率整体水平不高，技术效率偏低。

基于以上结论，本节认为可从以下几个方面提高海州湾定置网渔船的技术效率：第一，建议政府增加各类安全教育及技能培训投入，加强对定置网渔船船长及相关船员的培训，如加强渔船安全生产及驾驶培训、渔船海上遇险应变处置措施和及时提供相关渔汛信息等，从而提高船长及相关船员的业务能力；第二，建议政府增加渔船改造力度，逐步淘汰较旧的定置网渔船，鼓励建造高效节能的新船，如继续加强《农业部关于推进渔业节能减排工作的指导意见》相关具体工作的实施，出台更适合定置网渔船的减船措施；第三，建议政府出台相关政策，将定置网渔船的年出海天数限定在合理的天数内，从而留出足够的时间使渔业资源得到恢复，如在当期伏季休渔制度的基础上，进一步细化定置网渔船的作业天数及相关作业细则；第四，逐步合理降低燃油补贴的额度，制定更加合理的渔业补贴政策，如根据定置网渔船的作业性质及特点，制定一套更适合定置网渔船的燃油补贴政策；第五，鼓励淘汰大功率渔船，建造功率适中的定置网渔船。

第四节　渔业资源养护策略与可持续利用措施

一、渔业资源养护策略

渔业资源量主要受补充、生长、自然死亡和捕捞死亡四方面因素的影响。当资源的补充和生长幅度大于自然死亡和捕捞死亡之和时，渔业资源量会增长，反之则会下降。因此，渔业资源的养护主要通过扩大增长和降低死亡两方面实现（刘子飞等，2018）。

我国采取多种方式进行渔业资源的养护。我国自 1984 年以来广泛开展渔业资源的增殖放流工作，其实质是用人工方法向海洋、江河、湖泊等公共水域放流水生生物苗种或亲体，以增加水域生物种群的数量和质量的活动。放流是向水体中引入水生动物的主动干预方式，生物个体一般以亲本、种苗或受精卵的形式投放，一般选择重要经济种或生态种，均为人工繁育所得，符合相应质量标准和检验检疫要求。增殖放流可以补充和恢复生物资源群体，进而起到修复生态系统的作用，成熟的放流苗种最终也可以被捕获，以水产品形式作为食物供给。我国将 6 月 6 日定为全国放鱼日，广泛开展的增殖放流活动扩大了社会影响，提高了全社会对海洋渔业资源和环境的保护意识。近年来，仅连云港市就在海州湾海域累计放流中国对虾、梭子蟹、半滑舌鳎等渔业经济物种超过 20 亿单位，还放流了东方鲀、贝类、海参等珍稀濒危物种、地方特有物种，对恢复海州湾渔业资源、养护海域生态环境发挥了重要作用。值得注意的是，增殖放流既要实现恢复资源量的目的，又必须保证放流水域生态系统不被破坏、物种自然种质遗传特征不受干扰。因此，应当谨慎选择放流种类和确定放流规模，要充分考虑外来种对本地生态系统的影响。

营建海洋牧场也是改善鱼类栖息环境、保证鱼类繁殖和生长的重要手段，近年来在我国实施非常广泛。海洋牧场是指在一定海域内，采用规模化渔业设施和系统化管理体制，利用自然的海洋生态环境，将自然环境中或人工放流的经济海洋生物聚集起来，营造一个适宜其生长繁殖的生境。同时，海洋牧场也可以通过种植水生植物的形式修复遭破坏的海洋环境，为诸多鱼类提供庇护所和育幼所，降低捕食者导致的自然死亡。在海州湾海域目前已经建立了山东省岚山东部海域万泽丰国家级海洋牧场示范区和江苏省海州湾海域国家级海洋牧场示范区，总面积达 4 524.6 hm^2，为海州湾海域鱼类的补充和生长提供了巨大助力。海州湾海洋牧场从 2002 年开始就以人工鱼礁为载体，海面吊养与底播增殖为手段，增殖放流为补充，实施了海洋牧场建设工程，截至2019年年底已累计投入各类资金1.3亿元，建成面积超过170 km²，在全国范围内首屈一指。然而我国海洋牧场建设在整体上缺乏选划的科学性和对管理效果的评估，今后需要从政策支持、科学选划、效果评估等方面着力改进。

二、渔业资源可持续利用措施

实现渔业资源的可持续利用主要通过限制捕捞行为、优化配置捕捞努力量实现。世界主流的可持续渔业管理措施主要有4种模式，即投入控制（input control）、产出控制（output control）、禁渔区（spatial closure）和禁渔期（temporal closure）。这些管理措施有各自的长处和短处，适用于不同管理体系和目标。实际中应用的渔业管理策略往往采用组合这些手段的方式，形成综合的管理计划。

其中，投入控制指的是限制捕捞努力量的投入，一般的管理措施表现为限制作业的渔船数、作业渔船的功率、出海天数、网目、网具数等。这类方法通常不需要对鱼类资源本身做复杂的资源评估，由于捕捞努力量和其造成的死亡率之间的关系往往十分复杂，其具体的管理效果通常也难以量化，因此被认为是一种在方法上相对简单的管理手段。但是从管理实践来看，基于投入控制的渔业管理也能作为有效的管理手段，如美国缅因湾的龙虾渔业是以限制投放虾笼的数量进行管理，但该渔业已经成为美国产值最高的单物种渔业（Mazur et al.，2018）。同样，西澳大利亚的澳洲龙虾渔业也通过投入控制的方式实现了可持续的渔业资源开发（Penn et al.，2015）。

产出控制指的是限制渔业的总产出，一般的管理措施表现为限制总可捕量。这类方法需要相对复杂的资源评估工作，也对数据条件有较高的要求，往往需要依靠完善的生产监测和科学调查，也存在较高的管理成本。因此，产出控制往往被用于有较高经济价值的渔业资源。此外，研究表明受到充分资源评估的渔业资源更不容易崩溃，因此基于产出控制的渔业管理总体上也更容易实现可持续开发（Costello et al.，2012；Deroba et al.，2015；Dichmont et al.，2016；Eide，2016）。基于产出控制实现的可持续渔业管理案例不胜枚举，是很多发达国家渔业管理的重要组成部分。

禁渔区和禁渔期很少作为主要的渔业管理工具，这是因为与投入控制和产出控制管理方法相比，禁渔区和禁渔期难以直接和产量、产值等指标相联系，而这类指标往往是渔业管理的重要量化目标。部分学者认为禁渔区和禁渔期是特殊的投入控制，因为它们实际上是捕捞努力量在时间和空间上的重新配置（Hoos et al.，2019）。这类措施往往也仅用于一些特殊的管理目的，如保护特定的栖息地和某些物种的特定生活阶段以间接实现资源修复，或者是降低特定时间段内捕捞行为对兼捕物种的影响，或在多种社会经济因素下实现综合的管理目标（Little et al.，2010；Dunn et al.，2011；Dichmont et al.，2013）。在实践中，禁渔区和禁渔期一般和其他管理措施结合使用，以实现综合的管理目标，尤其是在基于生态系统的渔业管理框架下的生物多样性保护（Hilborn et al.，2004；Dichmont et al.，2013）。

我国也采取了基于上述管理手段的多种管理措施进行渔业管理，在海州湾均有体现。我国目前实行全国性的海洋伏季休渔制度，是全球空间跨度最大、持续时间最长的常规性禁渔期，也是我国当前最主要的渔业管理措施。伏季休渔措施近年来不断完善，2020 年我国伏季休渔海域包括渤海、黄海、东海及 12°N 以北的南海（含北部湾）海域，休渔类型为除钓具外的所有作业类型，以及为捕捞渔船配套服务的捕捞辅助船。伏季休渔的时间在空间上有所差异：2020 年 35°N 以北的渤海和黄海海域为 5 月 1 日 12 时至 9 月 1 日 12 时；26°30′—35°N 的黄海和东海海域为 5 月 1 日 12 时至 9 月 16 日 12 时；26°30′N 至闽粤海域交界线的东海海域为 5 月 1 日 12 时至 8 月 16 日 12 时。在上述海域范围内，桁杆拖虾、笼壶类、刺网和灯光围（敷）网休渔时间为 5 月 1 日 12 时至 8 月 1 日 12 时。12°N 至闽粤海域交界线的南海（含北部湾）海域为 5 月 1 日 12 时至 8 月 16 日 12 时。定置作业从 5 月 1 日 12 时起休渔，时间不少于 3 个月，休渔结束时间由沿海各省（自治区、直辖市）渔业主管部门确定，报农业农村部备案。海州湾海域贯穿 34°—36°N，2020 年伏季休渔时间为 4～4.5 个月。伏季休渔在保护幼鱼群体、提高捕捞效率、节约捕捞成本等方面具有积极贡献（柳明辉等，2016）。本书中资源评估部分的结果也表明，随着伏季休渔时间的延长，秋季资源量的上升较为明显。然而伏季休渔政策本身并不限制一年内的总捕捞量和努力量，因此其长期管理效果存疑，本书中也发现春季资源量并未明显恢复。此外，在政策实施、执法、管理等方面，伏季休渔政策仍面临诸多挑战，需要进一步完善和优化。

“双控”制度由农业部于 1987 年颁布，旨在限制全国海洋捕捞渔船的总数量和总功率。该制度在早期阶段并未取得良好的管理效果，截至 2002 年，登记渔船数相比于 1986 年增加了 6 万余艘，总功率甚至翻倍（Shen et al.，2014）。2013 年，农业部印发《2013 年渔业资源保护和转产转业项目实施指导意见》，并提出到 2010 年“双控”总体工作目标为压减捕捞渔船数 3 万艘、总功率 127 万 kW。然而根据 2011 年统计数据，我国总渔船数虽然有所下降，但是总功率持续上升。总体上，“双控”制度在实施早期的有效性受到执法、非法捕捞、社会经济需求等多方面因素的限制，并未取得预期的效果。为应对这些挑战，农业部于 2017 年发布《农业部关于进一步加强国内渔船管控实施海洋渔业资源总量管理的通知》，明确提出进一步深化、完善海洋渔船“双控”制度的具体目标并纳入“十三五”规划，即到 2020 年，全国压减海洋捕捞机动渔船 2 万艘、功率 150 万 kW（基于 2015 年控制数），沿海各省（自治区、直辖市）年度压减数不得低于该省总压减任务的 10%，其中：国内海洋大中型捕捞渔船减船 8 303 艘、功率 1 350 829 kW；国内海洋小型捕捞渔船减船 11 697 艘、功率 149 171 kW；港澳流动渔船船数和功率数保持不变，控制在 2 303 艘、功率 939 661 kW 以内。通过压减海洋捕捞渔船船数和功率，逐步实现海洋捕捞强度与资源可捕量相适应。据统计，截至 2019 年 12 月底，“十三五”以来全国已累计拆解渔船 20 414 艘，提前 1 年完成“十三五”全国海洋捕捞渔船船数压减任务。根据全国海洋捕捞渔船压减指标，海州湾沿岸的山东省和江苏省在 2020 年应相对 2015 年分别压减渔船 2 782 艘和 845 艘，分别压减功率 178 278 kW 和 73 846 kW，对减轻海州湾海域的捕捞努力量具有重要意义。

海洋保护区、水产种质资源保护区是我国海洋生态环境保护的重要工具，对于保护重要渔业资源及其生存环境、促进渔业可持续发展和国家生态文明建设发挥了重要作用。根据《中华人民共和国渔业法》《中华人民共和国自然保护区条例》等法律法规规定和国务院《中国水生生物资源养护行动纲要》要求，我国积极推进海洋保护区和水产种质资源保护区网络建设，逐步形成了沿海海洋生态走廊，构建起了我国海洋生态、物种、食品安全的蓝色屏障。截至2019年，我国已建成海洋保护区271处，总面积达12.5万km²，约占我国管辖海域总面积的4.1%；建成47处海洋型水产种质资源保护区，保护面积达7.45万多km²（盛强等，2019；李韵洲等，2020）。至此，在各级党委和政府积极推动下，海州湾的海洋保护体系也已初具规模，涵盖了不同类型不同级别的海洋保护区与水产种质资源保护区，包括海州湾国家级海洋公园、西海岸国家级海洋公园、海州湾大竹蛏国家级水产种质资源保护区、日照中国对虾国家级水产种质资源保护区、前三岛海域国家级水产种质资源保护区、胶南灵山岛省级自然保护区、大公岛海岛生态系统省级自然保护区等（Li et al.，2019）。这些保护区基本覆盖了海州湾重要渔业资源及其产卵场、索饵场、越冬场、洄游通道等关键栖息场所，对于降低人类活动的不利影响、缓解渔业资源衰退和水域生态环境恶化具有重要作用，取得了良好的生态效益、经济效益和社会效益。但与此同时，保护区面临着调查与监测方案不完善、管理执法能力欠缺、资金投入不足、评估机制不健全等诸多挑战。2019年以来，国家开始关注保护区管理升级和质量提升，积极深化海洋保护体系的改革和完善，这也对海州湾的海洋保护区和水产种质资源保护区的空间布局、保护效果、管理能力提出了新的要求。

总可捕量是重要的产出控制手段，也是许多渔业实现可持续开发的重要管理工具。多年来我国并未建立实施基于科学评估的总可捕量控制的管理策略，严重阻碍了我国渔业资源的可持续开发和利用。2017年，农业部在《农业部关于进一步加强国内渔船管控实施海洋渔业资源总量管理的通知》中明确提出将“海洋捕捞总产量控制目标”作为核心目标任务，指出在2020年将国内海洋捕捞总产量减少到1 000万t以内，与2015年相比沿海各省减幅均不得低于23.6%，年度减幅原则上不低于5%。此外，还提出2020年后的总可捕量将依据海洋渔业资源评估情况和渔业生产实际进行进一步调控。这一措施实际上是一种基于多鱼种的总可捕量限制，与国际上广泛采用的单鱼种可捕量限制相比，多鱼种的总量控制对政策、管理、评估均提出了新的要求，依赖于进一步的制度革新和方法创新，以及更为全面的资源调查和监测。山东省和江苏省2020年的总捕捞产量控制数分别为174 397 t和423 552 t，相比2015年均下降23.6%。

主要参考文献

REFERENCES

陈则实，王文海，吴桑云，2007. 中国海湾引论［M］. 北京：海洋出版社.

程济生，朱金声，1997. 黄海主要经济无脊椎动物摄食特征及其营养层次的研究［J］. 海洋学报（中文版）（06）：102－108.

崔丹丹，吕林，赵新生，等，2016. 江苏海州湾生态资源评价与分析［J］. 海洋开发与管理，33（01）：40－44.

崔龙波，赵华，2000. 长蛸消化道的组织学与组织化学研究［J］. 烟台大学学报（自然科学与工程版）（04）：277－281.

崔青曼，袁春营，董景岗，等，2008. 渤海湾银鲳年龄与生长的初步研究［J］. 天津科技大学学报（03）：30－32.

段妍，董婧，李梦遥，2015. 六线鱼属鱼类繁殖行为学研究进展［J］. 水产科学，34（011）：726－732.

方水美，2005. 福建海洋捕捞“技术效率”的时间序列分析［J］. 福建水产（01）：51－55.

冯春雷，黄洪亮，陈雪忠，2007. SPF 理论及其在捕捞能力计算中的应用［J］. 上海水产大学学报（01）：48－53.

韩东燕，麻秋云，薛莹，等，2016. 应用碳、氮稳定同位素技术分析胶州湾六丝钝尾虾虎鱼的摄食习性［J］. 中国海洋大学学报（自然科学版），46（03）：67－73.

黄美珍，2004. 台湾海峡及邻近海域 4 种头足类的食性和营养级研究［J］. 台湾海峡（03）：73－82.

黄晓璇，2010. 青岛近海方氏云鳚（*Enedrias fangi* Wang et Wang）渔业生物学初步研究［D］. 青岛：中国海洋大学.

姜卫民，孟田湘，陈瑞盛，等，1998. 渤海日本蟳和三疣梭子蟹食性的研究［J］. 海洋水产研究（01）：53－59.

金显仕，程济生，邱盛尧，等，2006. 黄渤海渔业资源综合研究与评价［M］. 北京：海洋出版社.

金显仕，赵宪勇，孟田湘，等，2005. 黄、渤海生物资源与栖息环境［M］. 北京：科学出版社.

金鑫波，2006. 中国动物志：硬骨鱼纲 鲉形目［M］. 北京：科学出版社.

李明德，2005. 中国经济鱼类生态学［M］. 天津：天津科技翻译出版社：5，12.

李明德，2011. 天津鱼类志［M］. 天津：天津科学技术出版社：9，151.

李玉媛，吴桂荣，陶雅晋，等，2011. 北部湾中国枪乌贼生长、繁殖与摄食研究［C］//中国水产学会. 渔业科技创新与发展方式转变——2011 年中国水产学会学术年会论文摘要集. 北京：中国水产学会：547.

李韵洲，孙铭，任一平，等，2020. 系统保护规划方法对我国构建海洋保护地选划布局体系的启示［J］. 海洋开发与管理，037（002）：41－47.

刘西方，2015. 海州湾两种高营养级鱼类摄食生态及其食物关系研究［D］. 青岛：中国海洋大学.

刘西方，刘贺，薛莹，等，2015. 海州湾星康吉鳗的摄食生态特征［J］. 中国水产科学，22（003）：517－527.

刘子飞，孙慧武，岳冬冬，等，2018. 中国新时代近海捕捞渔业资源养护政策研究［J］. 中国农业科技导报，20 (012)：1-8.
柳明辉，李凡，涂忠，等，2016. "伏季休渔"制度回顾与思考 [J]. 齐鲁渔业 (5)：45-47.
卢振彬，陈骁，2008. 福建沿海几种鲱、鳀科鱼类生长与死亡参数及其变化 [J]. 厦门大学学报 (自然科学版) (02)：279-285.
吕林，崔丹丹，陈艳艳，等，2019. 1984—2016年江苏省海岸线和沿海滩涂的变迁 [J]. 海洋开发与管理，36 (08)：52-54.
麻秋云，牟秀霞，任一平，等，2018. 东、黄海星康吉鳗生长、死亡和单位补充量渔获量 [J]. 水产学报，42 (06)：881-888.
曼昆，2013. 经济学原理 [M]. 北京：北京大学出版社：4.
钱耀森，郑小东，刘畅，等，2013. 人工条件下长蛸 (*Octopus minor*) 繁殖习性及胚胎发育研究 [J]. 海洋与湖沼，44 (01)：165-170.
任一平，刘群，李庆怀，等，2002. 青岛近海小型鳀鲱鱼类渔业生物学特性的研究 [J]. 海洋湖沼通报 (01)：69-74.
申世常，黄良敏，王家樵，等，2020. 厦门海域皮氏叫姑鱼渔业生物学特性的初步研究 [J]. 海洋湖沼通报 (01)：129-135.
沈雪达，2014. 渔业技术经济学 [M]. 北京：中国农业出版社：1.
盛福利，曾晓起，薛莹，2009. 青岛近海口虾蛄的繁殖及摄食习性研究 [J]. 中国海洋大学学报 (自然科学版)，39 (S1)：326-332.
盛强，茹辉军，李云峰，等，2019. 中国国家级水产种质资源保护区分布格局现状与分析 [J]. 水产学报，043 (001)：62-80.
水柏年，2003. 黄海南部、东海北部小黄鱼的年龄与生长研究 [J]. 浙江海洋学院学报 (自然科学版) (01)：16-20.
苏巍，2014. 海州湾海域鱼类群落多样性及其与环境因子的关系 [D]. 青岛：中国海洋大学.
孙霄，张云雷，徐宾铎，等，2020. 海州湾及邻近海域短吻红舌鳎产卵场的生境适宜性 [J]. 中国水产科学，27 (12)：1505-1514.
孙远远，2014. 海州湾及邻近海域大泷六线鱼生长、死亡及合理利用研究 [D]. 青岛：中国海洋大学.
唐峰华，沈新强，王云龙，2011. 海州湾附近海域渔业资源的动态分析 [J]. 水产科学 (6)：335-341.
唐启升，2006. 中国专属经济区海洋生物资源与栖息环境 [M]. 北京：科学出版社.
王宝灿，虞志英，刘苍字，等，1980. 海州湾岸滩演变过程和泥沙流动向 [J]. 海洋学报 (中文版) (01)：79-96.
王凯，章守宇，汪振华，等，2012. 马鞍列岛海域皮氏叫姑鱼渔业生物学初步研究 [J]. 水产学报，36 (02)：228-237.
王荣夫，张崇良，徐宾铎，等，2018. 海州湾秋季小眼绿鳍鱼的摄食策略及食物选择性 [J]. 中国水产科学，25 (05)：1059-1070.
王所安，等，2001. 河北动物志 鱼类 [M]. 石家庄：河北科学技术出版社.
王文海，夏东兴，高兴辰，等，1993. 中国海湾志 (第四分册) [M]. 北京：海洋出版社：354-420.
王小林，徐宾铎，纪毓鹏，等，2013. 海州湾及邻近海域冬季鱼类群落结构及其与环境因子的关系 [J]. 应用生态学报，24 (06)：1707-1714.
王友喜，2002. 东海南部剑尖枪乌贼渔业生物学特性 [J]. 海洋渔业 (04)：169-172.
王子超，2017. 海州湾渔业资源对海洋开发活动的生态承载力分析 [D]. 上海：上海海洋大学.
魏秀锦，张波，单秀娟，等，2018. 渤海小黄鱼摄食习性 [J]. 中国水产科学，25 (06)：142-151.
魏秀锦，张波，单秀娟，等，2019. 渤海银鲳的营养级及摄食习性 [J]. 中国水产科学，26 (05)：

904－913.

吴筱桐，丁翔翔，江旭，等，2019. 海州湾鱼类群落平均营养级和大型鱼类指数的变化特征［J］. 应用生态学报，30（08）：2829－2836.

许莉莉，薛莹，徐宾铎，等，2018. 海州湾大泷六线鱼摄食生态研究［J］. 中国水产科学，25（03）：608－620.

薛莹，2005. 黄海中南部主要鱼种摄食生态和鱼类食物网研究［D］. 青岛：中国海洋大学.

颜云榕，冯波，卢伙胜，2009. 中、西沙海域2种灯光作业渔船的捕捞特性及其技术效率分析［J］. 南方水产（06）：59－64.

杨纪明，2001. 渤海无脊椎动物的食性和营养级研究［J］. 渔业信息与战略，16（009）：8－16.

叶青，1993. 青岛近海欧氏六线鱼年龄和生长的研究［J］. 青岛海洋大学学报（02）：59－68.

虞志英，1983. 中国海岸河口学术讨论会在广州召开［J］. 海洋与湖沼（06）：600.

袁于飞，2014. 我国海洋渔业资源利用效率低［N］. 光明日报，04－30.

詹秉义，1995. 渔业资源评估［M］. 北京：中国农业出版社.

张波，袁伟，王俊，2015. 崂山湾春季鱼类群落的摄食生态及其主要种类［J］. 中国水产科学（04）：820－827.

张虎，贲成恺，方舟，等，2017. 基于拖网调查的海州湾南部鱼类群落结构分析［J］. 上海海洋大学学报，26（04）：588－596.

张建民，1989. 试论海州湾能源的开发利用［J］. 海洋与海岸带开发（02）：58－59.

张芸欣，徐开达，李德伟，等，2018. 东海北部近海小眼绿鳍鱼的数量分布及其生物学特征［J］. 浙江海洋大学学报（自然科学版），37（05）：418－423.

郑奕，方水美，周应祺，等，2009. 中国海洋捕捞能力的计量与分析［J］. 水产学报，33（5）：885－892.

郑元甲，陈雪忠，程家骅，等，2003. 东海大陆架生物资源与环境［M］. 上海：上海科学技术出版社.

郑重，1986. 海洋浮游生物生态学文集［M］. 厦门：厦门大学出版社.

朱鑫华，马道元，1992. 胶州湾水域短吻舌鳎年龄、生长及其年龄结构特征的研究［J］. 海洋科学（01）：49－53.

庄平，晁敏，张虎，等，2018. 海州湾生态环境与生物资源［M］. 北京：中国农业出版社.

Alverson D L，Freeberg M H，Murawski S A，et al.，1994. A global assessment of fisheries bycatch and discards［M］. Rome：Food & Agriculture Org.

Cao L，Chen Y，Dong S，et al.，2017. Opportunity for marine fisheries reform in China［J］. Proceedings of the National Academy of Sciences，114（3）：435－442.

Costello C，Ovando D，Hilborn R，et al.，2012. Status and solutions for the world’s unassessed fisheries［J］. Science，338（6106）：517－520.

Deroba J J，Butterworth D S，Methot Jr R D，et al.，2015. Simulation testing the robustness of stock assessment models to error：some results from the ICES strategic initiative on stock assessment methods［J］. ICES Journal of Marine Science，72（1）：19－30.

Dichmont C M，Deng R A，Punt A E，et al.，2016. A review of stock assessment packages in the United States［J］. Fisheries Research，183：447－460.

Dichmont C M，Ellis N，Bustamante R H，et al.，2013. EDITOR’S CHOICE：Evaluating marine spatial closures with conflicting fisheries and conservation objectives［J］. Journal of Applied Ecology，50（4）：1060－1070.

Dunn D C，Boustany A M，Halpin P N，2011. Spatio－temporal management of fisheries to reduce by－catch and increase fishing selectivity［J］. Fish and Fisheries，12（1）：110－119.

Eide A, 2016. Management performance indicators based on year - class histories [J]. Fisheries Research, 174: 280 - 287.

FAO Fisheries Department, 1999. Managing fishing capacity [C]. Rome: FAO Fisheries Technical (386): 75 - 116.

Fried, Lovell, Schmidt, et al., 2002. Accounting for Environmental Effects and Statistical Noise in Data Envelopment Analysis [J]. Journal of Productivity Analysis, 17: 121 - 136.

Hannesson R, 1983. Bio - economic production function in fisheries [J]. Canadian Journal of Fisheries and Aquatic Sciences (40): 968 - 982.

Hilborn R, Ovando D, 2014. Reflections on the success of traditional fisheries management [J]. ICES journal of Marine Science, 71 (5): 1040 - 1046.

Hoos L A, Buckel J A, Boyd J B, et al., 2019. Fisheries management in the face of uncertainty: Designing time - area closures that are effective under multiple spatial patterns of fishing effort displacement in an estuarine gill net fishery [J]. Plos one, 14 (1): e0211103.

Li Y, Zhang C, Xue Y, et al., 2019. Developing a marine protected area network with multiple objectives in China [J]. Aquatic Conservation: Marine and Freshwater Ecosystems, 29 (6): 952 - 963.

Little L R, Grafton R Q, WKompas T, et al., 2010. Closure strategies as a tool for fisheries management in metapopulations subjected to catastrophic events [J]. Fisheries Management and Ecology, 17 (4): 346 - 355.

Mazur M D, Li B, Chang J H, et al., 2018. Using an individual - based model to simulate the Gulf of Maine American lobster (*Homarus americanus*) fishery and evaluate the robustness of current management regulations [J]. Canadian Journal of Fisheries and Aquatic Sciences.

Mildenberger T K, Taylor M H, Wolff M, 2017. TropFishR: an R package for fisheries analysis with length - frequency data [J]. Methods in Ecology and Evolution, 8 (11): 1520 - 1527.

Pauly D, 1980. On the interrelationships between natural mortality, growth parameters, and mean environmental temperature in 175 fish stocks [J]. ICES Journal of Marine Science, 39 (2): 175 - 192.

Pauly D, 1990. Length - converted catch curves and the seasonal growth of fishes [J]. Fishbyte, 8 (3): 33 - 38.

Pauly D, 1983. Some simple methods for the assessment of tropical fish stocks [J]. FAO Fisheries Technical Papers.

Penn J W, Caputi N, de Lestang S, 2015. A review of lobster fishery management: the Western Australian fishery for *Panulirus cygnus*, a case study in the development and implementation of input and output - based management systems [J]. ICES Journal of Marine Science, 72: i22 - i34.

Pikitch E K, Santora C, Babcock E A, et al., 2004. Ecology: Ecosystem - based fishery management [J]. Science, 305 (5682): 346 - 7.

Pilson M, 1985. Annual cycle of nutrients and chlorophyll in Naragansett Bay, Rhode Island [J]. Journal of Marine Research, 43 (4): 849 - 873.

Punt A E, Smith A D M, 2001. The gospel of maximum sustainable yield in fisheries management: birth, crucifixion and reincarnation [J]. Conservation of exploited species, 6: 41 - 66.

Shen G, Heino M, 2014. An overview of marine fisheries management in China [J]. Marine Policy, 44: 265 - 272.

Von Bertalanffy L, 1938. A quantitative theory of organic growth (inquiries on growth laws. II) [J]. Human biology, 10 (2): 181 - 213.

附录

APPENDIX

附录1　海州湾主要游泳动物名录

种类	拉丁名	春季	秋季
鱼类			
玉筋鱼	*Ammodytes personatus*	***	**
白姑鱼	*Argyrosomus argentatus*	*	***
乳色刺虾虎鱼	*Acanthogobius lactipes*	*	*
绯䲗	*Callionymus beniteguri*	**	**
李氏䲗	*Callionymus richardsoni*	**	*
短鳍䲗	*Callionymus sagitta*	***	**
瓦氏䲗	*Callionymus valenciennei*	**	**
六丝钝尾虾虎鱼	*Chaeturichthys hexanema*	***	***
矛尾虾虎鱼	*Chaeturichthys stigmatias*	*	***
小眼绿鳍鱼	*Chelidonichthys kumu*	*	***
高眼鲽	*Cleisthenes herzensteini*	*	*
凤鲚	*Coilia mystus*	*	*
刀鲚	*Coilia nasus*	*	*
棘头梅童鱼	*Collichthys lucidus*	**	***
黑鳃梅童鱼	*Collichthys niveatus*	***	***
星康吉鳗	*Conger myriaster*	***	***
长丝虾虎鱼	*Cryptocentrus filifer*	**	**
裸项蜂巢虾虎鱼	*Ctenogobius gymnauchen*	**	*
普氏栉虾虎鱼	*Ctenogobius pflaumi*	**	*
小头栉孔虾虎鱼	*Ctenotrypauchen microcephalus*	*	**
短吻三线舌鳎	*Cynoglossus abbreviatus*	*	*
短吻红舌鳎	*Cynoglossus joyneri*	***	***
紫斑舌鳎	*Cynoglossus purpureomaculatus*	*	*
半滑舌鳎	*Cynoglossus semilaevis*	**	*
蓝圆鲹	*Decapterus maruadsi*	*	**
吉氏绵鳚	*Enchelyopus gilli*	**	*
鳀	*Engraulis japonicus*	***	**

（续）

种类	拉丁名	春季	秋季
虻鲉	*Erisphex potti*	*	**
小带鱼	*Eupleurogrammus muticus*	*	**
大头鳕	*Gadus macrocephalus*	**	*
青鰧	*Gnathagnus elongatus*	*	*
龙头鱼	*Harpodon nehereus*	*	*
大泷六线鱼	*Hexagrammos otakii*	***	***
日本海马	*Hippocampus japonicus*	*	*
斑海马	*Hippocampus trimaculatus*	*	*
鳓	*Ilisha elongata*	*	*
细条天竺鲷	*Jaydia lineatus*	*	***
皮氏叫姑鱼	*Johnius belangeri*	**	**
石鲽	*Kareius bicoloratus*	*	*
斑鰶	*Konosirus punctatus*	**	*
花鲈	*Lateolabrax japonicus*	*	*
细纹狮子鱼	*Liparis tanakai*	***	**
网纹狮子鱼	*Liparis chefuensis*	*	*
黄鮟鱇	*Lophius litulon*	***	***
鮸	*Miichthys miiuy*	*	***
单指虎鲉	*Minous monodactylus*	*	**
海鳗	*Muraenesox cinereus*	*	**
黄姑鱼	*Nibea albiflora*	*	*
红狼牙虾虎鱼	*Odontamblyopus rubicundus*	*	*
条石鲷	*Oplegnathus fasciatus*	*	*
真鲷	*Pagrus major*	*	*
北鲳	*Pampus punctatissimus*	**	***
褐牙鲆	*Paralichthys olivaceus*	*	*
方氏云鳚	*Pholis fangi*	***	***
云鳚	*Pholis nebulosa*	*	*
鲬	*Platycephalus indicus*	***	***
角木叶鲽	*Pleuronichthys cornutus*	**	***
大银鱼	*Protosalanx chinensis*	*	*
鳚杜父鱼	*Pseudoblennius cottoides*	*	*
钝吻黄盖鲽	*Pseudopleuronectes yokohamae*	*	*
小黄鱼	*Pseudosciaena polyactis*	***	***
孔鳐	*Raja porosa*	**	***
史氏鳐	*Raja smirnovi*	*	*
日本笠鳚	*Rhabdoblennius ellipse*	**	*

（续）

种类	拉丁名	春季	秋季
长鳍银鱼	*Salanx longianalis*	*	*
青鳞小沙丁	*Sardinella zunasi*	*	**
长蛇鲻	*Saurida elongata*	**	***
鲐	*Scomber japonicus*	*	***
铠平鲉	*Sebastes hubbsi*	**	**
许氏平鲉	*Sebastes schlegelii*	*	**
汤氏平鲉	*Sebastes thompsoni*	*	*
褐菖鲉	*Sebastiscus marmoratus*	*	*
鹿斑鲾	*Secutor ruconius*	*	*
黄鲫	*Setipinna taty*	**	**
多鳞鱚	*Sillago sihama*	*	**
油魣	*Sphyraena pinguis*	*	***
丝背细鳞鲀	*Stephanolepis cirrhifer*	*	**
斑尾刺虾虎鱼	*Synechogobius ommaturus*	*	**
尖海龙	*Syngnathus acus*	***	***
星点东方鲀	*Takifugu niphobles*	*	*
黄鳍东方鲀	*Takifugu xanthopterus*	*	*
长鲽	*Tanakius kitaharae*	*	*
绿鳍马面鲀	*Thamnaconus madestus*	*	**
马面鲀	*Thamnaconus septentrionalis*	**	*
赤鼻棱鳀	*Thryssa kammalensis*	***	**
中颌棱鳀	*Thryssa mystax*	*	*
竹筴鱼	*Trachurus japonicus*	*	*
带鱼	*Trichiurus lepturus*	*	**
钟馗虾虎鱼	*Tridentiger barbatus*	*	*
带纹条鳎	*Zebrias zebra*	**	**
虾类			
中国毛虾	*Acetes chinensis*	*	*
鲜明鼓虾	*Alpheus distinguendus*	**	**
日本鼓虾	*Alpheus japonicus*	**	**
脊腹褐虾	*Crangon affinis*	***	**
中华安乐虾	*Eualus sinensis*	**	*
脊尾白虾	*Exopalaemon carinicauda*	*	**
中国对虾	*Fenneropenaeus chinensis*	*	*
长足七腕虾	*Heptacarpus futilirostris*	**	*
鞭腕虾	*Hippolysmata vittata*	*	*
海蜇虾	*Latreutes anoplonyx*	*	*
疣背宽额虾	*Latreutes planirostris*	**	*
细螯虾	*Leptochela gracilis*	*	*

（续）

种类	拉丁名	春季	秋季
戴氏赤虾	*Metapenaeopsis dalei*	***	***
周氏新对虾	*Metapenaeus joyneri*	*	**
美人虾	*Nihonotrypaea harmandi*	*	*
口虾蛄	*Oratosquilla oratoria*	***	***
葛氏长臂虾	*Palaemon gravieri*	***	**
巨指长臂虾	*Palaemon macrodactylus*	*	*
敖氏长臂虾	*Palaemon ortmanni*	*	**
细指长臂虾	*Palaemon tenuidactylus*	*	*
哈氏仿对虾	*Parapenaeopsis hardwickii*	*	*
细巧仿对虾	*Parapenaeopsis tenella*	*	**
日本对虾	*Penaeus japonicus*	*	*
鹰爪虾	*Trachysalambria curvirostris*	***	***
蝼蛄虾	*Upogebia wuhsienweni*	*	*
蟹类			
有疣英雄蟹	*Achaeus tuberculatus*	*	*
球形栗壳蟹	*Arcania globata*	*	*
圆十一刺栗壳蟹	*Arcania novemspinosa*	*	*
异足倒颚蟹	*Asthenognathus inaequipes*	*	*
隆背黄道蟹	*Cancer gibbosulus*	**	**
泥足隆背蟹	*Carcinoplax vestita*	*	*
双斑蟳	*Charybdis bimaculata*	***	***
锈斑蟳	*Charybdis feriatus*	*	*
日本蟳	*Charybdis japonica*	***	***
日本关公蟹	*Dorippe japonica*	*	*
强壮菱蟹	*Enoplolambrus validus*	*	***
隆线强蟹	*Eucrate crenata*	*	*
绒毛近方蟹	*Hemigrapsus penicillatus*	*	*
披发异毛蟹	*Heteropilumnus ciliatus*	*	*
特异大拳蟹	*Macromedaeus distinguendus*	*	*
红线黎明蟹	*Matuta planipes*	*	*
枯瘦突眼蟹	*Oregonia gracilis*	**	*
细点圆趾蟹	*Ovalipes punctatus*	*	*
寄居蟹	*Pagurus* spp.	**	**
东方吕氏拟银杏蟹	*Paractaea ruppelle*	*	*
端正拟关公蟹	*Paradorippe polita*	*	*
沈板蟹	*Petalomera sheni*	*	*
豆形拳蟹	*Philyra pisum*	*	*

（续）

种类	拉丁名	春季	秋季
小巧毛刺蟹	*Pilumnus minuths*	*	*
宽腿八豆蟹	*Pinnixa penultipedalis*	*	*
海阳豆蟹	*Pinnotheres haiyangensis*	*	*
三疣梭子蟹	*Portunus trituberculatus*	**	***
四齿矶蟹	*Pugettia quadridens*	*	*
矶蟹	*Pugettia* sp.	*	*
绒毛细足蟹	*Rophidopus ciliatus*	*	*
仿盲蟹	*Typhlocarcinops* sp.	*	*
豆形短眼蟹	*Xenophthalmus pinnotheroides*	*	*
头足类			
四盘耳乌贼	*Euprymna morsei*	**	**
枪乌贼	*Loligo* spp.	***	***
短蛸	*Octopus ochellatus*	***	***
长蛸	*Octopus variabilis*	***	***
金乌贼	*Sepia esculenta*	*	***
曼氏无针乌贼	*Sepiella maindroni*	*	*
双喙耳乌贼	*Sepiola birostrata*	**	*

注：* 表示相对资源密度为 0～10 g/h，**表示相对资源密度为 10～100 g/h，***表示相对资源密度大于 100 g/h。

附录 2　海州湾主要鱼卵和仔、稚鱼名录

种类	拉丁名	春季		夏季		秋季		冬季	
		鱼卵	仔、稚鱼	鱼卵	仔、稚鱼	鱼卵	仔、稚鱼	鱼卵	仔、稚鱼
白姑鱼	*Argyrosomus argentatus*	*	0	*	0	0	0	0	0
李氏䲗	*Callionymus richardsoni*	*	*	0	0	0	0	0	0
短鳍䲗	*Callionymus sagitta*	0	0	**	*	0	0	0	0
䲗属	*Callionymus* spp.	0	0	0	0	*	0	0	0
鮻	*Chelon haematocheilus*	*	0	0	0	0	0	0	0
高眼鲽	*Cleisthenes herzensteini*	***	0	0	0	0	0	0	0
鲱科	Clupeidae	*	0	0	0	*	0	0	0
凤鲚	*Coilia mystus*	0	0	*	0	0	0	0	0
棘头梅童鱼	*Collichthys lucidus*	*	*	0	*	0	0	0	0
舌鳎科	Cynoglossidae	*	0	0	0	0	0	*	0
短吻三线舌鳎	*Cynoglossus abbreviatus*	*	0	0	0	0	0	0	0
短吻红舌鳎	*Cynoglossus joyneri*	*	0	**	*	0	0	0	0
鳀	*Engraulis japonicus*	**	0	***	**	0	0	0	0
小带鱼	*Eupleurogrammus muticus*	0	0	*	0	0	0	0	0
细条天竺鲷	*Jaydia lineatus*	0	0	*	0	0	0	0	0
皮氏叫姑鱼	*Johnius belangeri*	0	0	***	*	*	0	0	0
石鲽	*Kareius bicoloratus*	0	0	0	0	0	0	*	0
斑鰶	*Konosirus punctatus*	*	*	*	0	0	0	0	0
黄姑鱼	*Nibea albiflora*	*	0	*	0	0	0	0	0
蛇鳗科	Ophichthyidae	0	0	*	0	*	0	*	0
真鲷	*Pagrosomus major*	*	0	0	0	0	0	0	0
银鲳	*Pampus argenteus*	*	0	0	0	0	0	0	0
褐牙鲆	*Paralichthys olivaceus*	*	0	0	0	0	0	0	0
鲬	*Platycephalus indicus*	*	*	0	0	0	0	0	0
小黄鱼	*Pseudosciaena polyactis*	*	0	0	0	0	0	0	0
青鳞小沙丁	*Sardinella zunasi*	0	0	*	0	0	0	0	0
长蛇鲻	*Saurida elongata*	0	0	0	0	*	0	0	*
蓝点马鲛	*Scomberomorus niphonius*	*	0	*	0	0	0	0	0
黄鲫	*Setipinna taty*	0	0	*	0	0	0	0	0
江口小公鱼	*Stolephorus commersonnii*	0	0	***	*	0	0	0	0
尖海龙	*Syngnathus acus*	0	*	0	0	0	*	0	0
赤鼻棱鳀	*Thryssa kammalensis*	0	0	*	0	0	0	0	0
带鱼	*Trichiurus lepturus*	0	0	*	0	*	0	0	0
带纹条鳎	*Zebrias zebra*	*	0	0	0	0	0	0	0

注：* 表示数量为 1～500 尾（粒）/网，** 表示数量为 501～1 000 尾（粒）/网，*** 表示数量大于 1 000 尾（粒）/网。

附录 3　海州湾主要浮游植物名录

门类	种类	拉丁名	春季	夏季	秋季	冬季
	波状辐裥藻	*Actinoptychus undulatus*			***	***
	冰河拟星杆藻	*Asterionellopsis glacialis*	**	***	***	***
	派格棍形藻	*Bacillaria paxillifera*	***	***	***	***
	透明辐杆藻	*Bacteriastrum hyalinum*		*	***	**
	钟状中鼓藻	*Bellerochea horologicalis*		***	***	
	大洋角管藻	*Cerataulina pelagica*			**	
	窄隙角毛藻	*Chaetoceros affinis*	***	***	***	***
	卡氏角毛藻	*Chaetoceros castracanei*		**	***	***
	扁面角毛藻	*Chaetoceros compressus*			***	
	深环沟角毛藻	*Chaetoceros constrictus*			***	
	旋链角毛藻	*Chaetoceros curvisetus*		**	***	***
	柔弱角毛藻	*Chaetoceros debilis*		***	***	***
	并基角毛藻	*Chaetoceros decipiens*			**	
	密连角毛藻	*Chaetoceros densus*			***	**
	冕孢角毛藻	*Chaetoceros diadema*	***	***	***	
	艾氏角毛藻	*Chaetoceros eibenii*			***	
硅藻门	印度角毛藻	*Chaetoceros indicus*		**		
	罗氏角毛藻	*Chaetoceros lauderi*			***	
	劳氏角毛藻	*Chaetoceros lorenzianus*		**	***	***
	秘鲁角毛藻	*Chaetoceros peruvianus*		***		
	拟旋链角毛藻	*Chaetoceros pseudosurvisetus*		**	***	***
	角毛藻	*Chaetoceros* sp.		**	***	**
	圆柱角毛藻	*Chaetoceros teres*			***	***
	扭链角毛藻	*Chaetoceros tortissimus*			***	***
	棘冠藻	*Corethron criophilum*		**		**
	蛇目圆筛藻	*Coscinodiscus argus*	***	***	**	***
	星脐圆筛藻	*Coscinodiscus asteromphalus*	***	***	***	***
	中心圆筛藻	*Coscinodiscus centralis*	**	**	**	***
	弓束圆筛藻	*Coscinodiscus curvatulus*	***	***	***	***
	明壁圆筛藻	*Coscinodiscus debilis*		***	***	***
	巨圆筛藻	*Coscinodiscus gigas*	*			
	格氏圆筛藻	*Coscinodiscus granii*		***	***	***
	强氏圆筛藻	*Coscinodiscus janischii*		***	***	***

（续）

门类	种类	拉丁名	春季	夏季	秋季	冬季
硅藻门	琼氏圆筛藻	*Coscinodiscus jonesianus*		***	***	***
	具边线形圆筛藻	*Coscinodiscus marginato-lineatus*		***	**	***
	虹彩圆筛藻	*Coscinodiscus oculus-iridis*	**	***	***	***
	辐射列圆筛藻	*Coscinodiscus radiatus*	***	***	***	***
	圆筛藻	*Coscinodiscus* sp.	***	***	***	***
	细弱圆筛藻	*Coscinodiscus subtilis*	***	***	***	***
	条纹小环藻	*Cyclotella striata*		***	***	***
	新月柱鞘藻	*Cylindrotheca closterium*	**	***	**	**
	矮小短棘藻	*Detonula pumila*			**	
	蜂腰双壁藻	*Diploneis bombus*			**	
	布氏双尾藻	*Ditylum brightwellii*	**	***	***	***
	太阳双尾藻	*Ditylum sol*		***	***	**
	脆杆藻	*Fragilaria* sp.		***		***
	圆柱几内亚藻	*Guinardia cylindrus*	*	***	***	***
	柔弱几内亚藻	*Guinardia delicatula*		***	***	
	泰晤士旋鞘藻	*Helicotheca tamesis*		**	***	
	霍氏半管藻	*Hemiaulus hauskii*		***		
	印度半管藻	*Hemiaulus indicus*			***	
	膜质半管藻	*Hemiaulus membranacus*		***		
	中华半管藻	*Hemiaulus sinensis*		***	***	
	具槽直链藻	*Melosira sulcata*			**	***
	膜质缪氏藻	*Meuniera membranacea*	***	**		***
	舟形藻	*Navicula* sp.	***	**	***	**
	菱形藻	*Nitschia* sp.	*		***	**
	洛氏菱形藻	*Nitzschia lorenziana*	**	**	***	
	长角齿状藻	*Odontella longicruris*	*			***
	高齿状藻	*Odontella regia*				***
	中华齿状藻	*Odontella sinensis*	***	***	***	***
	羽纹藻	*Pinnularia* sp.	**		***	**
	具翼漂流藻	*Planktoniella blanda*		**		
	斜纹藻	*Pleurosigma* spp.	**	***	***	***
	柔弱伪菱形藻	*Pseudo-nitzschia delicatissima*	***			
	尖刺拟菱形藻	*Pseudo-nitzschia pungens*	***		***	
	范氏圆箱藻	*Pyxidicual weyprechtii*		**		
	翼根管藻	*Rhizosolenia alata*	***	**	***	***

（续）

门类	种类	拉丁名	春季	夏季	秋季	冬季
硅藻门	伯氏根管藻	*Rhizosolenia bergonii*		**		
	粗刺根管藻	*Rhizosolenia crassispina*			*	
	柔弱根管藻	*Rhizosolenia delicatula*				***
	透明根管藻	*Rhizosolenia hyalina*			***	
	粗根管藻	*Rhizosolenia robusta*	*			
	刚毛根管藻	*Rhizosolenia setigera*	*	**	***	
	中华根管藻	*Rhizosolenia sinensis*			***	**
	斯氏根管藻	*Rhizosolenia stolterfothii*	***	**	***	**
	笔尖形根管藻	*Rhizosolenia styliformis*	**	**		**
	中肋骨条藻	*Skelitonema costatum*			***	
	塔形冠盖藻	*Stephannopyxis turris*			***	
	佛氏海线藻	*Thalassionema frauenfeldii*	***	***	***	***
	菱形海线藻	*Thalassionema nitzschioides*		***	***	
	离心列海链藻	*Thalassiosira excentrica*	**	**	***	***
	细长列海链藻	*Thalassiosira leptopus*		**	**	
	诺氏海链藻	*Thalassiosira nordenskioldii*		**		
	圆海链藻	*Thalassiosira rotula*		***	***	**
	海链藻	*Thalassiosira* sp.	**		***	
	长海毛藻	*Thalassiothrix longissima*		**		
	蜂窝三角藻	*Triceratium favus*	**	**		***
甲藻门	叉状角藻	*Ceratium furca*	**	***	**	***
	梭角藻	*Ceratium fusus*	***	***	***	***
	粗刺角藻	*Ceratium horridum*	***	***	***	
	大角角藻	*Ceratium macroceros*	***	***	***	**
	三角角藻	*Ceratium tripos*	***	***	***	***
	长角弯角藻	*Eucampia cornuta*		**		
	短角弯角藻	*Eucampia zoodiacus*		***	***	
	马西利亚新角藻	*Neoceratium massiliense*		**		**
	夜光藻	*Noctiluca scintillans*	***	***	***	***
	锥形原多甲藻	*Protoperidinium conicum*		***	***	**
	岐散原多甲藻	*Protoperidinium divergens*			***	***
	海洋原多甲藻	*Protoperidinium oceanium*				**
	透明原多甲藻	*Protoperidinium pellucidum*	**	**	**	
	五角原多甲藻	*Protoperidinium pentagonum*	**	**		**
	斯氏扁甲藻	*Pyrophacus horologicum*	***	***	**	
金藻门	小等刺硅鞭藻	*Dictyocha fibula*	**	**	***	**

注：* 表示数量为 1～500 cell/m^3，**表示数量为 501～5 000 cell/m^3，***表示数量大于 5 000 cell/m^3。

附录4 海州湾主要浮游动物名录

门类	种类	拉丁名	春季	夏季	秋季
节肢动物门	黄海刺糠虾	*Acanthomysis hwanhaiensis*	*		
	长额刺糠虾	*Acanthomysis longirostris*	*	*	
	刺糠虾	*Acanthomysis* sp.	*		
	双毛纺锤水蚤	*Acartia bifilosa*	*	*	
	太平洋纺锤水蚤	*Acartia pacifica*		*	*
	日本毛虾	*Acetes japonicus*		*	
	中华哲水蚤	*Calanus sinicus*	***	***	*
	腹针胸刺水蚤	*Centropages abdominalis*	*		
	背针胸刺水蚤	*Centropages dorsispinatus*		*	*
	中华胸刺水蚤	*Centropages sinensis*		**	
	瘦尾胸刺水蚤	*Centropages tenuiremis*		*	*
	近缘大眼剑水蚤	*Corycaeus affinis*	*	*	*
	针尾涟虫	*Diastylis* sp.	*		
	太平洋磷虾	*Euphausia pacifica*	*		
	尖额谐猛水蚤	*Euterpina acutifrons*		*	
	肥胖三角溞	*Evadne tergestina*		*	*
	钩虾	*Gammaridea* sp.	*	*	
	双刺唇角水蚤	*Labidocera bipinnata*	*	*	*
	真刺唇角水蚤	*Labidocera euchaeta*	*	**	
	羽长腹剑水蚤	*Oithona plumifera*			*
	拟长腹剑水蚤	*Oithona similis*	*	*	*
	小拟哲水蚤	*Paracalanus parvus*	*	*	*
	鸟喙尖头溞	*Penilia avirostris*		*	*
	中华假磷虾	*Pesudeuphausia sinica*	*	*	
	细长脚蛾	*Themisto gracilipes*	*	*	
	刺尾歪水蚤	*Tortanus spinicaudatus*	*	*	*
毛颚动物门	强壮箭虫	*Sagitta crassa*	***	***	*
	拿卡箭虫	*Sagitta nagae*	*	*	*
腔肠动物门	锥形多管水母	*Aequorea conica*	*		
	双手水母	*Amphinema rugosum*			*
	半球美螅水母	*Clytia hemisphaerica*	*	*	*
	杜氏外肋水母	*Ectopleura dumontieri*	*	*	*
	锡兰和平水母	*Eirene ceylonensis*		*	*

（续）

门类	种类	拉丁名	春季	夏季	秋季
腔肠动物门	黑球真唇水母	*Eucheilota menoni*		*	*
	刺胞真囊水母	*Euphysora knides*	***	*	*
	隔膜水母	*Leuckartiara* spp.		*	
	触丝水母	*Lovenella* sp.			*
	卡马拉水母	*Malagazzia carolinae*		*	
	薮枝螅水母	*Obelia* spp.	*	*	*
	小介穗水母	*Podocoryne minima*	*	*	*
	四枝管水母	*Proboscidactyla flavicirrata*	*	*	*
	八斑芮氏水母	*Rathkea octopunctata*	***		
	日本长管水母	*Sarsia nipponica*			*
	嵊山秀氏水母	*Sugiura chengshanense*	*		*
	灯塔水母	*Turritopsis nutricula*	*	*	
	烟台异手水母	*Vanritentacula yantaiensis*		*	
	嵴状镰螅水母	*Zanclea costata*		*	*
软体动物门	耳乌贼	*Euprymna* sp.	*		
尾索动物亚门	北方褶海鞘	*Fritillaria borealis*			*
	异体住囊虫	*Oikopleura dioica*	*	*	*
原生动物门	夜光虫	*Noctiluca scintillans*	***	*	*
栉水母门	瓜水母	*Beroe cucumis*			*
	蝶水母	*Ocyropsis crystallina*			*
浮游幼体	辐轮幼虫	Actinotrocha larva		*	*
	阿利玛幼虫	Alima larva		*	*
	双壳类幼体	Bivalve larva	*	*	*
	短尾类溞状幼体	Brachyura zoea larva	*	**	*
	磷虾节胸幼虫	Calyptopis larva		*	
	海胆长腕幼虫	Echinopluteus larva	*	***	*
	磷虾带叉幼虫	Furcilia larva		*	
	腹足类幼体	Gastropoda larva	*	*	*
	舌贝幼虫	Lingula larva		*	
	长尾类幼体	Macrura larva	*	**	*
	大眼幼虫	Megalopa larva	*	*	*
	糠虾幼体	Mysidacea larva	*		
	蔓足类无节幼虫	Nauplius larva（Cirripedia）		*	*
	桡足类无节幼虫	Nauplius larva（Copepoda）			*
	海蛇尾长腕幼虫	Ophiopluteus larva		*	*
	多毛类幼体	Polychaeta larva	*	*	*
	歪尾类溞状幼体	Porcellana zoea larva		*	
	担轮幼虫	Trochophore larva			*

注：* 表示数量为 1～500 个/m^3，** 表示数量为 501～1 000 个/m^3，*** 表示数量大于 1 000 个/m^3。

图书在版编目（CIP）数据

海州湾渔业资源与栖息环境 / 任一平主编．—北京：中国农业出版社，2022.6
ISBN 978-7-109-29397-7

Ⅰ.①海… Ⅱ.①任… Ⅲ.①海湾－水产资源－研究－连云港②海湾－栖息环境－研究－连云港 Ⅳ.①S922.9②X321.253.3

中国版本图书馆CIP数据核字（2022）第080801号

海州湾渔业资源与栖息环境
HAIZHOUWAN YUYE ZIYUAN YU QIXI HUANJING

中国农业出版社出版
地址：北京市朝阳区麦子店街18号楼
邮编：100125
责任编辑：杨晓改　文字编辑：蔺雅婷
版式设计：王　晨　责任校对：刘丽香
印刷：中农印务有限公司
版次：2022年6月第1版
印次：2022年6月北京第1次印刷
发行：新华书店北京发行所
开本：787mm×1092mm　1/16
印张：13
字数：350千字
定价：98.00元